高等职业教育土建类专业规划教材

建筑力学

主　编　肖　燕
副主编　吉中亮　张　凤
杜渭辉
参　编　吴新文　左文凯
王华阳

机械工业出版社

本书根据高职高专土建类专业的人才培养目标和教学基本要求编写，以适用为目标、够用为度，从应用的角度讲解理论，注重基础性、实用性、科学性。

全书分为绪论和9个模块，内容包括静力学基本概念、静力分析、杆件的内力分析、杆件的强度与刚度、压杆稳定、平面杆件体系的几何组成分析、静定结构的受力分析、静定结构的位移计算、超静定结构的受力分析。各模块前均设置了内容提要，提纲挈领；各模块中均有例题及例题点评，便于对基本计算原理和计算方法的学习和理解；各模块后均有小结、习题、自我测试，以加深学生对知识点的掌握。本书内容深入浅出、难易适中、实用性强、便于学习。

本书可作为高职高专院校土建类专业的教材，也可供工程技术人员参考使用，还可作为成人、函授、网络教育和自学考试的学习用书。

为方便教学，本书配有电子课件和习题、自我测试的参考答案等教学资源，凡选用本书作为教材的教师可登录机械工业出版社教育服务网 www. cmpedu. com 下载，咨询电话：010-88379375。

图书在版编目（CIP）数据

建筑力学/肖燕主编. —北京：机械工业出版社，2019. 3（2021. 2 重印）
高等职业教育土建类专业规划教材
ISBN 978-7-111-62206-2

Ⅰ. ①建… Ⅱ. ①肖… Ⅲ. ①建筑科学－力学－高等职业教育－教材 Ⅳ. ①TU311

中国版本图书馆 CIP 数据核字（2019）第 044387 号

机械工业出版社（北京市百万庄大街 22 号 邮政编码 100037）
策划编辑：饶雯婧 李 莉 责任编辑：饶雯婧 于伟蓉
责任校对：刘志文 封面设计：张 静
责任印制：常天培
北京虎彩文化传播有限公司印刷
2021 年 2 月第 1 版第 2 次印刷
184mm×260mm · 13. 5 印张 · 315 千字
标准书号：ISBN 978-7-111-62206-2
定价：39. 00 元

电话服务
客服电话：010-88361066
010-88379833
010-68326294

网络服务
机 工 官 网：www. cmpbook. com
机 工 官 博：weibo. com/cmp1952
金 书 网：www. golden-book. com
机工教育服务网：www. cmpedu. com

前言

本书是根据高职高专土建类专业的人才培养目标和教学基本要求，参照现行的国家规范、标准编写而成的。

本书具有以下特点：

1）注重基础性、实用性、科学性。根据高职学生的特点，在保持知识完整性和系统性的前提下，对教学内容进行精简和有机整合，注重知识层次的递进性，简化理论部分，尽量避免繁琐的公式推导，降低计算难度，突出应用性。

2）利于教学，便于自学。各模块前均设置了内容提要，提纲挈领；各模块中均有例题及例题点评，便于对基本计算原理和计算方法的学习和理解；各模块后均有小结、习题、自我测试，以加深对知识点的掌握。

本书由九江职业大学肖燕担任主编，吉中亮、张凤和杜渭辉担任副主编，参编人员有吴新文、左文凯和王华阳。具体编写分工如下：杜渭辉、王华阳编写模块1、模块2和模块5；吉中亮、左文凯编写模块3和模块4；张凤、吴新文编写模块6、模块7和模块9（9.3~9.5）；肖燕编写绪论和模块8、模块9（9.1、9.2）。

在本书编写过程中，编者参阅了大量的文献和资料，在此特向相关作者表示由衷的感谢。

由于编者水平有限，书中或存在不妥之处，敬请读者批评指正。

编　者

目录

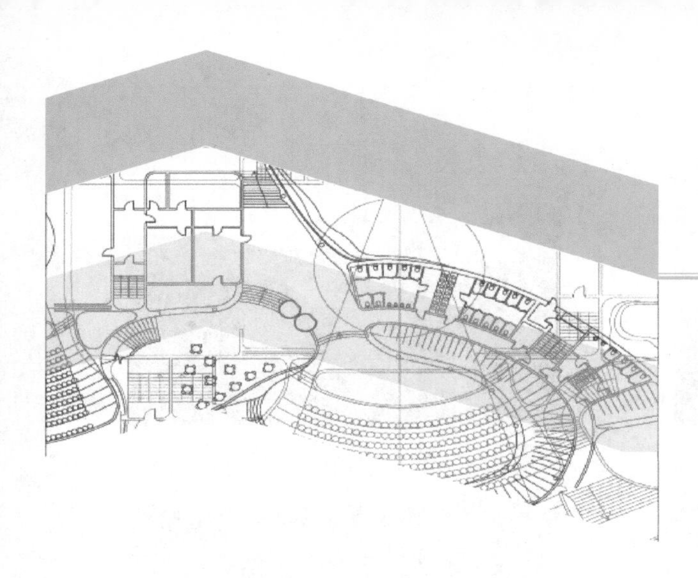

绪 论

内容提要

本模块主要介绍了建筑力学的研究对象和任务、结构的概念及分类、变形固体的基本假设、杆件的基本变形。

0.1 建筑力学的研究对象和任务

用于人们工作、学习和生活等的各种各样的建筑物或构筑物（图0-1～图0-8），既要满足使用功能的要求，同时也必须满足安全与经济的需要。因此，对建筑物和构筑物进行结构设计时，力学的分析与计算非常重要。建筑力学是将理论力学、材料力学、结构力学的内容有机整合而形成的一门力学课程，研究的是建筑物和构筑物设计中有关力学分析与计算问题。

图0-1 天坛

图0-2 布达拉宫

图0-3 埃菲尔铁塔

图0-4 迪拜帆船酒店

图 0-5　上海世博会中国馆

图 0-6　赵州桥（石拱桥）

图 0-7　国家体育场（鸟巢）

图 0-8　国家大剧院

0.1.1　建筑力学的研究对象

建筑物或构筑物中能够承受并传递各种外部作用的骨架称为结构。结构是由单个的部件按照一定的规则组合而成的，组成结构的部件称为构件。如图 0-9 所示，单层工业厂房的基础、柱、屋架、屋面板通过相互联结而构成厂房的骨架，基础、柱、屋架、屋面板均为构件。

屋架
屋面板
吊车梁
柱
基础

图　0-9

构件根据几何特征可以分为三类：杆件、板和壳、块体。

1. 杆件

杆件是指长度方向尺寸远大于其他两个方向尺寸（宽度和厚度）的构件，如梁、柱。杆件有两个主要的几何因素：轴线和横截面。轴线是杆件各横截面形心的连线。垂直于杆件轴线的截面称为横截面。轴线为直线的杆称为直杆（图 0-10a），轴线为曲线的杆称为曲杆（图 0-10b）。各横截面相同的杆称为等截面杆。

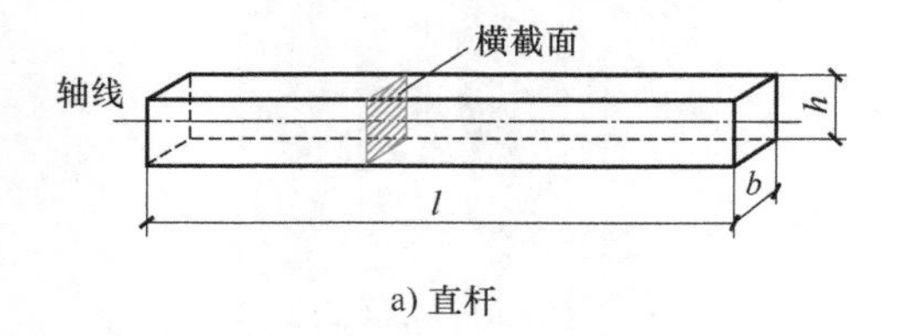

a) 直杆

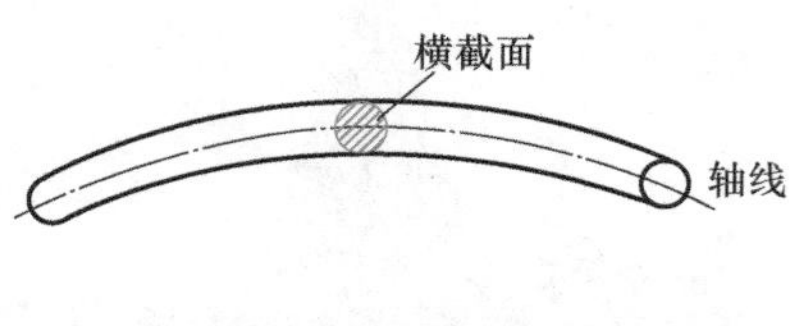

b) 曲杆

图　0-10

2. 板和壳

板和壳是指厚度远小于其他两个方向尺寸（长度和宽度）的构件，如楼面板、屋面板。具有平面外形的称为板（图0-11a），具有曲面外形的称为壳（图0-11b）。

3. 块体

块体是指长、宽、高三个方向的尺度大体接近的构件，如挡土墙（图0-12）。

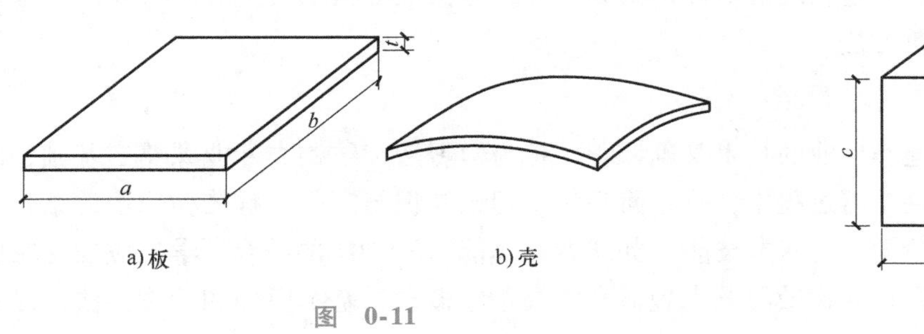

图 0-11

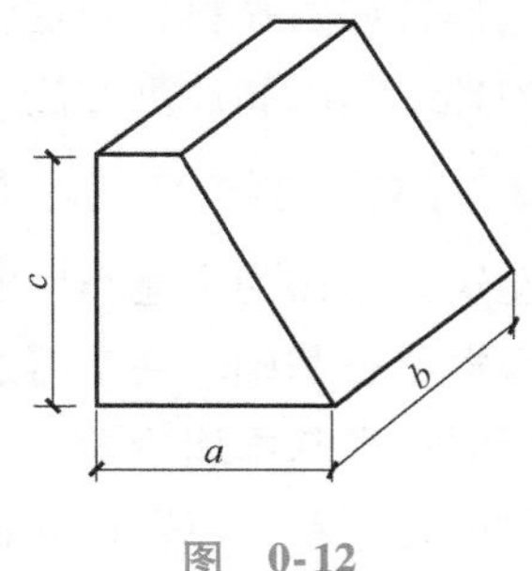

图 0-12

常见的结构按其几何特征分为三类：杆件结构、薄壁结构和实体结构。由杆件组成的结构称为杆件结构（图0-9）；若干板（壳）按照一定的规则组合可形成板壳结构（薄壁结构）；由块体形成的结构即为实体结构。

工程实际中，杆件结构应用最为广泛，因此，建筑力学的主要研究对象是杆件和杆件结构。

0.1.2 建筑力学的任务

在荷载等外因作用下，构件和结构的形状或尺寸将发生改变，构件内部将产生一定的内力。随着荷载的增大，构件和结构的变形与内力也逐渐增大，最后将导致构件和结构失效。为保证结构安全正常的工作，构件必须有足够的承受荷载的能力，即承载能力。构件的承载能力主要包括强度、刚度和稳定性三个方面的要求。

1. 强度

强度是指构件抵抗破坏的能力。例如，房屋中的楼板，当强度不足时，在楼面荷载作用下可能折断，这在工程上是不允许的。因此，设计任何构件时首先要保证它能安全承受荷载，不致发生破坏，即要求具有足够的强度。

2. 刚度

刚度是指构件抵抗变形的能力。在荷载作用下，构件虽然有足够的强度不致发生破坏，但如果产生的变形过大，也会影响构件的正常使用。例如，吊车梁的变形如果超过一定的限度，吊车就不能在其上正常行驶。因此，设计时要限制构件的变形不超过正常工作容许的范围，即要求具有足够的刚度。

3. 稳定性

稳定性是指构件保持其原有平衡状态的能力。例如，房屋中承重的柱子，如果过细、过高，当压力超过某一数值时，就可能由于柱子的失稳而导致整个房屋的倒塌。因此，对于细长压杆，必须保证其具有足够的稳定性。

构件的承载能力的大小不仅与其受力有关，还与其截面几何形状和尺寸、材料的力学性能、工作条件及构造情况等有关。结构设计时，如果截面尺寸过小，则构件不能满足强度、刚度或稳定性的要求；如果截面尺寸过大，虽然满足了上述要求，但构件承载能力难以充分发挥，既浪费了材料，又增加了成本。

建筑力学是研究各种类型构件和构件系统的强度、刚度、稳定性问题的科学。建筑力学的任务是：研究结构或构件的强度、刚度和稳定性，材料的力学性能及结构的组成规则，为构件选择合适的材料，确定合理的截面形状和尺寸，为保证结构既安全可靠又经济合理提供必要的理论基础和计算方法。

0.1.3 建筑力学的学习要求

建筑力学作为土建类专业的技术基础课程，将为学习后续结构类专业课奠定基础，也将为终身学习打基础。在学习过程中，一方面要注意理论知识与实际工程结构知识的结合；另一方面要重视基本理论学习与基本技能（如解题运算能力）训练的结合。学生应独立完成一定数量的思考题和习题，通过做习题来理解和掌握基本概念、基本原理和计算方法，提高分析和解决工程实际问题的能力。

0.2 变形固体及其基本假定

构件都是由固体材料制成的，如钢、铸铁、木材、混凝土等，它们在外力作用下或多或少会产生变形，有些变形可直接观察到，有些变形可通过仪器测出。在外力作用下会产生变形的固体称为变形固体。

变形固体在外力作用下会产生两种不同性质的变形：一种是当外力消除时，变形也随着消失的变形，称为弹性变形；另一种是外力消除后，不能消失的变形，称为塑性变形。

变形固体多种多样，其组成和性质十分复杂。对用变形固体材料制成的构件进行强度、刚度和稳定性计算时，为使问题得到简化，常略去一些次要的因素，而保留其主要的性质。根据主要性质对变形固体做如下基本假设：

1. 均匀连续性假设

假设变形固体在其整个体积内毫无空隙地充满了物质，各处的力学性能连续且均匀一致。

变形固体是由很多微粒或晶体组成的，各微粒或晶体之间是有空隙的，且各微粒或晶体彼此的性质并不完全相同。但是，由于这些空隙与构件的尺寸相比是极微小的，因此，这些空隙的存在以及由此引起的性质上的差异，在研究构件受力和变形时可以忽略不计。

2. 各向同性假设

假设变形固体沿各个方向的力学性能均相同。

实际上，组成固体的各微粒或晶体在不同方向上性质是不同的。但由于构件所包含的微粒或晶体数量极多，且排列也完全没有规则，因此它们的统计平均性质在各个方向就趋于一致。在以构件为研究对象时，就可以认为是各向同性的。

根据上述假设，可以认为在物体内的各处沿各方向的变形和位移等是连续的。进行分析时，可以从物体中任取一微小部分来研究物体的性质，也可将那些大尺寸的构件的试验结果应用于物体任一微小部分上。

3. 小变形假设

实际工程中，构件在荷载作用下，其变形与构件的原始尺寸相比通常很微小。在研究构件的平衡和运动时，可忽略其变形，按构件变形前的尺寸和形状进行计算。这样，可使计算工作大为简化，而又不影响计算结果的精度。

4. 线弹性假设

假设外力大小不超过一定范围时（在线弹性范围内），构件只产生弹性变形且外力与变形之间成线性关系，即服从胡克定律。

工程中常用的材料，当外力不超过一定范围时，塑性变形很小，可忽略不计，认为只有弹性变形。

0.3 杆件变形的基本形式

杆件在不同外力作用下，将产生不同形式的变形，根据外力形式及作用位置的不同，杆件的变形分为基本变形和组合变形。

杆件变形的基本形式有四种：轴向拉伸或压缩、剪切、扭转、弯曲。

1. 轴向拉伸或压缩

在一对大小相等、方向相反、作用线与杆轴线重合的外力作用下，杆件发生沿轴线方向的伸长或缩短，这种变形形式称为轴向拉伸或压缩，如图 0-13 所示。例如，结点荷载作用下的桁架中的杆件通常发生轴向拉伸或压缩变形。

图 0-13

2. 剪切

在一对大小相等、方向相反、作用线相距很近的横向外力作用下，杆件相邻横截面沿外力作用方向发生相对错动，这种变形形式称为剪切，如图 0-14a 所示。机械中常用的连接件，如螺栓、销钉等产生的是剪切变形。

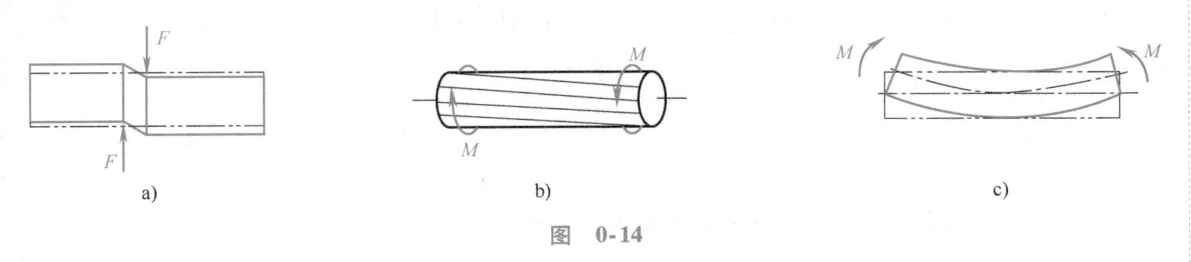

图 0-14

3. 扭转

在一对大小相等、方向相反、作用面垂直于杆轴线的外力偶作用下，杆件的各横截面将绕轴线发生相对转动，而轴线仍保持直线，这种变形形式称为扭转，如图 0-14b 所示。汽车的传动轴、电动机的主轴等的主要变形都包含了扭转变形。

4. 弯曲

在一对大小相等、方向相反、作用于杆件的纵向平面内的外力偶作用下，杆轴线由直线弯成曲线，这种变形形式称为弯曲，如图 0-14c 所示。框架梁、吊车梁、阳台挑梁等的变形都属于弯曲变形。

工程实际中，杆件往往同时承受不同形式的荷载而发生复杂变形，但这些变形都可以看作是上述基本变形的组合。由两种及两种以上基本变形组成的复杂变形称为组合变形，如拉弯变形、压弯变形、弯剪扭变形等，如图 0-15 所示。

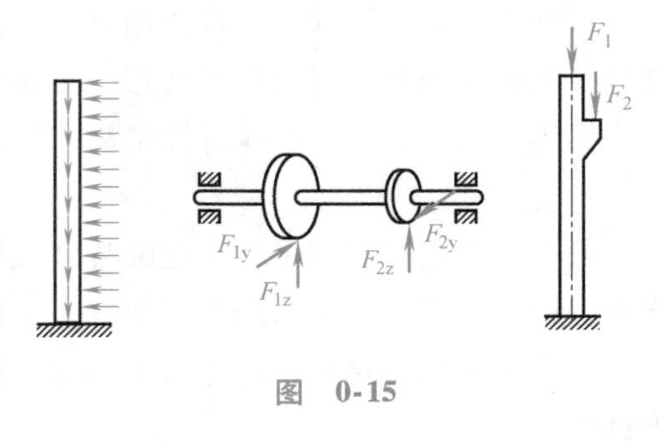

图 0-15

小 结

一、建筑力学的研究对象

建筑物或构筑物中能够承受并传递各种外部作用的骨架称为结构。结构可以分为杆件结构、薄壁结构和实体结构。

建筑力学的主要研究对象是**杆件和杆件结构**。

二、建筑力学的研究任务

为保证结构安全正常地工作，构件必须有足够的承受荷载的能力，即承载能力。构件的承载能力主要包括强度、刚度和稳定性三个方面的要求。

建筑力学的研究任务是：研究结构或构件的强度、刚度和稳定性，材料的力学性能及结构的组成规则，为构件选择合适的材料，确定合理的截面形状和尺寸，为保证结构既安全可靠又经济合理提供必要的理论基础和计算方法。

三、变形固体的基本假设

变形固体在外力作用下会产生的变形有弹性变形和塑性变形。

变形固体的基本假设有：均匀连续性假设、各向同性假设、小变形假设和线弹性假设。

四、杆件的变形

杆件的变形分为基本变形和组合变形。杆件变形的基本形式有四种：轴向拉伸或压缩、剪切、扭转、弯曲。

习题

1. 请列举国内外著名建筑，了解其建筑及结构特点。
2. 建筑力学的研究对象是什么？研究任务是什么？
3. 什么是结构的承载能力？什么是强度、刚度和稳定性？
4. 什么是变形固体？简述变形固体的基本假设。
5. 杆件的基本变形有哪几种形式？简述其受力及变形特点。

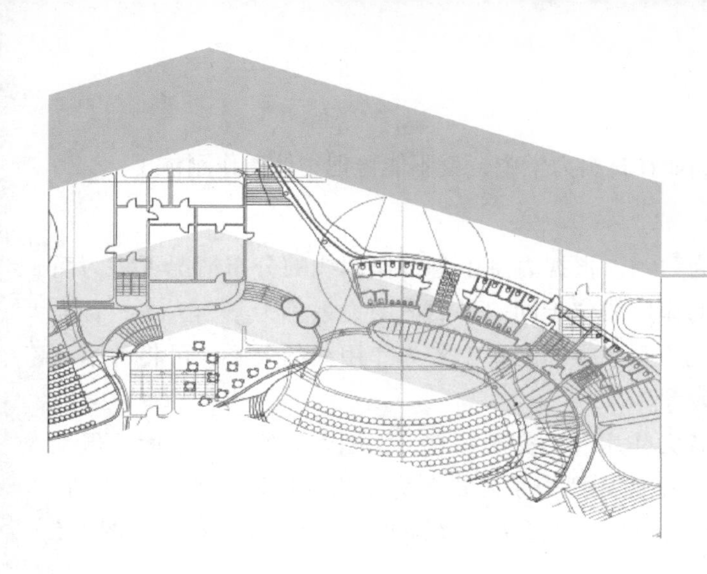

模块 1

静力学基本概念

内容提要

本模块主要介绍了静力学的基本概念、静力学公理、力的投影计算、力矩与力偶的概念。

1.1 力、力系

1.1.1 力的概念

力不能脱离物体而单独存在，有力则必定有施力体和受力体存在。力是物体间相互的机械作用，这种作用使物体的运动状态或形状发生改变。使物体的运动状态发生改变，称为力的运动效应或外效应；使物体的形状和大小发生改变，称为力的变形效应或内效应。

实践表明，力对物体的作用效应取决于力的三要素——力的大小、力的方向和力的作用点。

力的大小是指物体间相互机械作用的强弱程度。在国际单位制中，力的单位是牛顿（N）或千牛顿（kN）。

力的方向表示物体间的机械作用具有方向性，它包括力作用线在空间的方位和力沿其作用线的指向。

力的作用点就是指力作用在物体上的位置。

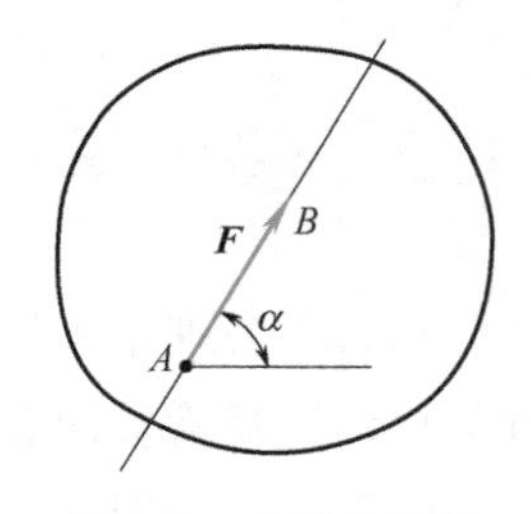

图 1-1 力的三要素

由力的三要素可知，力是既有大小又有方向的量，所以力是矢量，通常用一带箭头的线段来表示。如图 1-1 所示，线段 AB 的长度（按一定比例）表示力的大小；线段与某定直线的夹角 α 表示力的方位，箭头表示力的指向；线段起点 A 或（终点 B）表示力的作用点。线段所在的直线称为力的作用线。

1.1.2 刚体的概念

静力学是以研究力系的简化、合成与力系的平衡条件为主要内容的，在静力学中将所考察的物体都抽象为刚体这种理想模型。刚体是指在受到力的作用时，大小和形状都不发生变化的物体。事实上刚体是不存在的，因为任何物体受力后都将或多或少地发生变形。但研究物体的平衡或运动时，变形只是次要因素可以忽略不计，因而可将物体看作刚体。然而当变形在所研究的问题中成为主要因素时，例如在材料力学中，就不能再把物体看作刚体了。

1.1.3 力系

作用于物体上的一群力或一组力称为力系。根据力系中各力作用线的分布情况可将力系分为平面力系和空间力系两大类。各力的作用线位于同一平面内的力系称为平面力系，各力的作用线不在同一平面内的力系称为空间力系。根据力系中各力作用线的关系，可将力系分为汇交力系、力偶系、一般力系和平行力系。

在平面力系中，平面汇交力系是指各力作用线汇交于一点，如图 1-2 所示；平面力偶系是指各力构成多个力偶，如图 1-3 所示；平面一般力系是指各力作用线既不汇交也不平行，又称为平面任意力系，如图 1-4 所示；平面平行力系是指各力的作用线都相互平行，如图 1-5 所示。

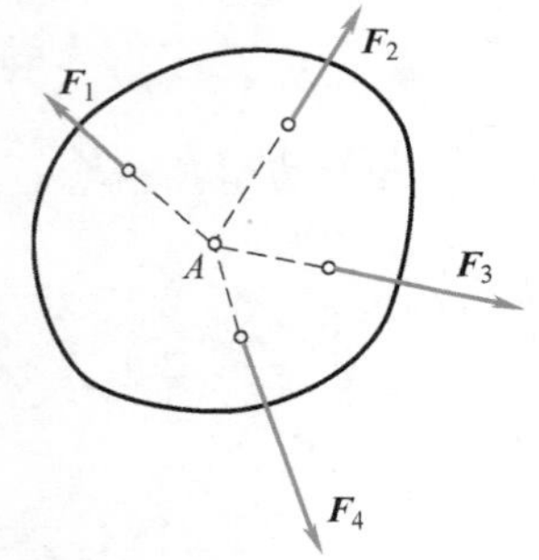

图 1-2 平面汇交力系

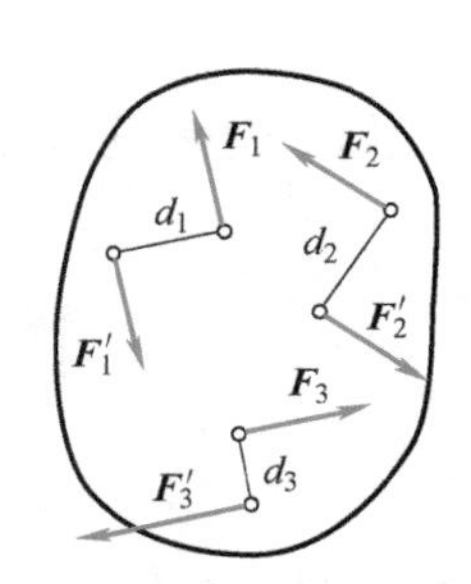

图 1-3 平面力偶系

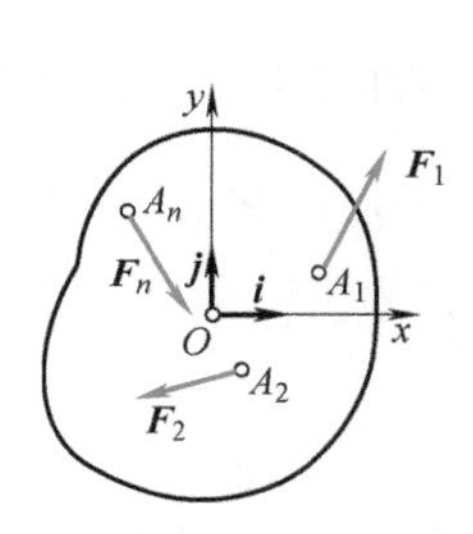

图 1-4 平面一般力系

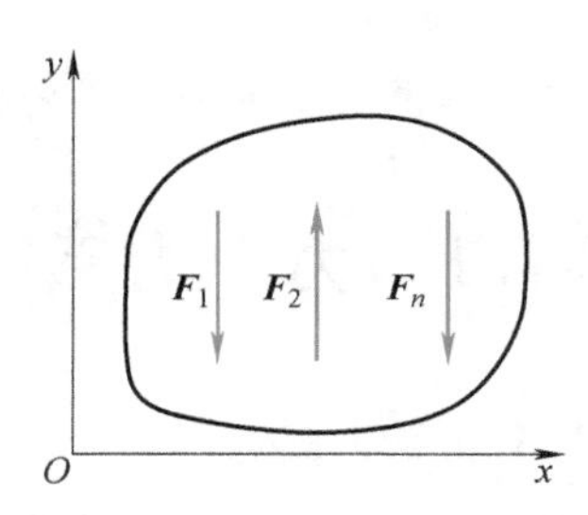

图 1-5 平面平行力系

如果两个力系分别作用于同一物体上时，其效应完全相同，这两个力系互称为等效力系。在特殊情况下，一个力与一个力系等效，称此力为该力系的合力，而该力系中的每个力称为此合力的分力。

1.2 静力学公理

静力学公理是人们在长期的生产和生活实践中积累起来的经验，加以归纳而建立，又经过实践的反复检验而总结出的最普遍、最一般的客观规律，是静力学理论的基础。

公理一：作用与反作用公理

两个物体相互间的作用力总是同时存在，并且两个力大小相等、方向相反，沿着同一直线分别作用在这两个物体上。

作用与反作用公理揭示了自然界中两物体间相互作用的关系，表明一切力总是成对出现、相互依存、互为因果，且分别作用在不同的物体上。如图 1-6 所示，梁的两端支承在墙上，受到均布荷载 q 的作用，则墙体对梁有支反力 $\boldsymbol{F}_A$、$\boldsymbol{F}_B$，反过来梁对墙体有压力 $\boldsymbol{F}'_A$、$\boldsymbol{F}'_B$。

公理二：二力平衡公理

作用在同一刚体上的两个力使刚体平衡的充分必要条件是：这两个力大小相等，方向相反，并且作用在同一条直线上，如图 1-7 所示。

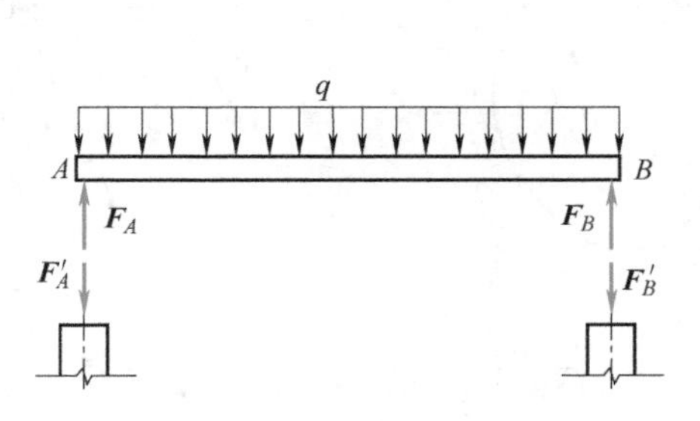

图 1-6 作用与反作用公理

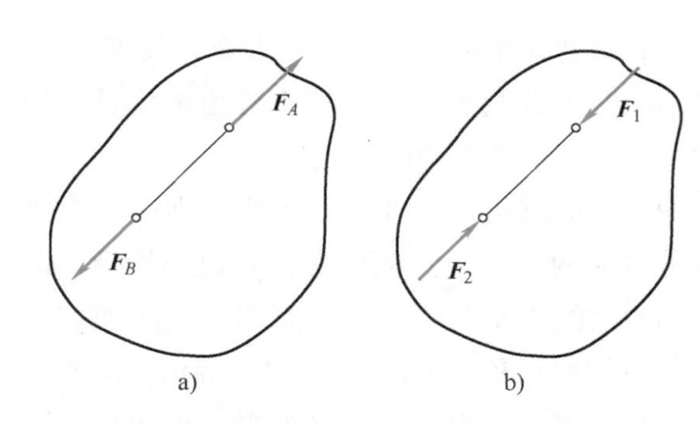

图 1-7 二力平衡公理

二力平衡公理对于刚体而言是充分的，也是必要的；但对于变形体而言是必要的，不是充分的。例如，绳索在两端受到等值、反向、共线的拉力作用时可以平衡；反之，当受到压力时，则不平衡。

必须把两个平衡力和作用力与反作用力严格区别开来。它们虽然都满足等值、反向、共线的条件，但前者作用在同一个物体上，而后者是分别作用在两个物体上，不符合二力平衡条件。

仅在两个力作用下处于平衡的构件称为二力构件或二力杆件，简称二力杆。二力杆与其本身形状无关，它可以是直杆、曲杆或折杆。

公理三：加减平衡力系公理

在作用于刚体的任何一个力系上，加上或减去任一平衡力系，并不改变原力系对刚体的作用。

该公理只适用于刚体，而不能用于变形体。加减平衡力系公理可理解为，平衡力系中的各力对于刚体的运动效应抵消，从而使刚体保持平衡。所以，在一个已知力系上加上或减去平衡力系不会改变原力系对刚体的作用效应。

推论 1：力的可传性定理

作用在刚体上某点的力，可以沿其作用线移至刚体上任意一点，并不改变该力对刚体的作用效应。

根据力的可传性定理，力的三要素中的作用点可改为作用线，因此力矢量是滑移矢量。力的可传性只适用于刚体，对于变形体并不成立。

公理四：力的平行四边形法则

作用于物体上同一点的两个力，可以合成为作用于该点的一个合力。合力的大小和方向，由以这两个力为邻边所构成的平行四边形的对角线确定。

如图 1-8a 所示，$\boldsymbol{F}_1$、$\boldsymbol{F}_2$为作用于物体上 A 点的两个力，以力 $\boldsymbol{F}_1$和 $\boldsymbol{F}_2$为邻边作平行四边形 $ABCD$，对角线 AC 表示两共点力 $\boldsymbol{F}_1$和 $\boldsymbol{F}_2$的合力 $\boldsymbol{F}_R$。合力矢与分力矢的关系用矢量式表示为 $\boldsymbol{F}_R = \boldsymbol{F}_1 + \boldsymbol{F}_2$，即合力矢等于这两个分力矢的矢量和。

力的平行四边形法则可以简化为力的三角形法则，如图 1-8b 所示。力三角形的两边由两分力矢首尾相连组成，第三边则为合力矢 $\boldsymbol{F}_R$，它由第一个分力的起点指向第二个分力的终点，而合力的作用点仍在二力的交点。

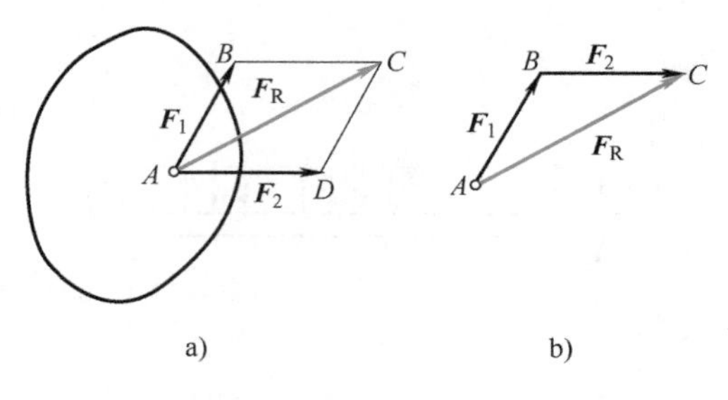

图 1-8 力的平行四边形法则

两个力既然可以合成为一个力，则一个力也可以分解为两个分力。根据平行四边形法则，以该力为对角线作平行四边形，其相邻两边即表示两个分力的大小和方向，如图 1-9a 所示。由于用同一对角线可作出无数个不同的平行四边形，因此可以得到无数组解。要想得到唯一的结果，必须附加一定的条件，如图 1-9b 所示。分析中常将一个力分解成为相互垂直的两个分力，如图 1-9c 所示。

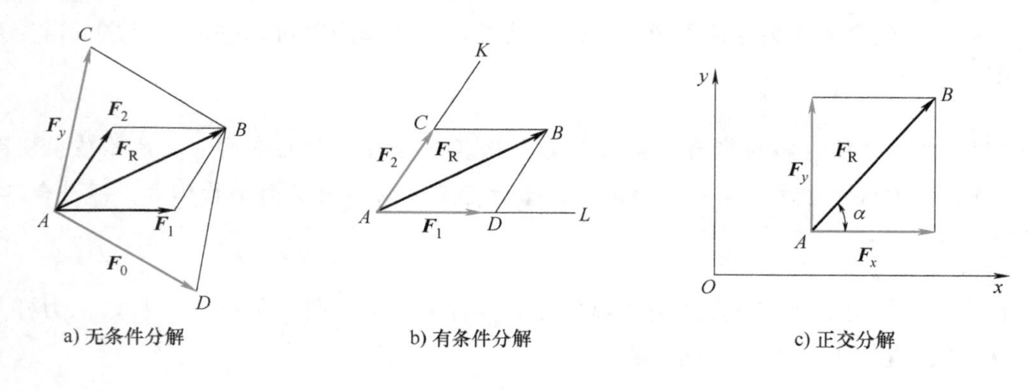

图 1-9 力的分解

推论 2：三力平衡汇交定理

刚体在三个共面力作用下处于平衡，若其中两个力相交，则第三个力的作用线一定通过该交点，且三力共面。

三力平衡汇交定理常用来确定物体在共面不平行的三个力作用下平衡时其中未知力的作用线。

公理五：刚化公理

变形体在某一力系作用下处于平衡，如将此变形体刚化为刚体，其平衡状态保持不变。

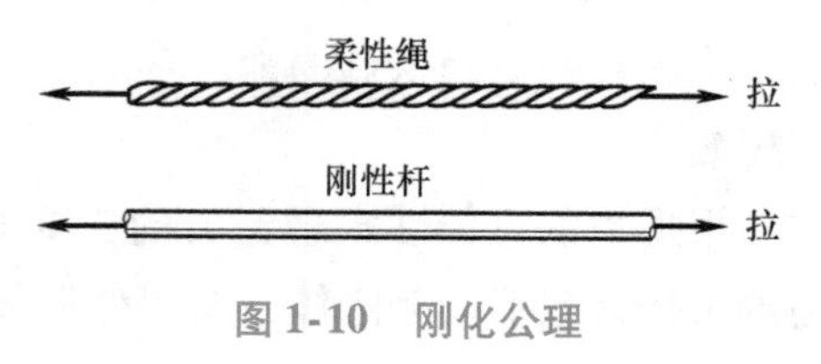

图 1-10 刚化公理

公理五提供了将变形体看作刚体的条件。刚体的平衡条件是变形体平衡的必要条件，而非充分条件，如图 1-10 所示。

1.3 力在坐标轴上的投影

在建筑力学中，对物体进行受力分析并进行力学计算，通常是以力在坐标轴上的投影为基础的。

1.3.1 力在平面直角坐标轴上的投影

设力 $\boldsymbol{F}$ 作用在物体上某点 A 处，如图 1-11 所示。在力 $\boldsymbol{F}$ 所在的平面内建立直角坐标系 xOy。由力 $\boldsymbol{F}$ 的起点 A 和终点 B 分别向 x 轴引垂线，得垂足 a、b，则线段 ab 称为力 $\boldsymbol{F}$ 在 x 轴上的投影，用 F_x表示，即 $F_x = \pm ab$。

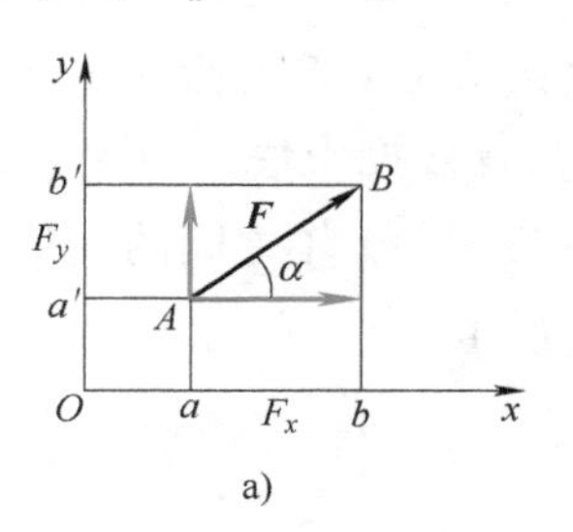

a)

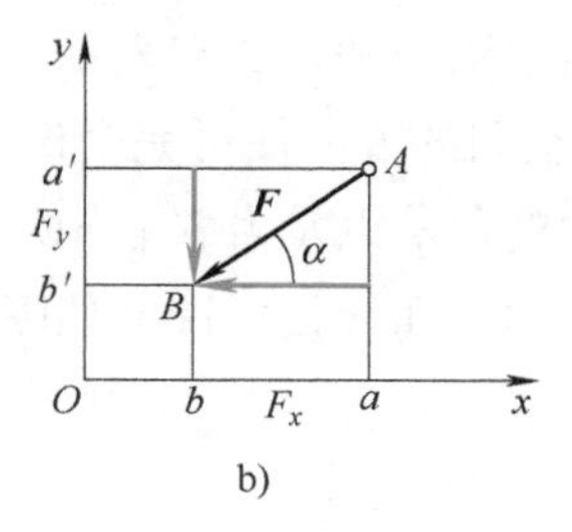

b)

图 1-11

同理可得力 $\boldsymbol{F}$ 在 y 轴上的投影为 F_y，且 $F_y = \pm a'b'$。

投影的正负号规定如下：从投影的起点到终点的指向与坐标轴正方向一致时，投影取正号，反之取负号。由图 1-11 可知，投影 F_x和 F_y的计算式为

$$\begin{cases} F_x = \pm F\cos\alpha \\ F_y = \pm F\sin\alpha \end{cases} \tag{1-1}$$

式中，α 是力 $\boldsymbol{F}$ 与 x 轴所夹的锐角。

如果已知力在 x、y 轴上的投影为 F_x、F_y，可求出该力的大小和方向。由图 1-11 的几何关系得

$$\begin{cases} F = \sqrt{F_x^2 + F_y^2} \\ \tan\alpha = \left|\dfrac{F_y}{F_x}\right| \end{cases} \tag{1-2}$$

式中，α 是 $\boldsymbol{F}$ 与 x 轴所夹的锐角；$\boldsymbol{F}$ 的指向由 F_x、F_y的正负号判断确定。

力的投影不是矢量，而是标量（代数量），而力沿坐标轴的分力是矢量，二者不可混淆。

【例 1-1】 已知 $F_1 = F_2 = 200\text{N}$，$F_3 = F_4 = 100\text{N}$，各力的方向如图 1-12 所示。试求各力在 x 轴、y 轴上的投影。

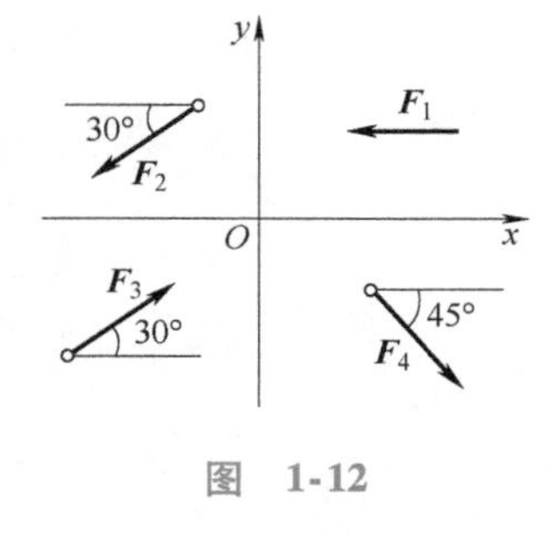

图 1-12

解： $F_{1x} = -F_1 = -200\text{N}$

$F_{1y} = 0$

$F_{2x} = -F_2\cos30° = (-200\times0.866)\text{N} = -173.2\text{N}$

$F_{2y} = -F_2\sin30° = (-200\times0.5)\text{N} = -100\text{N}$

$F_{3x} = F_3\cos30° = (100\times0.866)\text{N} = 86.6\text{N}$

$F_{3y} = F_3\sin30° = (100\times0.5)\text{N} = 50\text{N}$

$F_{4x} = F_4\cos45° = (100\times0.707)\text{N} = 70.7\text{N}$

$F_{4y} = -F_4\sin45° = (-100\times0.707)\text{N} = -70.7\text{N}$

【例题点评】 注意正负号，从投影的起点到终点的指向与坐标轴正方向一致时，投影取正号，反之取负号。

1.3.2 力在空间坐标轴上的投影

力在空间的方向常用两种方法来表示：一种直接给出力 $\boldsymbol{F}$ 与坐标轴 x、y、z 正向间的夹角 α、β、γ，则该力在空间的方向便可完全确定，称为直接投影法，如图 1-13a 所示。另一种给出力 $\boldsymbol{F}$ 与 z 轴之间的夹角 γ 以及力 $\boldsymbol{F}$ 在 xOy 平面的投影与 x 轴之间的夹角 φ，则该力在空间的方向也可完全确定，称为间接投影法，如图 1-13b 所示。

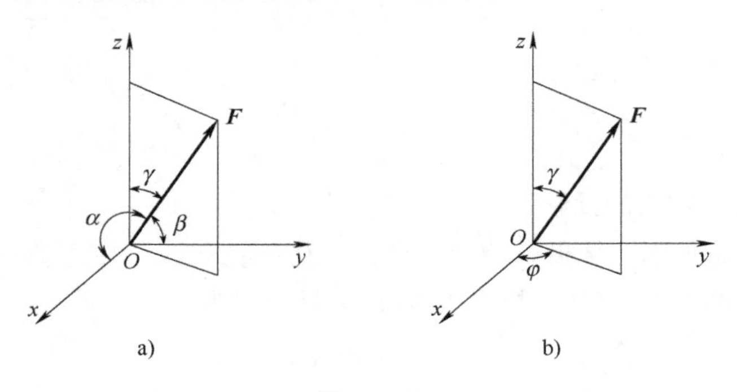

图 1-13

1. 直接投影法（一次投影法）

当力 $\boldsymbol{F}$ 在空间的方向用直接法给出时，如图 1-14a 所示。可根据力的投影定义得到

$$\begin{cases} F_x = \pm F\cos\alpha \\ F_y = \pm F\cos\beta \\ F_z = \pm F\cos\gamma \end{cases} \tag{1-3}$$

2. 间接投影法（二次投影法）

当力 $\boldsymbol{F}$ 在空间的方向用间接法给出时，如图 1-14b 所示，则需投影两次才能得到在空间直角坐标轴上的投影。先将力 $\boldsymbol{F}$ 投影到 z 轴和垂直 z 轴的 xOy 平面上，即

$$F_z = F\cos\gamma$$
$$F_{xy} = F\sin\gamma$$

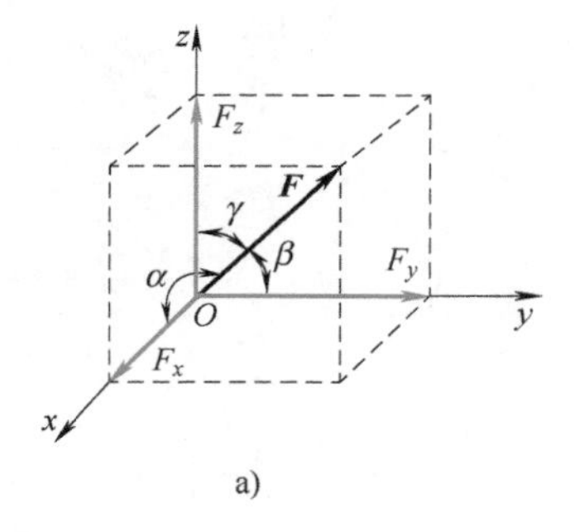

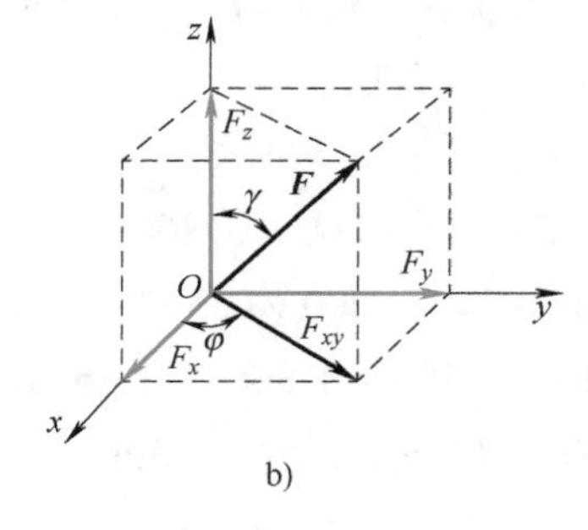

图 1-14

然后再将力 F_{xy}分别向 x 轴、y 轴投影，此投影就是力 $\boldsymbol{F}$ 在 x 轴、y 轴上的投影，因此力 $\boldsymbol{F}$ 在三个坐标轴上的投影为

$$\begin{cases} F_x = \pm F_{xy}\cos\varphi = \pm F\sin\gamma\cos\varphi \\ F_y = \pm F_{xy}\sin\varphi = \pm F\sin\gamma\sin\varphi \\ F_z = \pm F\cos\gamma \end{cases} \tag{1-4}$$

力在空间坐标轴上的投影是代数量，其正负号的规定与力在平面坐标轴上的投影一样。

如果已知力 $\boldsymbol{F}$ 在三个坐标轴 x、y、z 上的投影 F_x、F_y、F_z，则该力的大小和方向余弦为

$$\begin{cases} F = \sqrt{F_x^2 + F_y^2 + F_z^2} \\ \cos\alpha = \dfrac{F_x}{F},\ \cos\beta = \dfrac{F_y}{F},\ \cos\gamma = \dfrac{F_z}{F} \end{cases} \tag{1-5}$$

式中，α、β、γ 分别为力 $\boldsymbol{F}$ 与三个坐标轴正向之间的夹角。

【例 1-2】 试分别求出图 1-15 中 $\boldsymbol{F}_1$、$\boldsymbol{F}_2$、$\boldsymbol{F}_3$ 三个力在 x、y、z 轴上的投影。已知 $F_1 = 5\text{kN}$，$F_2 = 1\text{kN}$，$F_3 = 2\text{kN}$。

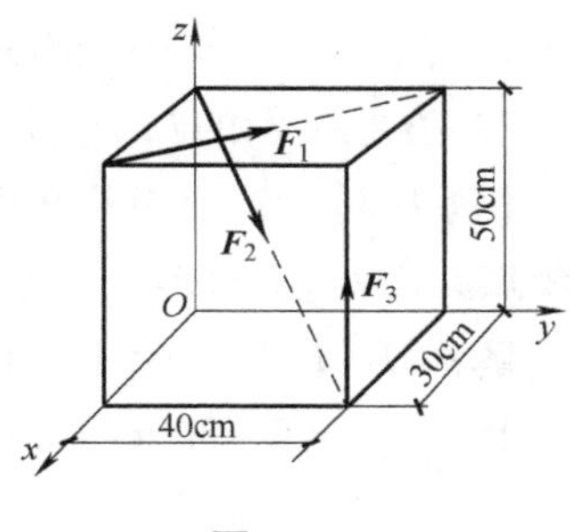

图 1-15

解： $F_{1x} = -F_1 \times 3/5 = -3\text{kN}$

$F_{1y} = F_1 \times 4/5 = 4\text{kN}$

$F_{1z} = 0$

$F_{2xy} = F_2 \times \sqrt{2}/2 = 0.707\text{kN}$

$F_{2x} = F_{2xy} \times 3/5 = 0.424\text{kN}$

$F_{2y} = F_{2xy} \times 4/5 = 0.566\text{kN}$

$F_{2z} = -F_2 \times \sqrt{2}/2 = -0.707\text{kN}$

$F_{3x} = 0$

$F_{3y} = 0$

$F_{3z} = F_3 = 2\text{kN}$

【例题点评】 用间接投影法来求，需要投影两次。先投影至一条坐标轴及与这条坐标轴垂直的坐标平面，然后由这个坐标平面再投影到另外两条坐标轴上。正负号的规定跟力在平面坐标轴上的投影一样，即：从投影的起点到终点的指向与坐标轴正方向一致时，投影取正号，反之取负号。

1.4 力矩

1.4.1 力对点之矩

由实践可知，力作用于物体上，不但可使物体移动，还能使物体转动，力矩就是度量力使物体转动的效应。现以扳手拧紧螺母为例来说明力使物体产生转动效应的相关因素。用如图 1-16 所示的扳手拧紧螺母时，作用于扳手上的力 $\boldsymbol{F}$ 使扳手绕 O 点转动，其转动效应不仅与

力的大小和方向有关，而且与 O 点到力作用线的垂直距离 d 有关。

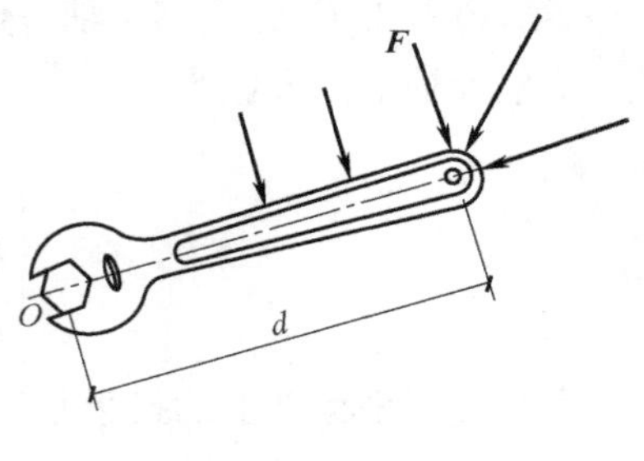

图 1-16

将冠以正、负号的乘积 Fd 定义为力 $\boldsymbol{F}$ 对 O 点的矩，简称力矩，用符号 $M_O(\boldsymbol{F})$ 表示为

$$M_O(\boldsymbol{F}) = \pm Fd \tag{1-6}$$

力矩正负号规定：使物体产生逆时针方向转动的力矩为正；反之为负。力矩的国际单位制是牛·米（N·m）或千牛·米（kN·m）

由上述定义可知，力矩有如下性质：

1）力对点之矩不但与力的大小和方向有关，还与矩心位置有关。

2）当力的大小为零或力的作用线通过矩心时，力矩恒等于零。

3）当力沿其作用线移动时，并不改变力对点之矩。

4）互相平衡的两个力对同一点之矩的代数和为零。

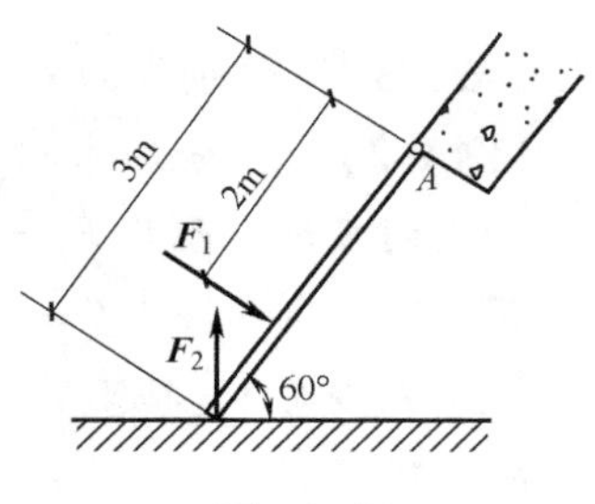

图 1-17

【例 1-3】 试分别计算图 1-17 所示闸门上的力 $\boldsymbol{F}_1$ 及 $\boldsymbol{F}_2$ 对铰 A 之矩。已知 $F_1=65\text{kN}$，$F_2=30\text{kN}$。

解： $M_A(\boldsymbol{F}_1)=(65\times2)\text{kN}\cdot\text{m}=130\text{kN}\cdot\text{m}$

$M_A(\boldsymbol{F}_2)=(-30\times\cos60°\times3)\text{kN}\cdot\text{m}=-45\text{kN}\cdot\text{m}$

【例题点评】 注意力矩的正负号，使物体产生逆时针方向转动的力矩为正；反之为负。

1.4.2 合力矩定理

平面力系的合力 $\boldsymbol{F}_\text{R}$ 对平面内任意一点之矩，等于力系中各分力对同一点之矩的代数和。即

$$M_O(\boldsymbol{F}_\text{R}) = M_O(\boldsymbol{F}_1) + M_O(\boldsymbol{F}_2) + \cdots + M_O(\boldsymbol{F}_n) = \sum_{i=1}^{n} M_O(\boldsymbol{F}_i) \tag{1-7}$$

应用合力矩定理可以简化力矩的计算。在求一个力对某点的矩时，若力臂不易确定，可将该力分解为两个力臂容易确定的分力，求出的两分力对该点之矩的代数和就等于原力对该点之矩。

【例 1-4】 试计算图 1-18 中力 $\boldsymbol{F}$ 对 A 点的力矩。

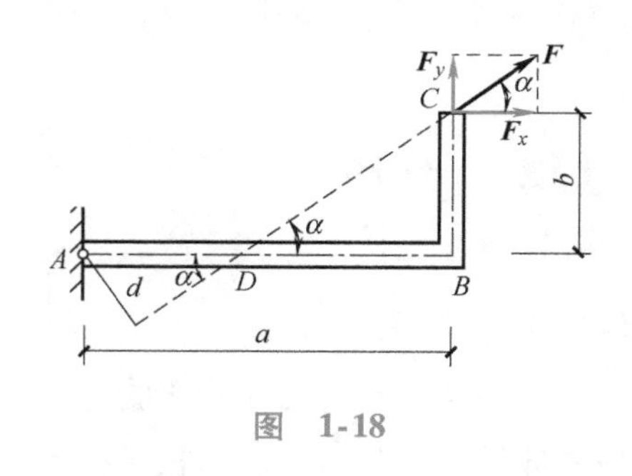

图 1-18

解： 方法一：由力矩定义计算力 $\boldsymbol{F}$ 对 A 点的力矩。

$$\begin{aligned}M_A(\boldsymbol{F}) &= F\times d = F\times AD\sin\alpha\\ &= F\times(AB-DB)\sin\alpha\\ &= F\times(AB-BC\times\cot\alpha)\sin\alpha\\ &= F\times(a-b\times\cot\alpha)\sin\alpha\\ &= F(a\sin\alpha-b\cos\alpha)\end{aligned}$$

方法二：应用合力矩定理计算力 $\boldsymbol{F}$ 对 A 点的力矩。

首先将力 $\boldsymbol{F}$ 沿水平方向和竖直方向分解为两个分力 $\boldsymbol{F}_x$、$\boldsymbol{F}_y$，则由合力矩定理可得

$$\begin{aligned} M_A(\boldsymbol{F}) &= M_A(\boldsymbol{F}_x) + M_A(\boldsymbol{F}_y) \\ &= -F_x \times b + F_y \times a \\ &= -F\cos\alpha \times b + F\sin\alpha \times a = F(a\sin\alpha - b\cos\alpha) \end{aligned}$$

由上述计算可知，当力臂较难求解时，用合力矩定理求解较为简便。

【例题点评】 在求一个力对某点的矩时，可将该力分解为两个力臂容易确定的分力，求出的两分力对该点之矩的代数和就等于原力对该点之矩。

1.5 力偶

1.5.1 力偶

由两个大小相等、方向相反、不共线的平行力组成的力系，称为力偶，用符号（$\boldsymbol{F}$，$\boldsymbol{F}'$）表示。在生活中，汽车司机转动方向盘时加在方向盘上的两个力（图 1-19a），钳工师傅用双手转动轴承螺纹时作用在扳手上的两个力（图 1-19b），都是力偶。力偶所在的平面称为力偶作用面，作用面不同，力偶对物体的作用效果也不相同。组成力偶的两个力的作用线之间的垂直距离 d，称为力偶臂。

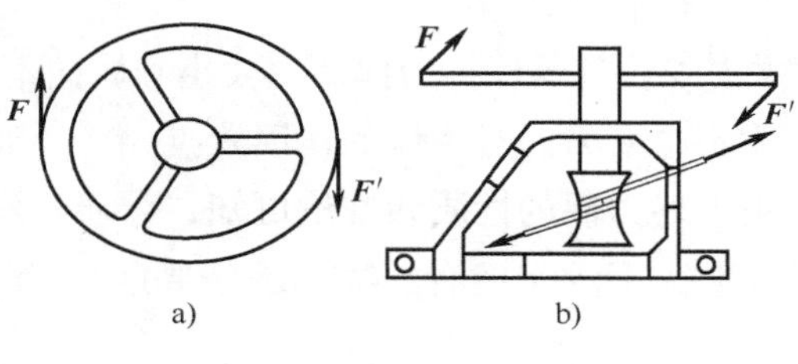

图 1-19

1.5.2 力偶矩

力偶与力是两种不同性质的力。在一般情况下，单个力既能使物体产生移动效应，又能使物体产生转动效应，而力偶对物体的作用只能使其产生转动效应。这种转动效应是用力偶中的一个力与力偶臂的乘积来量度的，称为力偶矩，用符号 m 表示，即

$$m = \pm Fd \tag{1-8}$$

乘积 Fd 表示力偶矩的大小，若力偶的力 F 越大，或力偶臂 d 越长，则力偶使物体转动的效应就越强；反之就越弱。式（1-8）中的正负号表示力偶使物体转动的转向，在平面问题中一般规定：力偶使物体逆时针方向转动时，力偶矩取正号（图 1-20a）；使物体顺时针方向转动时，取负号（图 1-20b）。所以，在平面问题中力偶矩为一个代数量。力偶矩的单位与力矩相同，也是牛·米（N·m）或千牛·米（kN·m）。

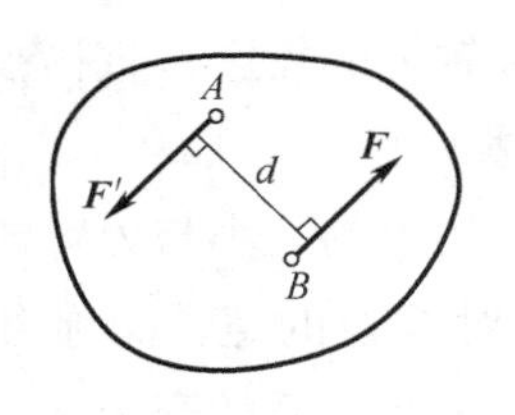

a) 力偶为正

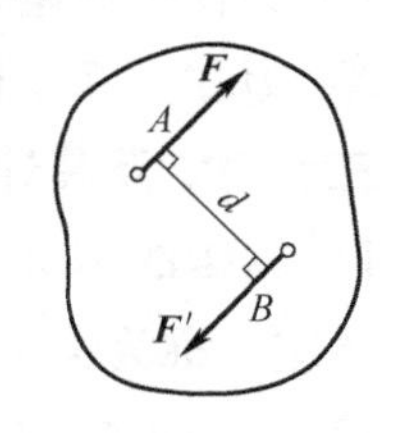

b) 力偶为负

图 1-20

1.5.3 力偶的基本性质

性质 1：力偶不能合成为一个力，也不能与一个力平衡，力偶只能和力偶平衡。

验证：设 $\boldsymbol{F}$ 和 $\boldsymbol{F}'$ 为大小相等、方向相反、作用线相互平行且不共线的两个力，且力与 x

轴的夹角为 α，如图 1-21 所示。由合力投影定理得

$$\sum F_x = F\cos\alpha - F'\cos\alpha = F\cos\alpha - F\cos\alpha = 0$$

$$\sum F_y = F\sin\alpha - F'\sin\alpha = F\sin\alpha - F\sin\alpha = 0$$

$$F_R = \sqrt{(\sum F_x)^2 + (\sum F_y)^2} = 0$$

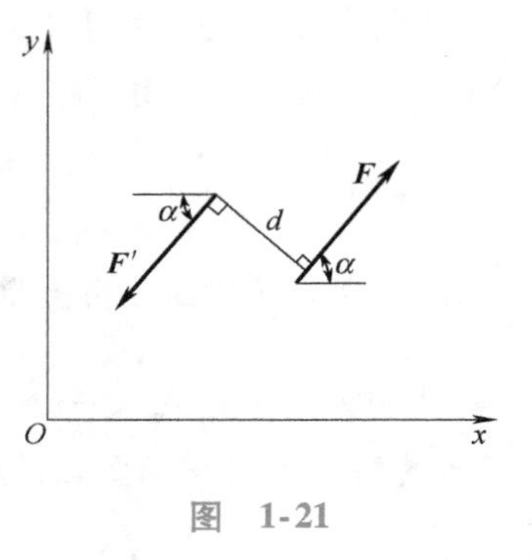

图 1-21

这表明力偶不能合成为一个力，即力偶无合力。力偶不能与一个力等效，也就不能和一个力平衡。因此，力偶对物体不产生移动效应，只产生转动效应，力偶只能与力偶平衡。

性质 2：力偶对其作用面内任一点之矩恒等于其力偶矩，而与矩心的位置无关。

性质 3：在同一平面内的两个力偶，如果它们的力偶矩的大小相等，转向相同，则这两个力偶彼此等效。

由以上性质可得到两个推论：

推论 1：只要保持力偶矩的大小和转向不变，力偶可在其作用平面内任意移动，而不改变它对物体的转动效应。

推论 2：只要保持力偶矩的大小和转向不变，可以同时改变力偶中力的大小和力偶臂的大小，而不改变力偶对物体的作用效应。

由上述力偶的性质和推论可知，力偶对物体的转动效应完全取决于力偶矩的大小、力偶的转向和力偶的作用面，这就是力偶的三要素。

小　结

一、基本概念

1）力。力是物体间相互的机械作用，这种作用使物体的运动状态或形状发生改变。

2）刚体。刚体是指在受到力的作用时，大小和形状都不发生变化的物体。

3）力系。作用在物体上的一群力或一组力，称为力系。

二、力的投影

1）力在平面坐标轴上的投影。

2）力在空间坐标轴上的投影：直接投影法和间接投影法。

三、力矩及其计算

1）力矩的定义。用力的大小与力臂的乘积 Fd 再加上正负号来表示力 $\boldsymbol{F}$ 使物体绕 O 点转动的效应，称为力 $\boldsymbol{F}$ 对 O 点的矩，简称力矩，用符号 $M_O(\boldsymbol{F})$ 表示。即 $M_O(\boldsymbol{F}) = \pm Fd$。

2）合力矩定理。平面力系的合力 $\boldsymbol{F}_R$ 对平面内任意一点之矩，等于力系中各分力对同一点之矩的代数和。即

$$M_O(\boldsymbol{F}_R) = M_O(\boldsymbol{F}_1) + M_O(\boldsymbol{F}_2) + \cdots + M_O(\boldsymbol{F}_n) = \sum_{i=1}^{n} M_O(\boldsymbol{F}_i)$$

四、力偶及其性质

1）力偶的概念。

2）力偶的性质。

五、静力学公理

静力学公理阐述了力的基本性质，是静力学的理论基础。

1）作用与反作用公理说明了物体间相互作用的关系。

2）二力平衡公理说明了作用在一个刚体上的两个力的平衡条件。

3）加减平衡力系公理是力系简化的基础。

4）力的平行四边形法则用于两个力的合成与分解。

5）刚化公理反映了平衡后的变形体与刚体之间的关系。

习题

1. 已知 $F_1=100\text{N}$，$F_2=50\text{N}$，$F_3=60\text{N}$，$F_4=80\text{N}$，各力方向如图1-22所示。试分别求出各分力在 x 轴和 y 轴的投影。

2. 如图1-23所示，沿长方体正面的对角线作用一个力 $\boldsymbol{F}$，求此力在三个坐标轴上的投影。

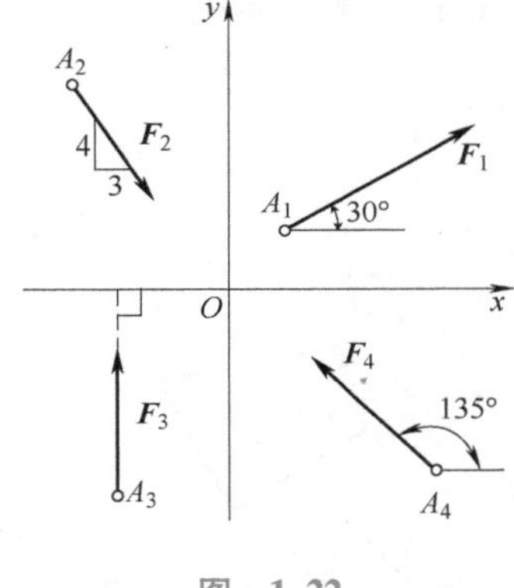

图 1-22

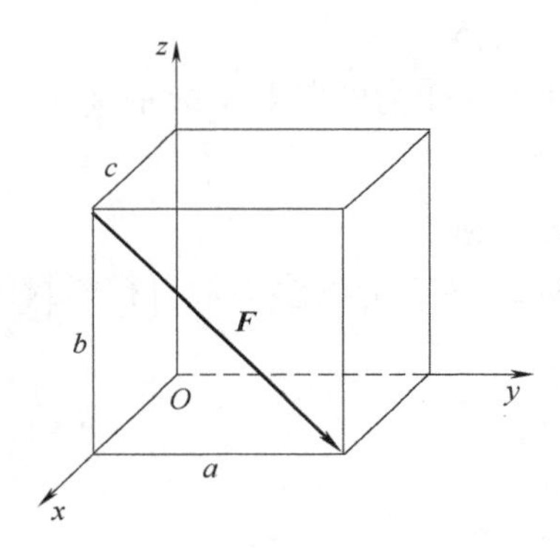

图 1-23

3. 试计算图1-24所示力 $\boldsymbol{F}$ 对 O 点之矩。

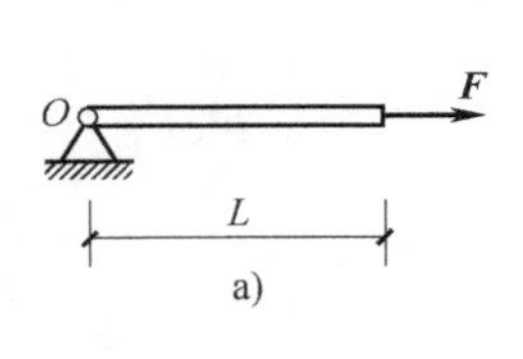

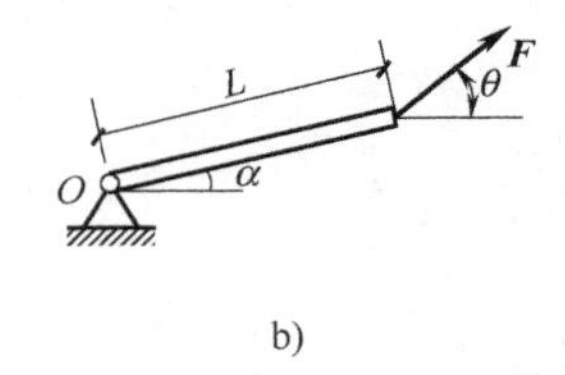

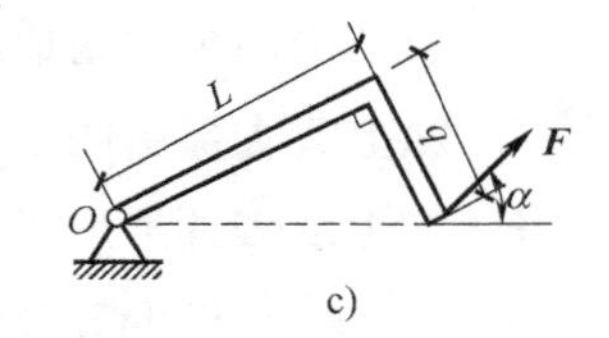

图 1-24

4. 如图1-25所示电线杆，其上端两根钢丝绳的拉力为 $F_1=120\text{N}$，$F_2=100\text{N}$，试分别计算力 $\boldsymbol{F}_1$ 和 $\boldsymbol{F}_2$ 对电线杆下端 O 点之矩。

5. 已知挡土墙受力如图1-26所示，自重 $\boldsymbol{G}=75\text{kN}$，铅垂土压力 $F_\text{N}=120\text{kN}$，水平土压力 $F_\text{H}=90\text{kN}$。试分别求这三个力对 A 点的矩，并校核挡土墙的稳定性。

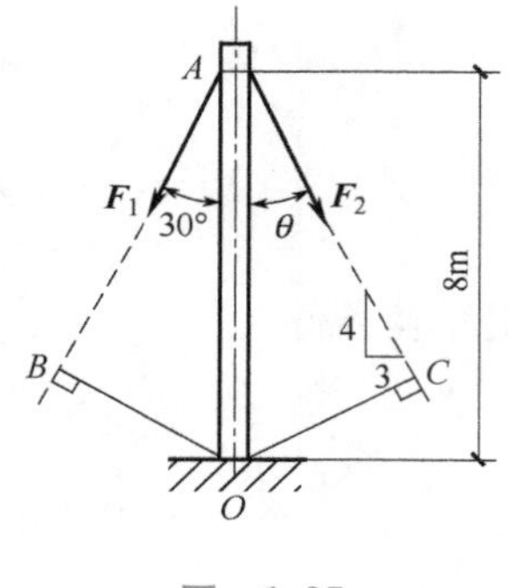

图 1-25

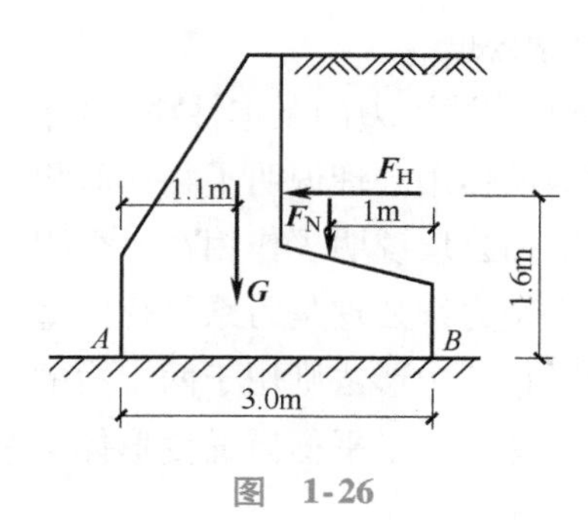

图 1-26

自我测试

一、选择题（每题 2 分，共 20 分）

1. 加减平衡力系公理适用于（　　）。

A. 刚体　　B. 变形体

C. 任意物体　　D. 由刚体和变形体组成的系统

2. 下列不属于力的三要素的是（　　）。

A. 力的大小　　B. 力的方向

C. 力的位移　　D. 力的作用点

3. 图 1-27 中，力的多边形自行不封闭的是（　　）。

A. 图 a

B. 图 b

C. 图 c

D. 图 d

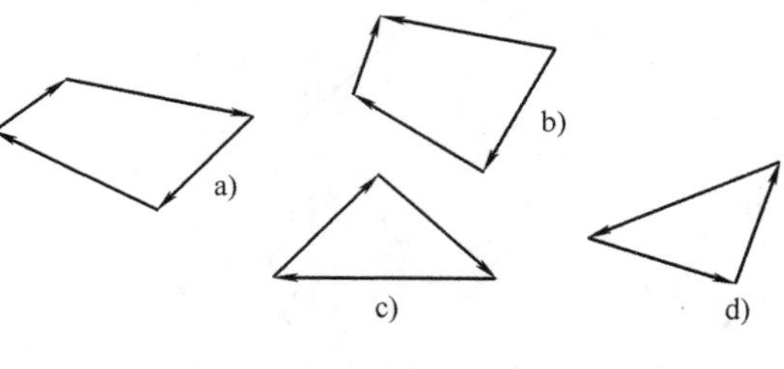

图 1-27

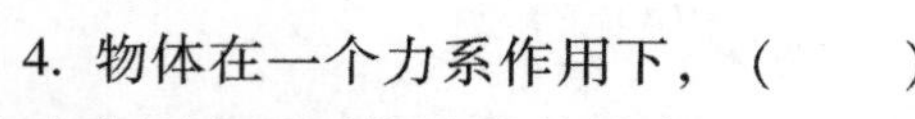

4. 物体在一个力系作用下，（　　）不会改变原力系对物体的外效应。

A. 加上由两个力组成的力系

B. 去掉由两个力组成的力系

C. 加上或去掉由两个力组成的力系

D. 加上或去掉另一平衡力系

5. 物体系中的作用力和反作用力应是（　　）。

A. 等值、反向、共线　　B. 等值、反向、共线、同体

C. 等值、反向、共线、异体　　D. 等值、同向、共线、异体

6. 物体受五个互不平行的力作用而平衡，其力多边形是（　　）。

A. 三边形　　B. 四边形

C. 五边形　　D. 六边形

7. 一物体是否被看作刚体，取决于（　　）。

A. 变形是否起决定因素　　　　　B. 变形是否微小

C. 物体是否坚硬　　　　　D. 是否研究物体的变形

8. 三力平衡定理是（　　）。

A. 共面不平行的三个力互相平衡必汇交于一点

B. 共面三力若平衡，必汇交于一点

C. 三力汇交于一点，则这三个力必互相平衡

D. 共面三力若平衡，则这三个力必定互相平行

9. 作用和反作用公理的适用范围为（　　）。

A. 适用于任何物体　　　　　B. 只适用于刚体

C. 只适用于变形体　　　　　D. 只适用于处于平衡状态的物体

10. 下列与力偶对物体的转动效应有关的因素是（　　）。

A. 力偶的转向　　　　　B. 力偶矩的大小

C. 力偶的作用面　　　　　D. A、B、C 都有关

二、填空题（每空 2 分，共 40 分）

1. 静力学中的平衡是指相对于地面__________或__________。

2. 一刚体受共面不平行的三个力作用而平衡时，则此三个力的作用线必__________。

3. 平面汇交力系平衡的几何条件是__________。

4. 满足平衡条件的力系称为__________。

5. 二力平衡的充要条件是：__________、__________、__________。

6. 同时作用在一个物体上的一群力称为__________。

7. 只受两个力作用而平衡的杆称为__________。

8. 力是__________作用。

9. 力对物体的作用效果是__________或__________。

10. 力对物体的作用效果取决于力的__________。

11. 作用于刚体上的力可沿其作用线移动到刚体内任意一点，而不会改变该力对刚体的作用效应，这个原理称为__________。

12. 在任何外力作用下，大小和形状保持不变的物体称为__________。

13. 力的三要素是力的大小、________________、________________。

14. 在同一平面内的两个力偶，如果它们的力偶矩的大小相等，转向相同，则这两个力偶________________。

15. 力偶使物体__________转动时，力偶矩为正。

三、计算题（每题 20 分，共 40 分）

1. 如图 1-28 所示，固定的圆环上作用着共面的三个力，已知 $F_1 = 10\text{kN}$，$F_2 = 20\text{kN}$，$F_3 = 25\text{kN}$，三力均通过圆心 O。试求这三个力在 x 轴和 y 轴上的投影。（20 分）

2. 已知力 $F = 400\text{N}$，方向和作用点如图 1-29 所示。试求：

（1）此力对 O 点的力矩。（6 分）

（2）若在 B 点加一水平力，使它对 O 点的力矩等于（1）的力矩，求这个水平力的大小。

(7分)

(3) 要在 B 点加一最小的力，使它对 O 点的力矩等于 (1) 的力矩，求这个最小的力。(7分)

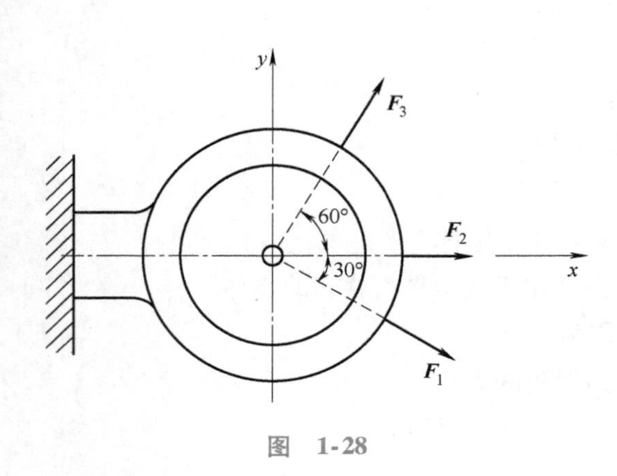

图 1-28

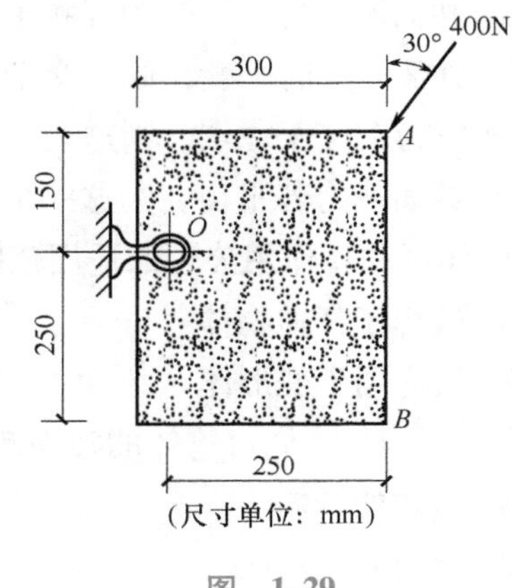

图 1-29

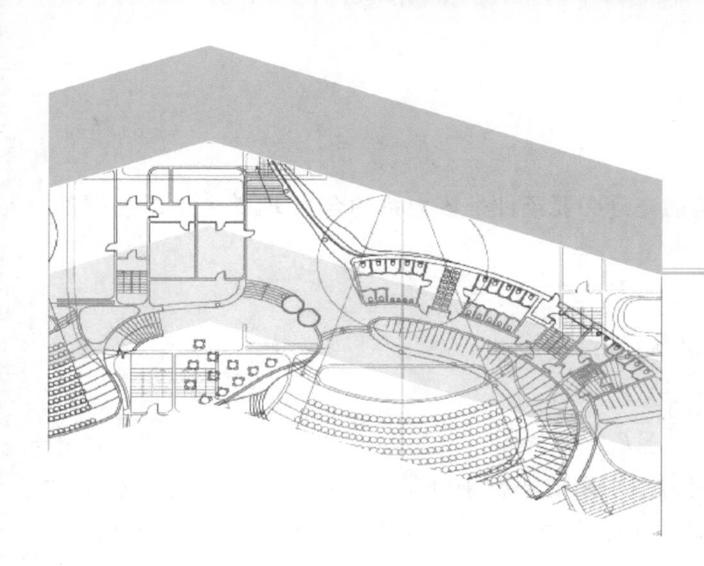

模块 2

静力分析

内容提要

本模块主要介绍了平衡的概念、平衡的条件、常见约束的类型及物体受力分析的基本方法、结构计算的简化、平面一般力系的合成与平衡、静力平衡方程及约束力的计算。

2.1 平衡

2.1.1 平衡的概念

所谓平衡，是指物体相对于地球处于静止或匀速直线运动状态。平衡是机械运动的特殊形式。作用在刚体上使刚体处于平衡状态的力系称为平衡力系；平衡力系应满足的条件称为平衡条件。静力学研究刚体的平衡规律，即研究作用在刚体上的力系平衡的条件。

2.1.2 力系平衡的条件

力系平衡的条件，在这里主要介绍平面汇交力系平衡的条件、平面力偶系平衡的条件、平面一般力系平衡的条件及平面平行力系平衡的条件。

1. 平面汇交力系平衡的几何条件

平面汇交力系可用其合力来代替，所以平面汇交力系平衡的充分必要条件是力系的合力等于零，即

$$\boldsymbol{F}_{\mathrm{R}} = \sum \boldsymbol{F} = 0 \tag{2-1}$$

在平衡力系中，力多边形中最后一个力的终点与第一个力的起点恰好重合，构成一个自行封闭的多边形。因此，平面汇交力系平衡的充分必要的几何条件是：力系中各力构成的力多边形自行封闭，如图 2-1 所示。应用平衡的几何条件，可求解两个未知力。

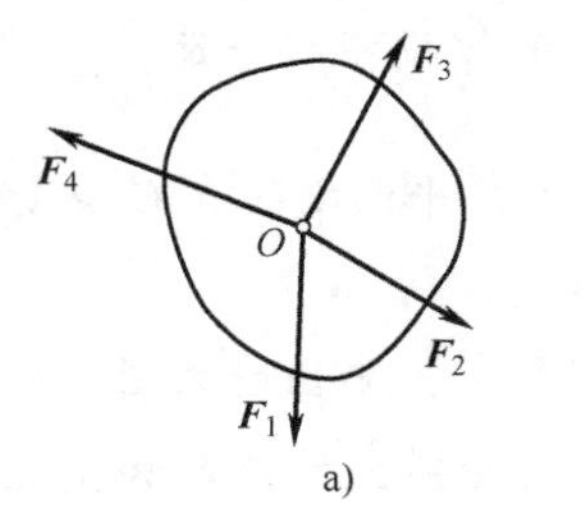

a)

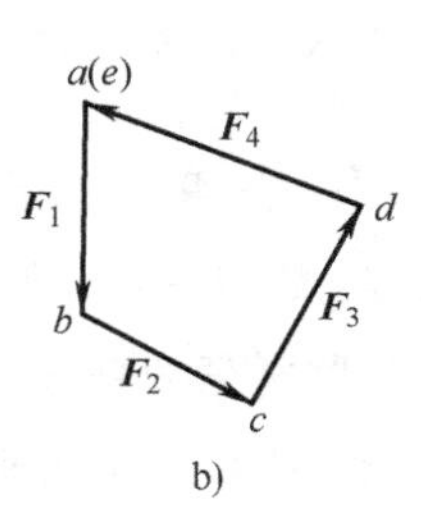

b)

图 2-1

2. 平面汇交力系平衡的解析条件

由前面所述可知：平面汇交力系平衡的充分必要条件是该力系的合力 $\boldsymbol{F}_{\mathrm{R}}$ 为零。现将平衡条件用解析式表示为

$$F_{\mathrm{R}}=\sqrt{F_{\mathrm{R}x}^2+F_{\mathrm{R}y}^2}=\sqrt{(\sum F_x)^2+(\sum F_y)^2}=0$$

式中，$(\sum F_x)^2$ 和 $(\sum F_y)^2$ 都恒为正值，若 $F_{\mathrm{R}}=0$，则必有

$$\begin{cases}\sum F_x=0\\ \sum F_y=0\end{cases} \tag{2-2}$$

因此在平面直角坐标系中，平面汇交力系平衡的解析条件是：力系中各力在两个坐标轴上投影的代数和分别为零。式（2-2）称为平面汇交力系的平衡方程，这是两个独立的平衡方程，可以解出两个未知量。

用平衡方程求解平面汇交力系平衡问题的步骤如下：

1）根据题意选取适当的研究对象。对于汇交力系通常选取汇交点处的物体作为研究对象。

2）对研究对象进行受力分析，画出受力图。受力图中未知力的指向可任意假设，若计算结果为正值，表示假设指向与实际受力方向一致；若计算结果为负值，则表示假设指向与实际受力方向相反。

3）在力系平面内建立坐标系。

4）列平衡方程并求解。

【例 2-1】 不计杆重，求图 2-2a 所示结构中 AB、AC 两杆所受的力。

解： 由图 2-2a 可知，B、C 处为铰接，可把 AB 杆、AC 杆看成二力杆，则对 A 点进行受力分析（图 2-2b）。列平衡方程求解，得

$\sum F_y=0 \quad F_{\mathrm{P}}+F_{AC}\times\sin\theta=0\Rightarrow F_{AC}=-F_{\mathrm{P}}/\sin\theta$（↗）

$\sum F_x=0 \quad F_{AB}+F_{AC}\times\cos\theta=0\Rightarrow F_{AB}=F_{\mathrm{P}}\cot\theta$（←）

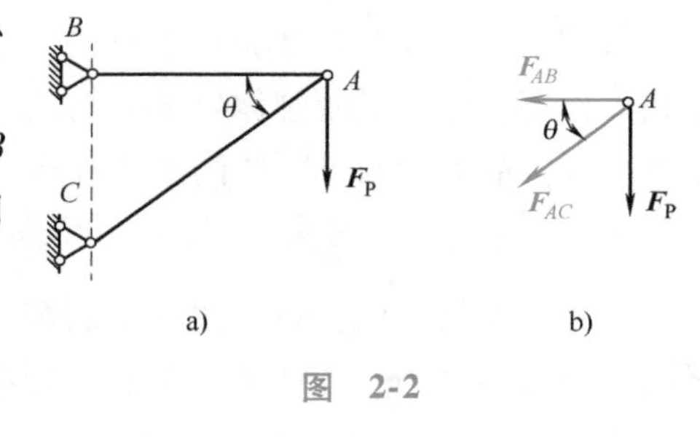

图 2-2

【例题点评】 判别二力杆是这题的关键。不计自重的细长杆两端用铰链与其他构件相连接，除了铰链处可能有荷载作用外，杆上无任何荷载（力、力偶）作用可以认作二力杆。计算结果 F_{AC} 为负，表明该力的实际指向与受力图中的假设指向相反；F_{AB} 为正，表明该力的实际指向与受力图中的假设指向一致。

【例 2-2】 如图 2-3a 所示，平面刚架在 C 点受水平力 $\boldsymbol{F}$ 作用。已知 $F=40\mathrm{kN}$，刚架自重不计，求支座 A、B 的支座反力。

解： 1）取刚架为研究对象，并画出受力图。

由图 2-3a 可知：简支刚架受到主动力 $\boldsymbol{F}$ 和支座反力 $\boldsymbol{F}_A$、$\boldsymbol{F}_B$ 的作用处于平衡，该受力情况满足三力平衡汇交定理，则这三个力的作用线必汇交于 D 点。画出刚架的受力图，如图 2-3b 所示，$\boldsymbol{F}_A$、$\boldsymbol{F}_B$ 的指向均假设指向铰链中心。

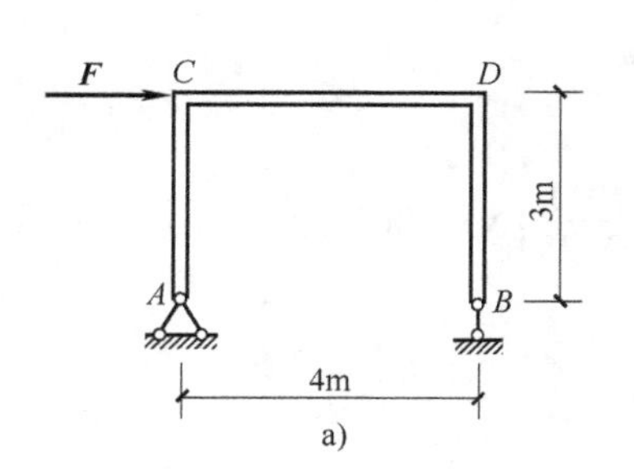

a)

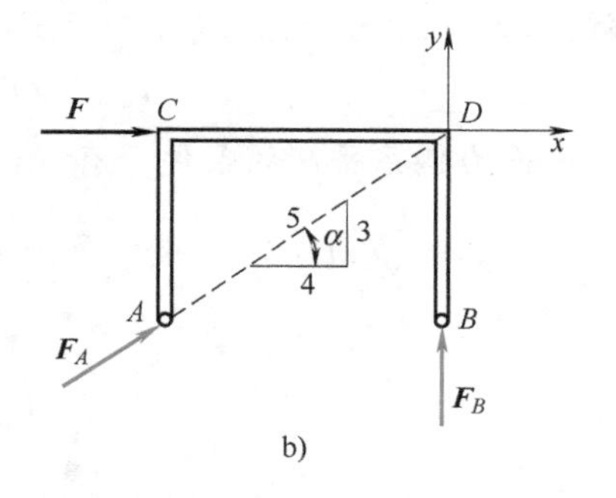

b)

图 2-3

2）建立坐标轴 xOy。

3）列平衡方程求解。

由 $\sum F_x=0$ 得 $F+F_A\cos\alpha=0$

$$F_A=-\frac{F}{\cos\alpha}=-40\text{kN}\times\frac{5}{4}=-50\text{kN}\ (\swarrow)$$

由 $\sum F_y=0$ 得 $F_B+F_A\sin\alpha=0$

$$F_B=-F_A\sin\alpha=-(-50\text{kN})\times\frac{3}{5}=30\text{kN}\ (\uparrow)$$

【例题点评】 当物体受到同一平面内不平行的三力作用而平衡时，三力的作用线必汇交于一点。

3. 平面力偶系平衡的条件

平面力偶系可以合成为一个合力偶。力偶系平衡时，合力偶矩必须等于零。所以，平面力偶系平衡的充分必要条件是：力偶系中所有力偶矩的代数和等于零。

$$\sum_{i=1}^{n} m_i=0 \tag{2-3}$$

式（2-3）是求解平面力偶系平衡问题的基本方程，对于平面力偶系的平衡问题，利用它可求解一个未知量。

【例2-3】 不计重量的水平杆 AB，受到固定铰支座 A 和链杆 DC 的约束，如图2-4a所示。在杆 AB 的 B 端有一力偶（$\boldsymbol{F}$，$\boldsymbol{F}'$）作用，其力偶矩的大小为 $m=100\text{N}\cdot\text{m}$。求固定铰支座 A 的反力 $\boldsymbol{F}_A$ 和链杆 DC 的反力 $\boldsymbol{F}_{DC}$。

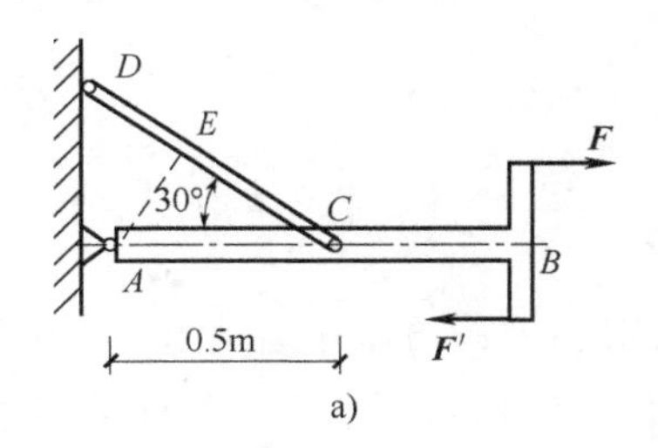

a)

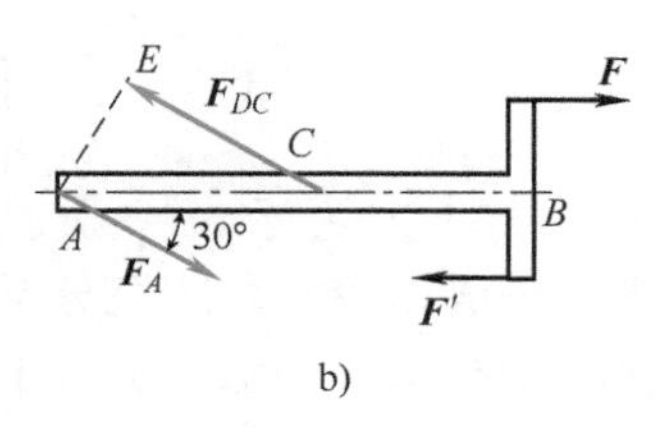

b)

图 2-4

解：以杆 AB 为研究对象，如图 2-4b 所示。

$$AE = AC\sin 30^\circ = 0.25\text{m}$$

由平面力偶系平衡的条件，有

$$\sum m_i = 0 \quad -m + F_A \cdot AE = 0 \Rightarrow F_A = \frac{m}{AE} = \left(\frac{100}{0.25}\right)\text{N} = 400\text{N}(\searrow)$$

$$F_{DC} = F_A = 400\text{N}\ (\nwarrow)$$

【例题点评】 首先判别 CD 杆为二力杆，然后根据“在一个平面内，力偶只能跟力偶平衡”判定固定铰支座 A 的作用力与二力杆 CD 作用力的关系。

4. 平面一般力系平衡的条件

平面一般力系是指各力的作用线位于同一平面内但不全汇交于一点也不全相互平行的力系，又称平面任意力系。由前面的学习可知：平面汇交力系可以合成一个合力，平面力偶系可以合成为一个合力偶，那么平面一般力系可以合成什么？要解决这个问题，先来学习力的平移定理。

力的平移定理：作用在刚体上的力，可以平行移动到刚体内任意一点，但必须附加一个力偶，附加力偶的力偶矩等于原力对平移点所产生的力矩。

力的平移定理表明了作用于刚体上的一个力可以分解为作用在同一平面内的一个力和一个力偶，当然也可以将同一平面内的一个力和一个力偶合成为作用在另一点上的一个力。根据力的平移定理，平面一般力系向作用面内任一点简化，可得一个力和一个力偶。这个力的作用线通过简化中心，称为原力矢的主矢，它等于原力系中各力的矢量和；这个力偶作用于原力系的作用面内，其力偶矩称为原力系的主矩，它等于原力系中各力对简化中心力矩的代数和。

如果力系处于平衡状态，则力和力偶必须同时为零，即主矢和主矩都等于零。反过来，如果力系向一点简化的主矢和主矩都等于零，则简化所得的汇交力系和力偶系分别平衡，所以原力系必然平衡。因此，平面一般力系平衡的充分必要条件是：力系的主矢和力系对平面内任意一点的主矩都等于零。即

$$F'_{\text{R}} = \sqrt{(\sum F_x)^2 + (\sum F_y)^2} = 0$$

$$M_O = \sum M_O(\boldsymbol{F}) = 0$$

这样可得平衡方程为

$$\begin{cases} \sum F_x = 0 \\ \sum F_y = 0 \\ \sum M_O(\boldsymbol{F}) = 0 \end{cases} \tag{2-4}$$

这样，平面一般力系平衡的充分必要条件又可以叙述为：力系中各力在任选的两个坐标轴上投影的代数和分别等于零，力系中的各力对其作用面内任意一点之矩的代数和也等于零。

5. 平面平行力系平衡的条件

当力系中各力的作用线在同一平面内且相互平行时，这种力系称为平面平行力系。平面平

行力系是平面一般力系的一种特殊情况，它的平衡方程可以从平面一般力系平衡方程中推导出来。如果取 x 轴与各力作用线垂直，y 轴与各力作用线平行，则不论平面平行力系是否平衡，各力在 x 轴上的投影恒等于零，即$\sum F_x \equiv 0$。所以，平面平行力系平衡的充分必要条件是：力系中各力在与力系各力平行的轴线上投影的代数和等于零，各力对作用平面内任意一点之矩的代数和也等于零。

2.2 约束

2.2.1 约束和约束反力的概念

力学中所考察的物体，有的不受到任何限制可以自由运动，如在空中飞行的子弹、飞机和火箭等，把不受任何约束、能在空间内做自由运动的物体称为自由体；而有的则受到了其他物体的限制，沿某些方向不能够运动，把这类物体称为非自由体，如用绳索悬挂的重物、支撑于墙上静止不动的屋架。

限制非自由体运动的其他物体称为该非自由体的约束。由于约束限制了物体的运动，则约束对被约束物体施加了作用力，这种力称为约束反力，简称反力。因为约束反力是限制物体运动的，所以约束反力的作用点应在约束与被约束物体的接触处，约束反力的方向总是与约束所能限制的运动方向相反。

主动作用在物体上使物体产生运动或使物体具有运动趋势的力，称为主动力，如重力、土压力、水压力等。约束反力是由主动力的作用而引起的，随主动力的改变而改变，所以又称为被动力。约束反力的确定是对结构进行受力分析和计算的首要工作，而约束反力的确定又与约束类型有关。

2.2.2 常见的约束及约束反力

约束反力除了与主动力有关外，还与约束的性质有关。工程中约束的类型很多，下面介绍常见的约束及其约束反力的表示方法。

1. 柔性约束

不计自重的绳索、链条和皮带等柔性物体用于限制物体运动时，称为柔性约束，如图 2-5a 所示。由于柔性约束只能限制物体沿柔性体中心线离开柔性体运动，而不能限制其他方向的运动，这类约束只能对物体施加拉力。所以柔性约束的约束反力作用在接触点，沿着柔性体的中心线，背离被约束物体，常用符号 $\boldsymbol{F}_{\mathrm{T}}$表示，如图 2-5b 中绳索对重物的约束反力。

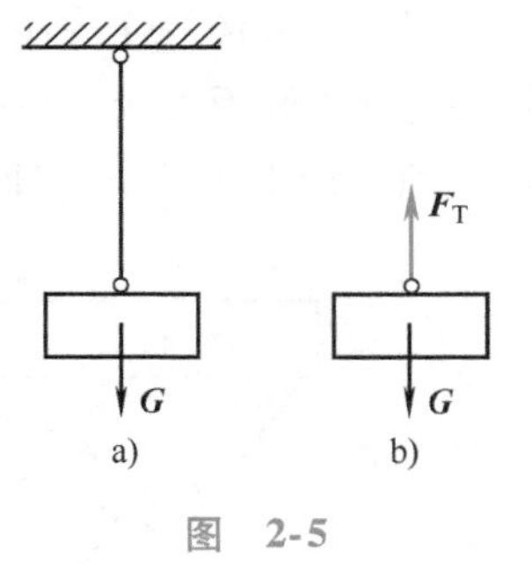

图 2-5

2. 光滑接触面约束

不计摩擦的光滑平面或曲面若对物体的运动加以限制，则称为光滑接触面约束。光滑接触面约束，只能限制物体沿接触面公法线指向接触面的运动。因此，光滑接触面约束的约束反力作用在接触处（点或面），作用线沿接触面的公法线且指向被约束物体，常用符号 $\boldsymbol{N}$ 表示，如图 2-6a 中物体所受的约束反力 $\boldsymbol{N}_A$、$\boldsymbol{N}_B$及图 2-6b 中小球所受的约束反力 $\boldsymbol{N}_A$。

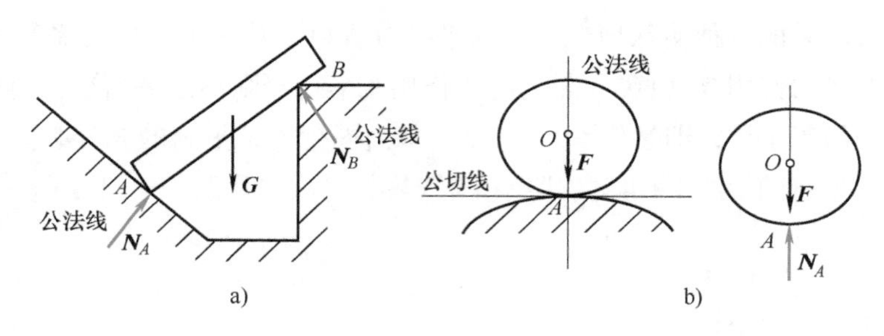

图 2-6

3. 光滑圆柱铰链约束

光滑圆柱铰链是由一个圆柱形销钉插入两个物体的圆孔中构成的（图2-7a），且认为销钉与圆孔的表面很光滑，其简图如图2-7b所示。

当物体相对于另一物体有运动趋势时，销钉与圆孔壁便在某处光滑接触，由光滑接触面约束反力的特点可知，销钉反力一定通过接触点，如图2-7c所示。但由于接触点的位置一般不能预先确定，所以约束反力的方向也不能预先确定。也就是说，圆柱铰链的约束反力$\boldsymbol{F}_C$在垂直于销钉轴线的平面内，通过销钉中心，方向未定。因此，在实际分析时，通常将$\boldsymbol{F}_C$分解为两个相互垂直的分力$\boldsymbol{F}_{Cx}$和$\boldsymbol{F}_{Cy}$，两个分力的指向可做任意假设，如图2-7d所示。

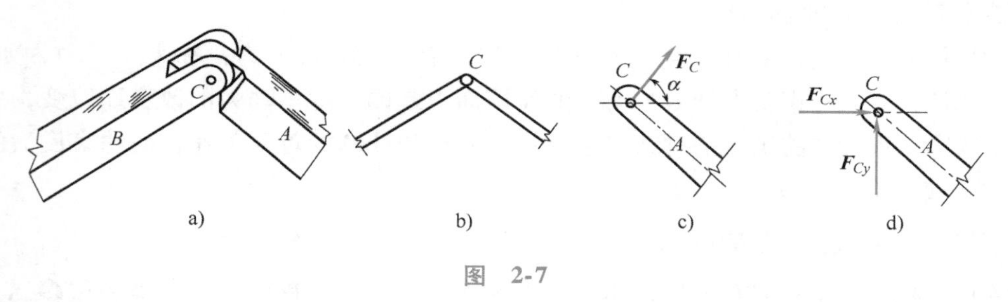

图 2-7

4. 固定铰支座

将结构或构件连接在墙、柱、基础等支承物上的装置称为支座。用光滑圆柱铰链把结构或构件与支承底板连接，并将底板固定在支承物上而构成的支座，称为固定铰支座，如图2-8a所示。固定铰支座的结构计算简图如图2-8b所示。

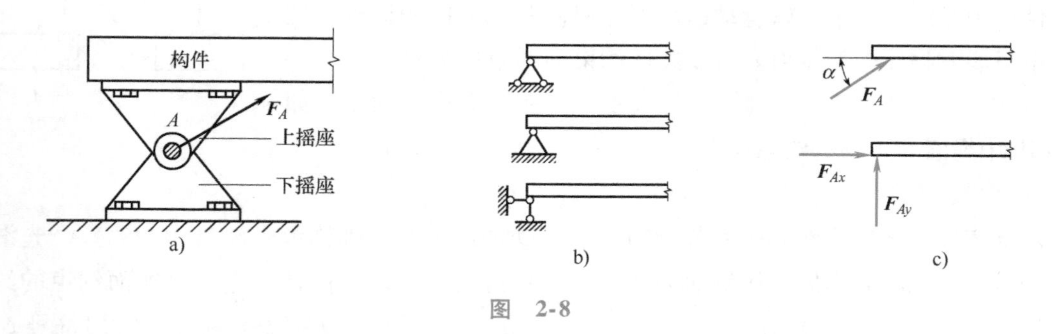

图 2-8

这种支座只能限制构件沿垂直于销钉轴线平面内任意方向的移动。固定铰支座的约束性能与圆柱铰链是相同的。所以固定铰支座的约束反力作用于接触点，垂直于销钉轴线，并通过销钉中心，其方向未定，可用 F_A 和一未知大小的 α 角表示，也可用一个水平力 F_{Ax} 和铅垂力 F_{Ay} 表示，如图 2-8c 所示。

5. 可动铰支座

在固定铰支座底板与支承面之间安装若干个辊轴，使支座可沿支承面移动，这种约束构成了可动铰支座，又称辊轴支座。其构造示意图如图 2-9a 所示，结构简图如图 2-9b 所示。

可动铰支座只能限制物体沿垂直于支承面方向的移动。所以，可动铰支座的约束反力 F_A 通过销钉中心，垂直于支承面，指向未定但可做假定，如图 2-9c 所示。

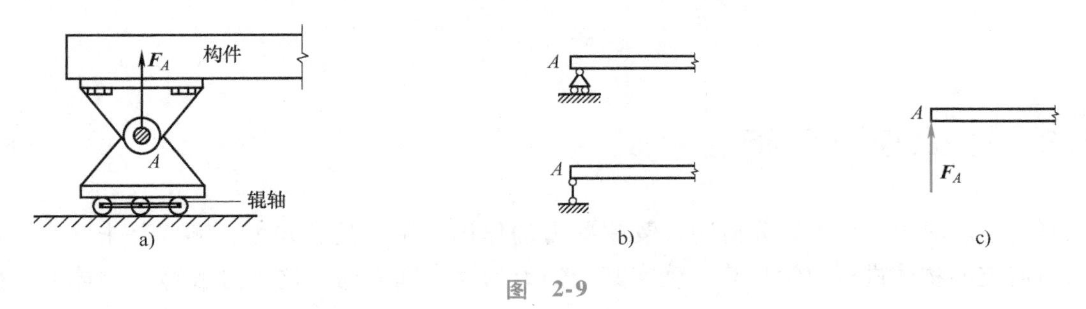

图 2-9

6. 链杆约束

两端各以铰链与不同物体连接，中间不受力，且不计自重的刚性杆称为链杆约束。它可以是直杆、曲杆或折杆。由于链杆只在两铰链处受力，因此，链杆又称为二力杆。

如图 2-10 所示的支架结构，横杆 AB 在 A 端用固定铰支座与墙体连接，BC 杆为支撑杆。若以 AB 杆为研究对象，不论 BC 杆是直杆还是曲杆，都可以看成是 AB 杆的链杆约束。这种约束力只能限制物体沿链杆两铰中心连线的方向运动，而不限制其他方向的运动。因此，链杆对物体的约束反力为沿着链杆两端铰链中心连线的方位，或为压力或为拉力，常用符号 F 表示。

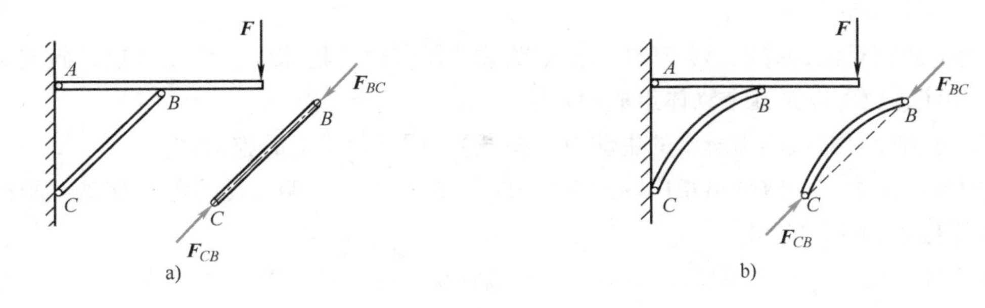

图 2-10

7. 固定端支座

固定端支座也是工程结构中常见的一种支座，它是将构件的一端插入一固定物而构成的。例如，房屋结构中的雨篷、阳台的挑梁（图 2-11a、b）。如果构件插入墙内有足够的长度，且嵌固得足够牢固，则墙与构件连接处就称为固定端支座。

固定端支座的特点是在连接处不发生任何相对移动和转动。固定端支座反力分布较为复杂，但在平面问题中，可简化为阻止构件不能移动的两个分力 F_{Ax}、F_{Ay} 和阻止构件不能转动的约束反力偶矩 M_A，分力的指向和 M_A 的转向均可假定，如图 2-11c 所示。

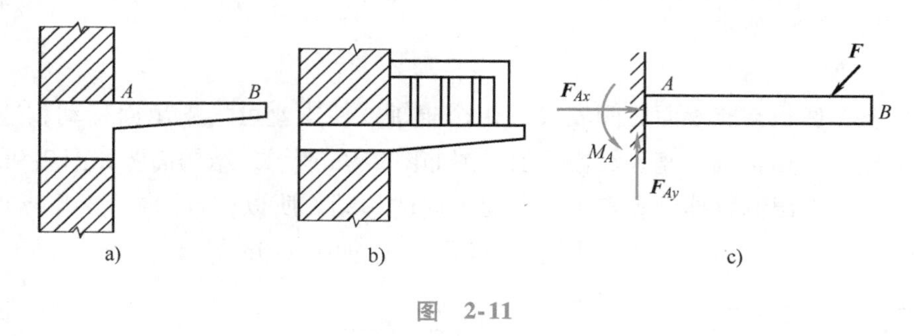

图 2-11

2.3 物体受力分析

研究力学问题，首先要分析物体受哪些力的作用，哪些是已知力，哪些是未知力，然后对所研究的物体进行力学计算，确定其未知力的大小和方向，这个过程称为物体的受力分析。

2.3.1 受力图的概念与作用

为了清晰地表明物体的受力情况，必须解除研究对象的全部约束，并将其从周围的物体中分离出来，单独画出它的简图，这种解除了约束被分离出来的研究对象称为分离体。在分离体上如数画出周围物体对它的全部作用力（包括主动力和约束反力），用以表示物体受力情况的图形称为分离体的受力图。选取合适的研究对象与正确画出受力图是解决力学问题的前提和依据。

2.3.2 受力分析的步骤

受力分析的步骤如下：

1）确定研究对象，并取出分离体。根据题意选择合适的物体作为研究对象，研究对象可以是一个物体，也可以是几个物体组成的系统。

2）在分离体上如数画出所受的主动力（荷载），明确每个力的施力体。

3）根据约束类型如数画出相应的约束反力。根据约束的类型、性质和平衡条件画出约束反力的作用位置和作用方向。

在画物体的受力图时，不要运用力的等效变换或力的可传性改变力的作用位置，否则会改变物体的变形效应。正确地画出物体受力图是求解静力学问题的关键步骤。因此须认真对待、切实掌握。下面举例说明受力图的画法。

【例 2-4】 简支梁 AB，A 端为固定铰支座，B 端为可动铰支座，在梁上 C 点作用一集中力 $\boldsymbol{F}$，如图 2-12a 所示，梁的自重不计，试画出梁 AB 的受力图。

解： 1）以梁 AB 为研究对象，并画出分离体图。

2）在分离体上画出主动力 $\boldsymbol{F}$。

3）画出约束反力。

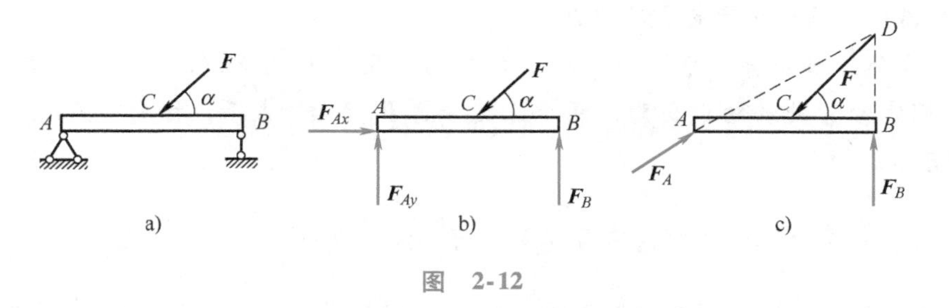

图 2-12

方法一：按照约束的性质画出约束反力。固定铰支座 A 的约束反力用通过 A 点的两个正交分力 $\boldsymbol{F}_{Ax}$、$\boldsymbol{F}_{Ay}$表示，指向假设。可动铰支座 B 的约束反力 $\boldsymbol{F}_B$沿垂直于支承面的方位，指向假设，如图 2-12b 所示。

方法二：由图可知：该梁受到三个力作用处于平衡，而且其中有两个力可以汇交到一点，故可利用三力平衡定理来分析受力图。即主动力 $\boldsymbol{F}$ 与 B 点支座反力 $\boldsymbol{F}_B$ 两个力作用线交于 D 点，则 A 点支座反力 $\boldsymbol{F}_A$ 必通过 D 点，又要通过 A 铰中心，故 $\boldsymbol{F}_A$ 一定沿 AD 连线的方位，指向假设。如图 2-12c 所示。

【例题点评】 要熟悉各种约束的约束反力的表示方法，当物体受到同一平面内不平行的三力作用而平衡时，三力的作用线必汇交于一点。

【例 2-5】 在图 2-13a 所示的结构中，AD 杆 D 端受一水平力 $\boldsymbol{F}$ 作用，若不计杆件自重，试分别画出 AD 杆和 BC 杆的受力图。

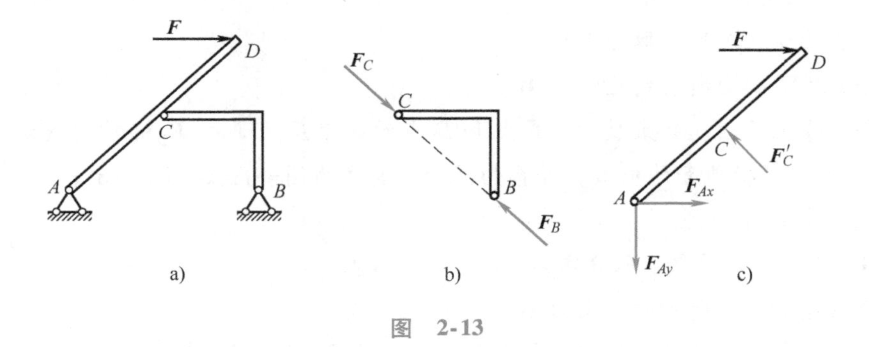

图 2-13

解：（1）画 BC 杆的受力图

1）以 BC 杆为研究对象，取分离体。

2）在分离体上画出所受的主动力。因杆 BC 的自重不计，又无主动力作用，故无主动力。

3）在分离体上画出其约束反力。因杆 BC 两端为铰链约束，无主动力作用时必为二力杆，B、C 两铰链处的约束反力 $\boldsymbol{F}_B$、$\boldsymbol{F}_C$ 必定大小相等，方向相反，作用线沿两铰链中心的连线，指向可先假定，其受力图如图 2-13b 所示。

（2）画 AD 杆的受力图

1）以 AD 杆为研究对象，取分离体。

2）在分离体上画出所受的主动力 $\boldsymbol{F}$。

3）在分离体上画出其约束反力。铰 C 处的约束反力 $\boldsymbol{F}'_C$ 按与 $\boldsymbol{F}_C$ 是作用力与反作用力的关系画出，固定铰 A 处的约束反力用两个正交分力 $\boldsymbol{F}_{Ax}$ 和 $\boldsymbol{F}_{Ay}$ 表示，指向可假定，其受力图如图 2-13c 所示。

【例题点评】 会判别二力杆，它可以是直杆、曲杆或折杆。

【例 2-6】 重量为 W 的圆管放置于图 2-14 所示的简易构架中，AB 杆的自重为 $\boldsymbol{G}$，A 端用固定铰支座与墙面连接，B 端用绳水平系于墙面的 C 点上，若所有接触面都是光滑的，试分别画出圆管和 AB 杆的受力图。

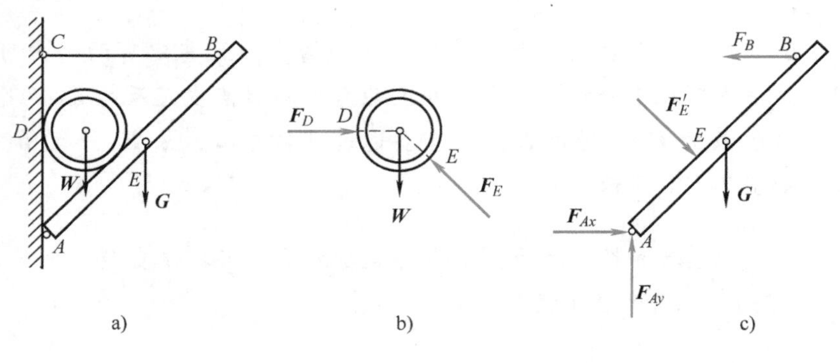

图 2-14

解：（1）画圆管的受力图

1）以圆管为研究对象，取分离体。

2）在分离体上画出所受的主动力 $\boldsymbol{W}$。

3）在分离体上画出其约束反力。E 点和 D 点的约束反力 $\boldsymbol{F}_E$、$\boldsymbol{F}_D$ 的作用线均沿其接触面的公法线，通过圆管横截面的中心，并指向圆管，其受力图如图 2-14b 所示。

（2）画 AB 杆的受力图

1）以 AB 杆为研究对象，取分离体。

2）在分离体上画出所受的主动力 $\boldsymbol{G}$。

3）在分离体上画出其约束反力。E 点的约束反力 $\boldsymbol{F}'_E$ 按与 $\boldsymbol{F}_E$ 等值、反向画出；B 端为绳索约束，约束反力 $\boldsymbol{F}_B$ 的方向沿绳索中心线背离分离体；A 端固定铰支座的约束反力用两个正交分力 $\boldsymbol{F}_{Ax}$ 和 $\boldsymbol{F}_{Ay}$ 表示，指向可假定，其受力图如图 2-14c 所示。

【例题点评】 熟悉各种约束的约束反力的表示方法，会正确表示作用力与反作用力。

通过以上例题的分析，画受力图时应注意以下几点：

1）结构中有二力杆，要优先分析二力杆，然后再按照约束的性质来分析其他构件。

2）分析两物体间的相互作用力时，应遵循作用力与反作用力定律。作用力一旦确定，反作用力必反向作用，不可随意假设。

3）对物体系统进行分析时，同一个约束反力在分部与整体上的表示要一致。

2.4 结构计算简图

建筑结构的构造和受力情况往往是很复杂的，完全按照结构的实际情况进行力学分析是不可能的。因此，在对结构进行受力分析时，必须对实际结构进行简化，用一种简化的图形来代替实际结构，这种简化的图形称为结构计算简图（简称计算简图）。合理的计算简图，是人们对实际结构进行科学抽象的结果，反映了实际结构在受力方面的基本特征。因此，选取计算简图必须遵循以下两个原则：

1）正确反映实际结构的主要受力特征，使计算结果尽可能精确。

2）分清主次因素，略去次要因素的影响，使计算简化。

结构计算简图是对建筑物力学本质的描述，是从力学的角度对建筑物的抽象和简化。把实际结构简化成结构计算简图，一般应从以下几个方面进行：支座的简化；结点的简化；荷载的简化；计算跨度的确定。

2.4.1 支座的简化

支座是指将结构与基础或其他支承构件联结起来，以固定结构位置的装置。支座的简化形式通常有四种：可动铰支座、固定铰支座、固定端支座和定向支座。

1）可动铰支座只能阻止结构沿垂直于支承面方向的移动，但不能阻止结构沿支承面方向的移动及绕铰转动。

2）固定铰支座允许结构绕铰转动，但不能有任何方向的移动。

3）固定端支座使结构在支承处既不能沿任何方向移动，也不能转动。

4）定向支座允许结构沿支承面方向移动，但不能沿垂直于支承面方向移动，也不能转动。

上述四种形式的支座的计算简图及约束反力见表2-1。

表2-1 支座计算简图及约束反力

支座名称	计算简图	约束反力
可动铰支座	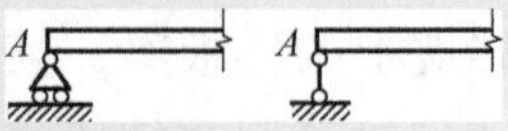 A　A	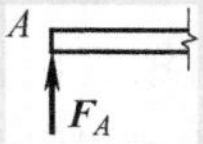 A, F_A
固定铰支座	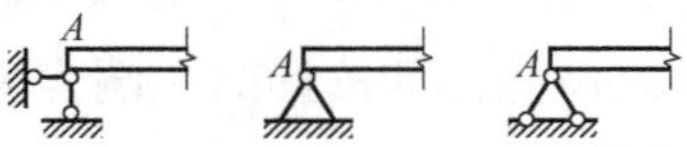 A　A　A	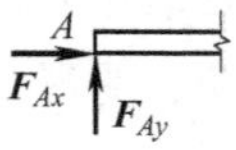 A, F_{Ax}, F_{Ay}
固定端支座	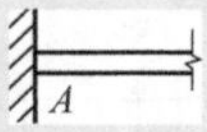 A	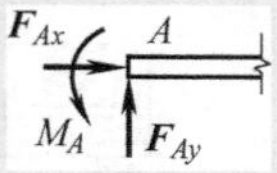 F_{Ax}, A, M_A, F_{Ay}
定向支座	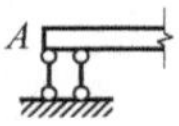 A	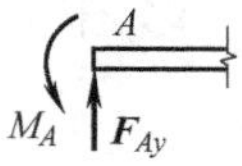 A, M_A, F_{Ay}

2.4.2 结点的简化

结构中杆件之间相互联结的部分称为结点。根据受力变形特点，结点通常可简化为三种形式：铰结点、刚结点和组合结点。

（1）铰结点　铰结点的特征：被联结的各杆在联结处可绕结点中心相对转动，但不能产生相对移动，各杆间的夹角可以改变，如图2-15a所示的木屋架结点。一般认为各杆之间可以产生比较微小的转动，所以杆与杆之间的联结方式可简化成图2-15b所示的铰结点。计算简图中，铰结点用小圆圈表示。

（2）刚结点　刚结点的特征：被联结的各杆在联结处既不能相对移动又不能相对转动，变形时，结点处各杆端间的夹角保持不变。如图2-16a所示的钢筋混凝土梁与柱现浇的结点，可简化为刚结点（图2-16b）。计算简图中，刚结点用杆件轴线的交点来表示。

（3）组合结点　如果结点上的一些杆件用铰联结，而另一些杆件刚性联结，这种结点称为组合结点。图2-17中的B结点即为组合结点。

在工程实际中，只有根据实际结构的主要受力情况去进行抽象和简化，才能得到可靠的计算简图。

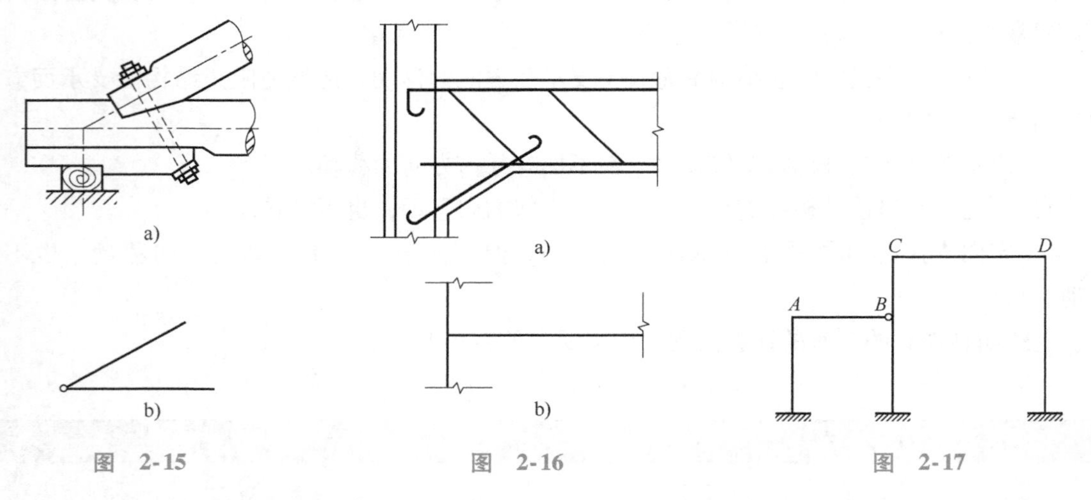

图　2-15　　　图　2-16　　　图　2-17

图2-18a所示为砖混结构房屋中一搁置在砖墙上的楼板梁，其上承受自重及楼板传来的荷载，现在对该梁进行简化，作出计算简图。楼板梁可用其轴线表示，梁的自重及楼板传来的荷载可简化为沿梁轴线分布的均布线荷载q。在工程实际中，要求梁在支承处不得有竖向和水平方向的运动，为了反映墙对梁端部的约束性能，可按梁的一端为固定铰支座，另一端为可动铰支座考虑。梁的计算简图如图2-18b所示。

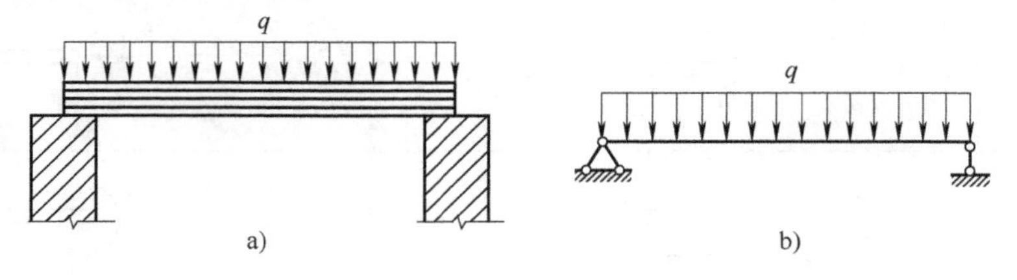

图　2-18

2.4.3 荷载的简化

荷载是主动作用于结构上的外力，如结构自重，风压力，水压力，土压力，人群及设备、家具的自重等。实际工程中的荷载，可根据其不同特征进行分类。

1）按作用时间的长短，荷载可分为恒荷载、活荷载和偶然荷载。

长期作用于结构上的不变荷载称为恒荷载，如结构的自重、安装在结构上的设备的重量等，其荷载的大小、方向和作用位置是不变的。

暂时作用在结构上的可变荷载称为活荷载，如人群自重、风荷载、雪荷载。

使用期内不一定出现，一旦出现其值就会很大且持续时间很短的荷载称为偶然荷载，如爆炸力、地震荷载等。

2）按作用范围不同，荷载可分为集中荷载和分布荷载。

如果荷载作用的范围与构件的尺寸相比非常小，可近似认为荷载作用于一点，称为集中荷载，如屋架传给柱子的压力可视为集中荷载，单位是N或kN。

分布作用在体积、面积和线段上的荷载分别称为体分布荷载、面分布荷载和线分布荷载（简称体荷载、面荷载和线荷载），统称为分布荷载。重度属于体分布荷载，单位是N/m^3或kN/m^3；风、雪荷载等属于面分布荷载，单位是N/m^2或kN/m^2。工程上常把体分布荷载、面分布荷载简化为沿杆件轴线的线分布荷载，单位是N/m或kN/m。分布荷载又可分为均布荷载和非均布荷载。

3）按作用性质，荷载可分为静荷载和动荷载。

大小、作用位置和方向不随时间变化或变化极为缓慢的荷载称为静荷载。静荷载的加载过程比较缓慢，不会使结构产生明显的加速度，如结构自重属于静荷载。大小、作用位置和方向随时间而改变的荷载称为动荷载。在动荷载的作用下，结构会产生明显加速度，内力和变形都将随时间而变化，如地震在结构上产生的惯性力属于动荷载。

作用于结构上的荷载比较复杂，根据实际受力情况，常将荷载简化为集中荷载、分布荷载（均布荷载和非均布荷载）、集中力偶或分布力偶。在杆系结构计算简图中，杆件用其纵轴线表示，因此不管是体积力还是表面力，都简化为分布在杆件轴线上的线荷载。依其分布状况，通常分为集中荷载（集中力、力偶）和分布荷载（均匀分布、直线分布、曲线分布）。

2.4.4 计算跨度的确定

一般在计算简图中应反映出支座的情况、荷载大小和计算跨度。对于图2-19所示的简支梁、板，其计算跨度可取下列各值的较小者。

（1）实心板

$$l_0 = l_n + a \qquad l_0 = l_n + h \qquad l_0 = 1.1 l_n$$

（2）空心板和简支梁

$$l_0 = l_n + a \qquad l_0 = 1.05 l_n$$

式中，l_n为板或梁的净跨度；a为板或梁的支承宽度；h为板的厚度。

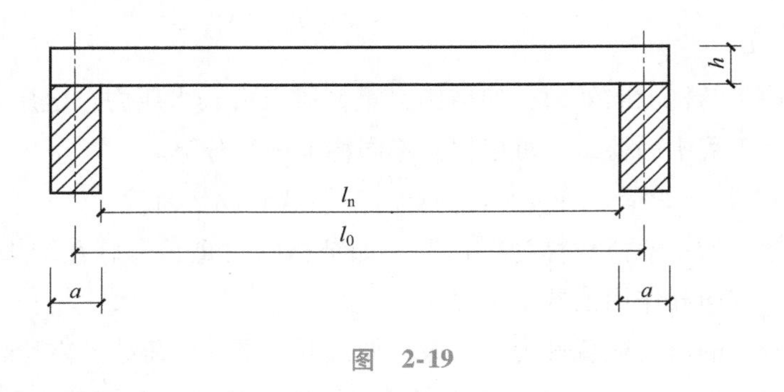

图 2-19

2.5 静力平衡方程

2.5.1 力系平衡的数学表达——静力平衡方程

由前面平面一般力系平衡的充分必要条件可知，式（2-4）为平面一般力系平衡方程的基本式。其中，前两式称为投影方程，第三式称为力矩方程。这三个方程彼此独立，应用方程求解时，取一个研究对象列平衡方程最多可求解出三个未知量。

平面一般力系的平衡方程除了基本形式外，还有二力矩方程和三力矩方程。

二力矩式平衡方程为

$$\begin{cases}\sum F_x = 0 \ （或 \sum F_y = 0） \\ \sum M_A(\boldsymbol{F}) = 0 \\ \sum M_B(\boldsymbol{F}) = 0\end{cases} \tag{2-5}$$

附加条件：A、B 两点的连线不能与投影轴垂直。否则，上式就只是平面一般力系平衡的必要条件而不是充分条件。

三力矩式平衡方程为

$$\begin{cases}\sum M_A(\boldsymbol{F}) = 0 \\ \sum M_B(\boldsymbol{F}) = 0 \\ \sum M_C(\boldsymbol{F}) = 0\end{cases} \tag{2-6}$$

附加条件：A、B、C 三点不共线。否则，上式只是平面一般力系平衡的必要条件而不是充分条件。

上述三组平衡方程中，投影轴和矩心都是可以任意选取的，所以可以写出无数个平衡方程，但只要满足其中一组，其余方程就会自动满足，故独立的平衡方程只有三个，最多可以求出三个未知量。

应用平面一般力系的平衡方程求解平衡问题的步骤如下：

1）明确研究对象，建立坐标系，画出受力图。根据题意选取适当的研究对象，建立直角坐标系，并画出研究对象上的主动力和约束反力。约束反力根据约束的类型来画。

2）列平衡方程求解未知力。选取哪种形式的平衡方程，完全取决于计算是否方便。通常力求在一个平衡方程中只包含一个未知量，避免联立求解。因此，应选取适当的平衡方程、投影轴和矩心。通常将投影轴选在与较多未知力垂直的方向，矩心选在较多未知力的汇交点，这样求解未知力较为简便。

3）校核。列出不独立的第四个方程，验证所求未知力是否正确。

【例2-7】 图2-20a所示结构由直杆AC及T形杆BCD铰接而成，已知$F_P=50\text{kN}$，$F=100\text{kN}$，$L=2\text{m}$，$\theta=60°$，求A、B处的约束力。

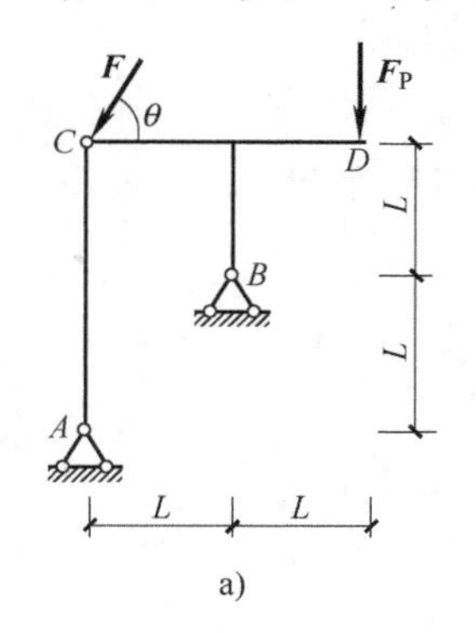

a)

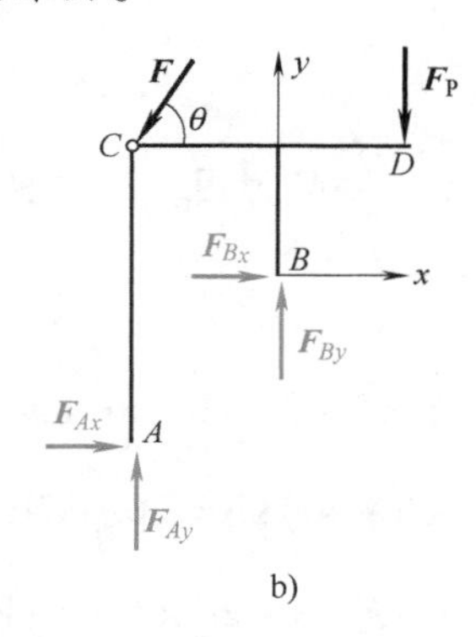

b)

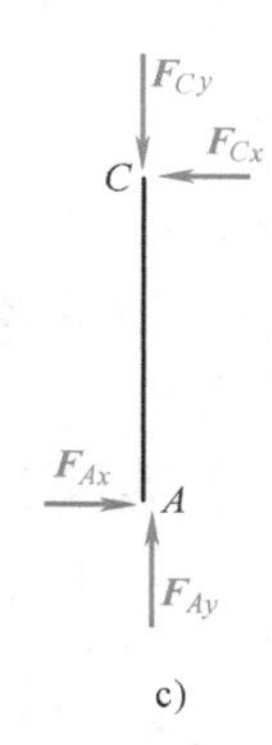

c)

图 2-20

解：1）以整体为研究对象，选取坐标轴，受力如图2-20b所示，则

$$\sum M_B=0\quad F_{Ay}\times2-F\sin\theta\times2-F_{Ax}\times2-F\cos\theta\times2+F_P\times2=0$$

得

$$F_{Ay}-F_{Ax}=50\sqrt{3}\text{kN}\qquad ①$$

$$\sum F_x=0\quad F\cos\theta-F_{Bx}-F_{Ax}=0$$

得

$$F_{Ax}+F_{Bx}=50\text{kN}\qquad ②$$

$$\sum F_y=0\quad F_{Ay}+F_{By}-F_P-F\sin\theta=0$$

得

$$F_{Ay}+F_{By}=(50+50\sqrt{3})\text{kN}\qquad ③$$

2）以AC杆为研究对象，如图2-20c所示，则

$$\sum M_C=0\quad F_{Ax}\times4=0$$

$$F_{Ax}=0\qquad ④$$

综上：联立①②③④可得

$$\begin{cases}F_{Ax}=0\\F_{Ay}=50\sqrt{3}\text{kN}(\uparrow)\\F_{Bx}=50\text{kN}(\rightarrow)\\F_{By}=50\text{kN}(\uparrow)\end{cases}$$

校核：$\sum M_C=F_{Bx}\cdot L+F_{By}\cdot L-F_P\times2L=(50\times2+50\times2-50\times2\times2)\text{kN}\cdot\text{m}=0$，表明计算无误。

【例题点评】 取一个研究对象，只能求解三个未知力，若约束反力有三个以上，则需取多个研究对象，分别列平衡方程，联立求解。

【例2-8】 外伸梁受荷载如图2-21a所示，已知均布荷载$q=2\text{kN/m}$，力偶矩$m=40\text{kN}\cdot\text{m}$，

集中力 $F=20\text{kN}$，试求支座 A、B 的反力。

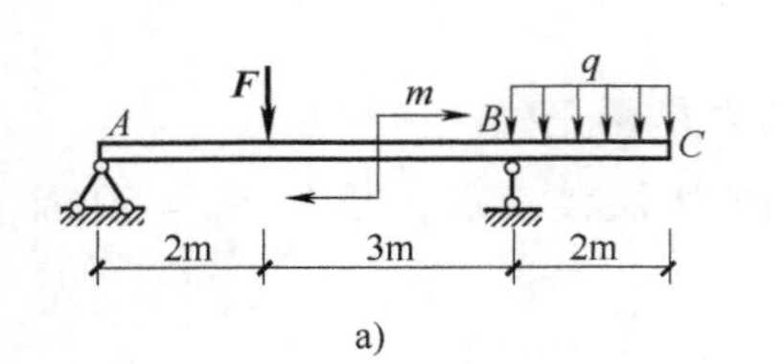

a)

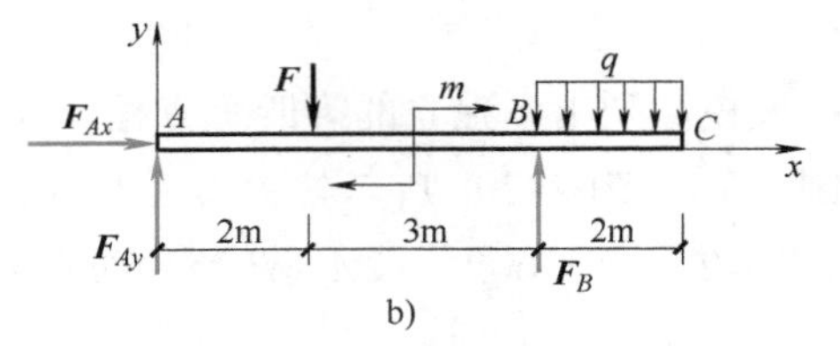

b)

图 2-21

解： 1）取梁 AC 为研究对象，画受力图，选取坐标轴，如图 2-21b 所示。

2）列平衡方程，求支座反力。

由 $\sum F_x=0$，得 $F_{Ax}=0$

由 $\sum M_A(\boldsymbol{F})=0\quad (F_B\times5-F\times2-2q\times6-m)\text{kN}\cdot\text{m}=0$

得 $F_B=\dfrac{1}{5}\times(20\times2+2\times2\times6+40)\text{kN}=20.8\text{kN}(\uparrow)$

由 $\sum M_B(\boldsymbol{F})=0\quad (-F_{Ay}\times5+F\times3-2q\times1-m)\text{kN}\cdot\text{m}=0$

得 $F_{Ay}=\dfrac{1}{5}\times(20\times3-2\times2\times1-40)\text{kN}=3.2\text{kN}(\uparrow)$

3）校核。

$$\sum F_y=F_{Ay}+F_B-F-2\times q=(3.2+20.8-20-2\times2)\ \text{kN}=0$$

表明计算无误。

【例题点评】 应用平衡方程求解时注意求解次序，尽量一个方程求解一个未知量。

【例 2-9】 某刚架受荷载如图 2-22a 所示，已知均布荷载 $q=4\text{kN/m}$，集中力 $F=8\text{kN}$，求 A、B 的支座反力。

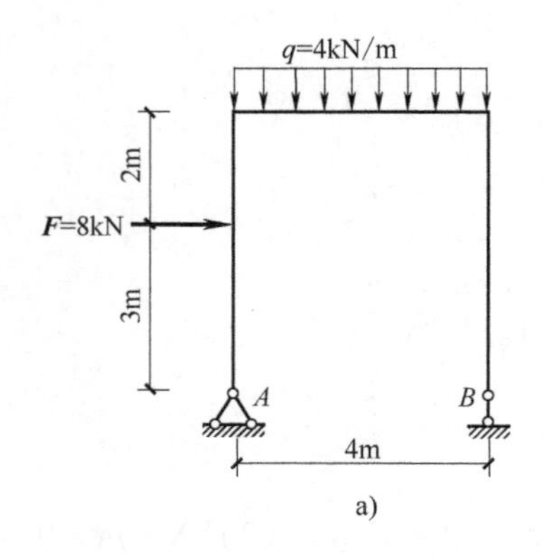

a)

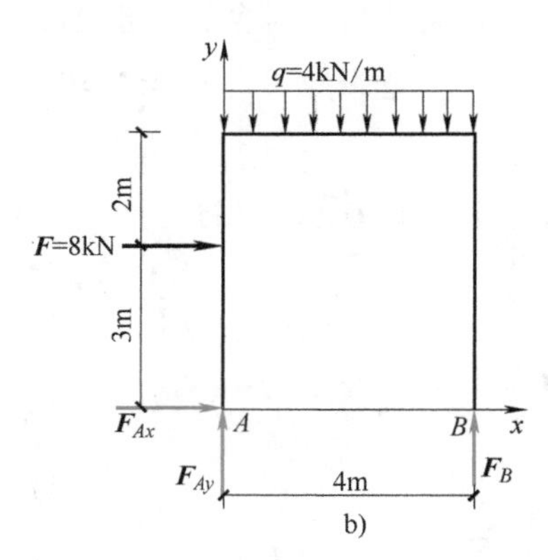

b)

图 2-22

解： 1）取刚架 AB 为研究对象，画受力图，建立坐标系，如图 2-22b 所示。

2）列平衡方程，求支座反力。

$$\sum F_x=0\quad F_{Ax}+F=0\Rightarrow F_{Ax}=-8\text{kN}(\leftarrow)$$

$$\sum M_A(\boldsymbol{F})=0\quad (F_B\times4-4q\times2-F\times3)\text{kN}\cdot\text{m}=0\Rightarrow F_B=14\text{kN}(\uparrow)$$

$$\sum F_y=0 \quad (F_{Ay}+F_B-4q)\text{kN}=0 \Rightarrow F_{Ay}=(4\times4-14)\text{kN}=2\text{kN}(\uparrow)$$

3）校核。

$$\sum M_B=(4F_{Ay}+4F-4q\times2)\text{kN}\cdot\text{m}=(2\times4+8\times3-32)\text{kN}\cdot\text{m}=0$$

表明计算无误。

【例题点评】 该刚架由于A、B两支座在同一水平线上，所以对A点取矩或对B点取矩效果一样，其他平衡方程要注意求解次序。

【例2-10】 小车通过钢丝绳牵引沿斜面轨道匀速上升，如图2-23a所示。已知小车重$G=10\text{kN}$，绳与斜面平行，$\alpha=30°$，$a=0.75\text{m}$，$b=0.3\text{m}$，不计摩擦，求钢丝绳的拉力和轨道对于车轮的约束反力。

解： 1）取小车为研究对象，画受力图，建立坐标系，如图2-23b所示。

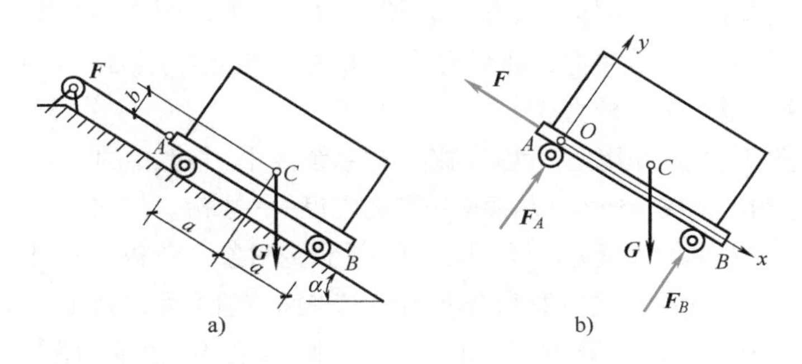

图 2-23

2）列平衡方程，求约束反力。

$$\sum M_O=0 \quad 2aF_B-aG\cos\alpha-bG\sin\alpha=0 \Rightarrow F_B=5.33\text{kN}\ (\nearrow)$$

$$\sum F_x=0 \quad -F+G\sin\alpha=0 \Rightarrow F=5\text{kN}\ (\nwarrow)$$

$$\sum F_y=0 \quad F_A+F_B-G\cos\alpha=0 \Rightarrow F_A=3.33\text{kN}\ (\nearrow)$$

3）校核。

$$\sum M_C=F_Ba-F_Aa-Fb=(5.33\times0.75-3.33\times0.75-5\times0.3)\text{kN}\cdot\text{m}=0$$

表明计算无误。

【例题点评】 无论选取哪种形式的平衡方程，都要力求在一个平衡方程中只包含一个未知量，避免联立求解。

2.5.2 物体系统的平衡

在工程实际中，常遇到由若干个物体通过一定的约束方式组成的系统，这种系统称为物体系统。例如，图2-24a所示的组合梁就是由梁AC和梁CD通过铰C连接，并支承在A、B、D支座上而组成的一个物体系统。

物体系统的平衡是指组成系统的每一物体及系统整体都处于平衡状态。研究物体系统的平衡问题，不仅要求出支座反力，而且还需计算出系统内各物体之间的相互作用力。为此，

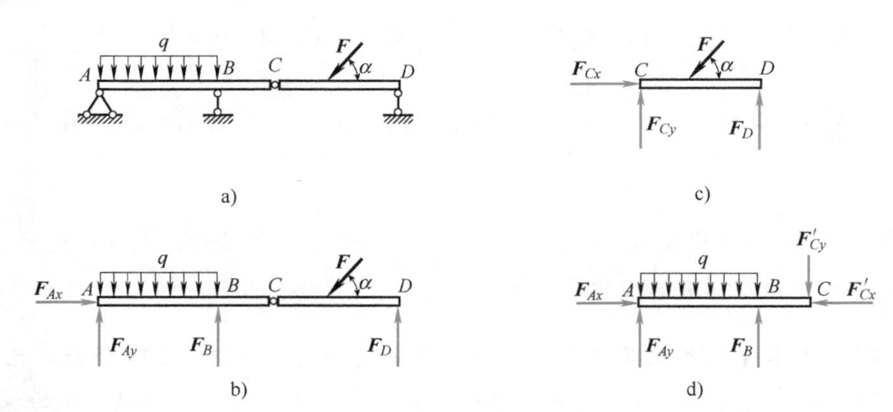

图 2-24

把作用在物体系统上的力分为外力和内力。其中，外力是指外界物体对所选研究对象的作用力；内力是指研究对象内部各物体之间相互作用的力。例如，图 2-24b 所示组合梁所受的荷载和 A、B、D 支座的反力都是外力，而组合梁铰 C 处的相互作用力，对系统来说则是内力，而对梁 AC 或梁 CD 来说，则是外力。

要计算物体系统间的相互作用力，就必须将物体系统拆开，取其中的一部分为研究对象，将物体间的相互作用力暴露出来成为外力，从而应用平衡方程一一求解。例如，要求图 2-24a 所示的组合梁各支座的反力和铰 C 的约束反力，可先取梁 CD 为研究对象，将组合梁在铰 C 处拆开，画出梁 CD 的受力图，如图 2-24c 所示。梁 CD 所受各力组成平面一般力系，列出三个平衡方程，求得 F_D、F_{Cx}、F_{Cy}三个未知力；再取梁 AC 为研究对象，画出梁 AC 的受力图，如图 2-24d 所示。梁 AC 所受各力又组成平面一般力系，而且 F'_{Cx}、F'_{Cy}与 F_{Cx}、F_{Cy}是作用力与反作用力的关系，已经求得，这样，余下的三个未知力 F_{Ax}、F_{Ay}、F_B可通过列出的三个平衡方程求得。

一般来说，物体系统由 n 个物体组成，而每个物体又都是受平面一般力系作用，则共可列 $3n$ 个独立的平衡方程，从而求得 $3n$ 个未知力。如果系统中的物体受的是平面汇交力系或平面平行力系作用，则独立的平衡方程的个数将相应减少，而所能求的未知量的个数也相应减少。当未知量的数目小于或等于独立的平衡方程的数目时，可用平衡方程解出全部未知量，这类问题称为静定问题；当未知量的数目大于平衡方程式的数目时，由平衡方程不能解出全部的未知量，这类问题称为超静定问题。

【例 2-11】 组合梁由梁 AC 和梁 CE 用铰 C 连接而成，支座与荷载情况如图 2-25a 所示。已知 $F=20\text{kN}$，$q=2\text{kN/m}$，$m=6\text{kN}\cdot\text{m}$，求支座 A、B、D 的约束反力。

解： 1）此问题为物体系统平衡问题，研究对象的选取是关键。若先以整体为研究对象，则不论如何建立平衡方程，均不能实现“避免求解方程组，一个平衡方程求出一个未知力”这个原则。因此，考虑先以杆 CE 为研究对象，画受力图如图 2-25b 所示，则

$$\sum M_C=0 \quad (F_D\times 3-4q\times 2)\text{kN}\cdot\text{m}=0 \Rightarrow F_D=5.33\text{kN}(\uparrow)$$

2）再以杆 AC、CE 组成的系统整体为研究对象，画受力图如图 2-25c 所示，则

$$\sum M_A=0 \quad (m+F_B\times 4-F\times 6-4q\times 8+F_D\times 9)\text{kN}\cdot\text{m}=0$$

$$(6+4F_B-20\times 6-4\times 2\times 8+5.33\times 9)\text{kN}\cdot\text{m}=0$$

$$F_B=32.5\text{kN}(\uparrow)$$

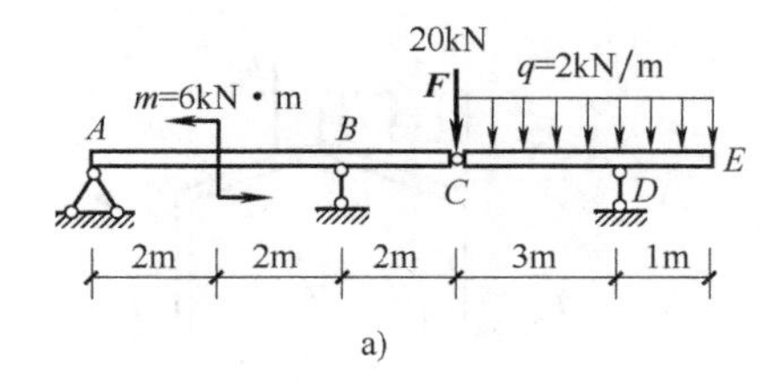

a)

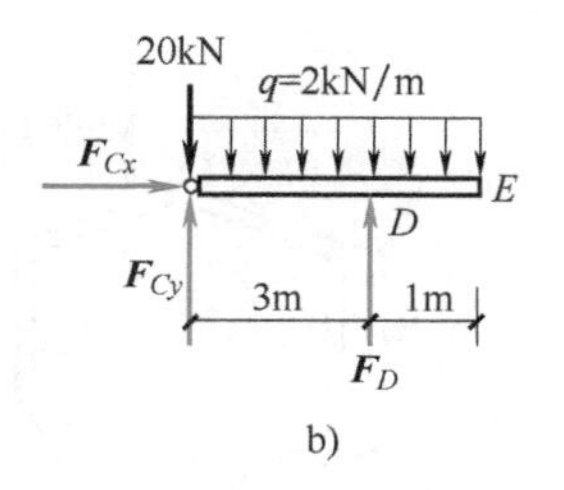

b)

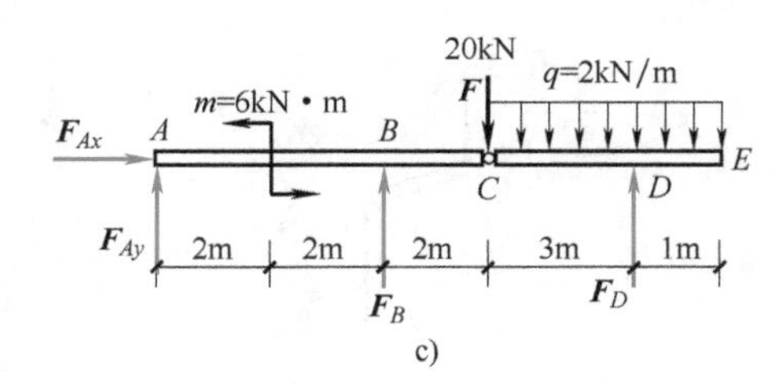

c)

图 2-25

$$\sum F_x = 0 \quad F_{Ax} = 0$$

$$\sum F_y = 0 \quad (F_{Ay} + F_B - F - 4q + F_D)\text{kN} = 0$$

$$(F_{Ay} + 32.5 - 20 - 4 \times 2 + 5.33)\text{kN} = 0$$

$$F_{Ay} = -9.83\text{kN}\ (\downarrow)$$

3）校核：以整体为研究对象。

$$\sum M_B = (-F_{Ay} \times 4 + m - F \times 2 - 4q \times 4 + F_D \times 5)\text{kN} \cdot \text{m}$$

$$= (9.83 \times 4 + 6 - 20 \times 2 - 4 \times 2 \times 4 + 5.33 \times 5)\text{kN} \cdot \text{m} = 0$$

表明计算无误。

【例题点评】组合梁结构通常都是先进行分部计算，然后再整体或分部分析计算，应注意求解次序。

【例 2-12】 如图 2-26a 所示为钢筋混凝土三铰刚架受荷载的情况，已知 $q = 12\text{kN/m}$，$F = 24\text{kN}$，求支座 A、B 和铰 C 的约束反力。

解：1）取整个三铰刚架为研究对象，画出受力图，如图 2-26b 所示。

$$\sum M_A = 0 \quad (-q \times 6 \times 3 - F \times 8 + F_{By} \times 12)\text{kN} \cdot \text{m} = 0$$

$$F_{By} = \frac{1}{12}(12 \times 6 \times 3 + 24 \times 8)\text{kN} = 34\text{kN}(\uparrow)$$

$$\sum M_B = 0 \quad (q \times 6 \times 9 + F \times 4 - F_{Ay} \times 12)\text{kN} \cdot \text{m} = 0$$

$$F_{Ay} = \frac{1}{12}(12 \times 6 \times 9 + 24 \times 4)\text{kN} = 62\text{kN}(\uparrow)$$

$$\sum F_x = 0 \quad F_{Ax} - F_{Bx} = 0$$

$$F_{Ax} = F_{Bx} \qquad ①$$

2）取左半刚架为研究对象，画出受力图，如图 2-26c 所示。

$$\sum M_C = 0 \quad (F_{Ax} \times 6 + q \times 6 \times 3 - F_{Ay} \times 6)\text{kN} \cdot \text{m} = 0$$

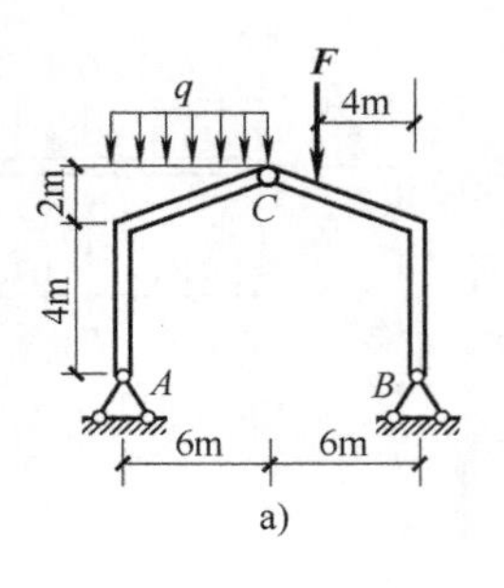

a)

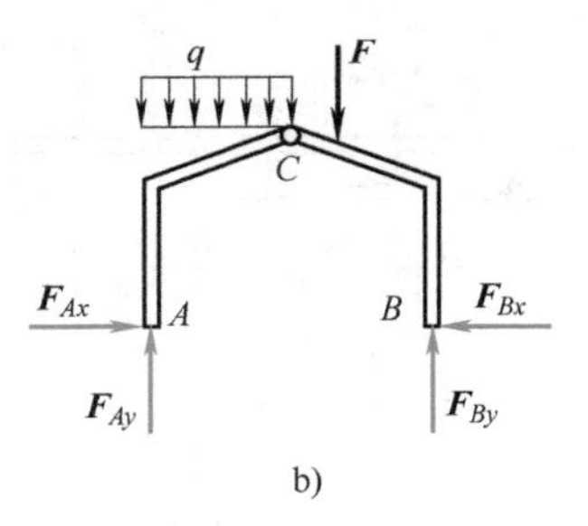

b)

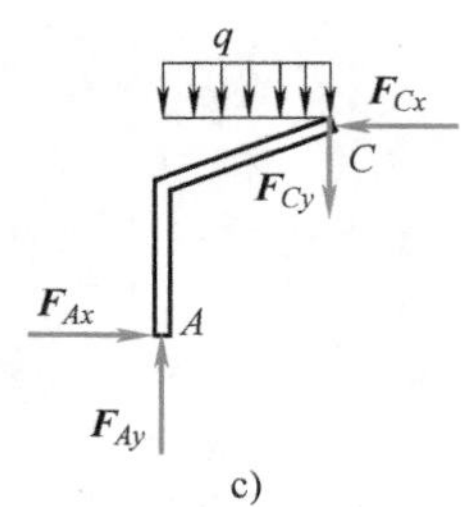

c)

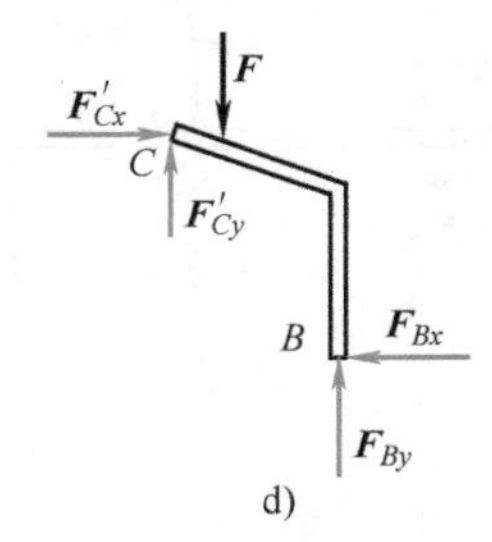

d)

图 2-26

$$F_{Ax}=\frac{1}{6}(62\times6-12\times6\times3)\text{kN}=26\text{kN}(\rightarrow)$$

$$\sum F_y=0\quad F_{Ay}-F_{Cy}-q\times6=0$$

$$F_{Cy}=(-12\times6)\text{kN}+F_{Ay}=-10\text{kN}(\uparrow)$$

$$\sum F_x=0\quad F_{Ax}-F_{Cx}=0$$

$$F_{Cx}=F_{Ax}=26\text{kN}(\leftarrow)$$

将 F_{Ax} 值代入①，可得 $F_{Bx}=F_{Ax}=26\text{kN}$（←）

3）校核。取右半刚架为研究对象，画出受力图，如图 2-26d 所示。

$$\sum F_x=F'_{Cx}-F_{Bx}=(26-26)\text{kN}=0$$

$$\sum M_C=-F\times2+F_{By}\times6-F_{Bx}\times6=(-24\times2+34\times6-26\times6)\text{kN}\cdot\text{m}=0$$

$$\sum F_y=F_{By}+F'_{Cy}-F=(34-10-24)\text{kN}=0$$

表明计算无误。

【例题点评】 该结构由于 A、B 两支座在同一水平线上，所以先整体后分部计算较为简便。另外应用平衡方程求解时应注意求解次序，尽量一个方程求解一个未知量。

通过以上例题的分析，可将求物体系统平衡问题的一般方法和步骤总结如下：

1）正确选择研究对象。注意研究对象选取的次序，每次选取的研究对象上未知力的个数，不要超过该研究对象所能列出的独立平衡方程的个数，以避免联立方程求解。一般可先取整体为研究对象，再取分部为研究对象，求出约束反力。如果取整体得到的力系中，未知力数目超过独立方程数，就需要选择合适的局部或单个物体作为研究对象。

2）正确画出研究对象的受力图。

3）根据受力图所得到的力系，建立平衡方程求解未知量。列平衡方程时，要选取适当的投影轴和力矩中心，使方程简化。

4）解方程，求未知力。

5）校核。列出非独立的平衡方程，检查是否满足平衡条件，以验证所得的结果。

小　结

一、平衡

1. 平衡的概念：物体相对于地球处于静止或做匀速直线运动状态。

2. 平面汇交力系的合成与平衡

（1）几何法

$$F_R = F_1 + F_2 + \cdots + F_n = \sum F$$

（2）解析法

$$F_R = \sqrt{F_{Rx}^2 + F_{Ry}^2} = \sqrt{(\sum F_x)^2 + (\sum F_y)^2}$$

$$\tan\alpha = \left|\frac{\sum F_y}{\sum F_x}\right|$$

平面汇交力系平衡的充分必要条件是：该力系的合力 F_R为零，即

$$F_R = \sqrt{F_{Rx}^2 + F_{Ry}^2} = \sqrt{(\sum F_x)^2 + (\sum F_y)^2} = 0$$

则必有

$$\sum F_x = 0$$

$$\sum F_y = 0$$

3. 平面力偶系的合成与平衡

平面力偶系的合成结果为一合力偶，其合力偶矩等于各个分力偶矩的代数和，即

$$M = m_1 + m_2 + \cdots + m_n = \sum m$$

平面力偶系平衡的充分必要条件是：力偶系中所有力偶矩的代数和等于零，即

$$\sum m = 0$$

4. 平面一般力系的合成与平衡

平面一般力系平衡的充分必要条件是：力系中各力在任选的两个坐标轴上投影的代数和分别等于零，力系中的各力对其作用面内任意一点之矩的代数和也等于零，即

$$\begin{cases} \sum F_x = 0 \\ \sum F_y = 0 \\ \sum M_O(\boldsymbol{F}) = 0 \end{cases}$$

5. 平面平行力系的平衡

平面平行力系平衡的充分必要条件是：力系中各力在与力系各力平行的轴线上投影的代数和等于零，各力对作用平面内任意一点之矩的代数和也等于零。

二、约束

1）约束的概念：限制非自由体运动的其他物体称为该非自由体的约束。

2）约束的种类：柔性约束、光滑接触面约束、光滑圆柱铰链约束、固定铰支座、可动铰支座、链杆约束、固定端支座。

三、受力分析

将研究对象所受到的全部作用力都用力矢量表示在分离体上，得到物体受力的简图。

四、结构计算简图

结构计算简图包括支座的简化、结点的简化、荷载的简化和计算跨度的确定。

五、静力平衡方程

平面一般力系的平衡方程有三种形式：

1）基本式：$\sum F_x=0$；$\sum F_y=0$；$\sum M_O(\boldsymbol{F})=0$。

2）二力矩式：$\sum F_x=0$（或$\sum F_y=0$）；$\sum M_A(\boldsymbol{F})=0$；$\sum M_B(\boldsymbol{F})=0$。

其中，AB 连线不能与投影轴垂直。

3）三力矩式：$\sum M_A(\boldsymbol{F})=0$；$\sum M_B(\boldsymbol{F})=0$；$\sum M_C(\boldsymbol{F})=0$。

其中，A、B、C 三点不共线。

习题

1. 画出图 2-27 中每个物体及整体的受力图。

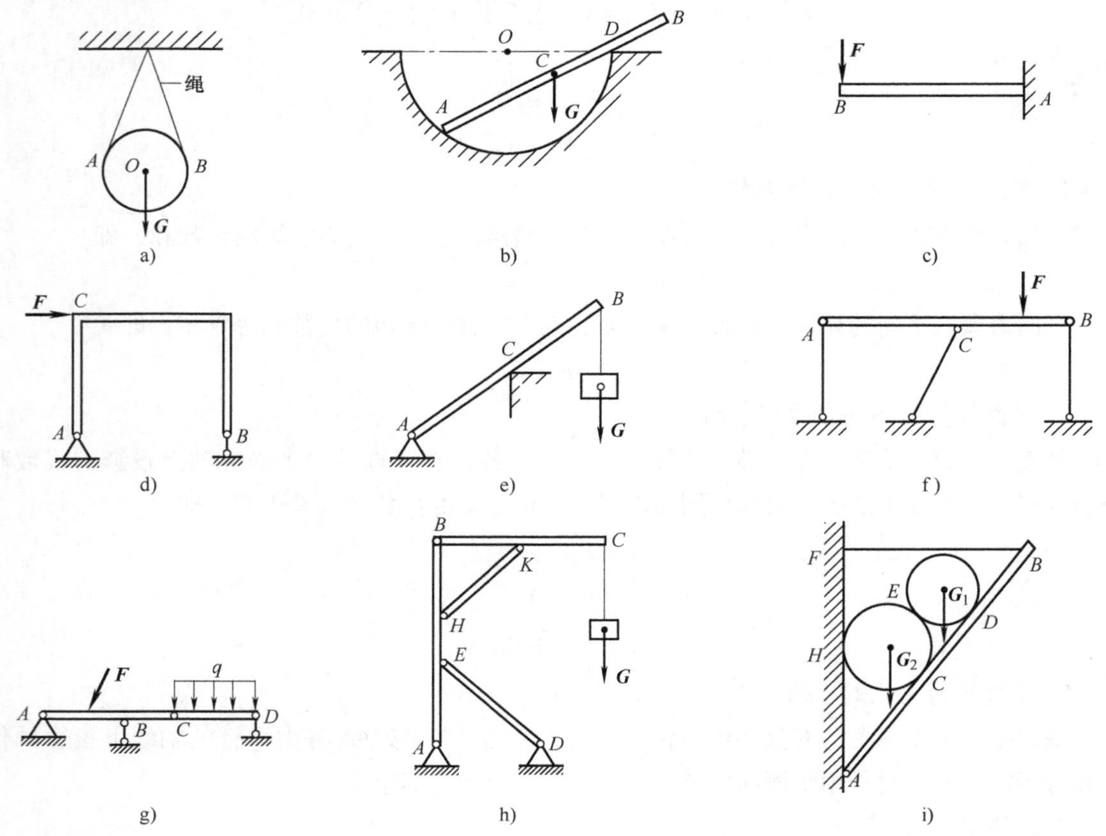

图 2-27

2. 如图2-28所示支架结构，由直杆AB、AC构成，A、B、C三处都是铰接，在A点悬挂重量为30kN的重物，杆件自重忽略不计。求杆AB、AC所受的力。

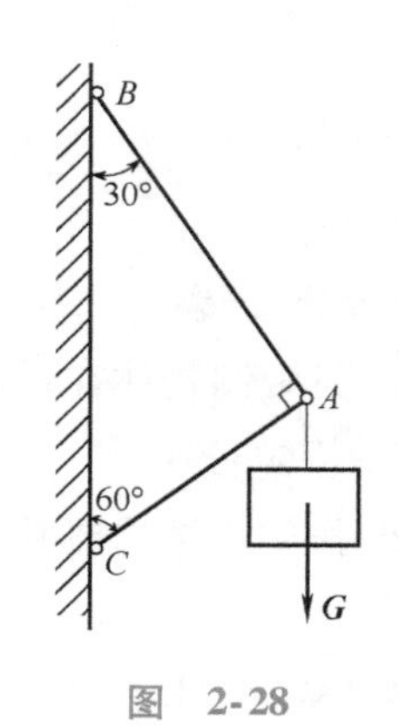

图 2-28

3. 如图2-29所示为一悬臂式起重机，图中A、B、C都是铰链连接。梁AB的自重$G=4\text{kN}$，作用在梁的中点，电动葫芦连同起吊重物共重$W=16\text{kN}$，杆BC自重不计，求支座A的支座反力和杆BC所受的力。

4. 塔式起重机简图如图2-30所示。已知机架重量$G_1=500\text{kN}$，重心C至右轨B的距离$e=1.5\text{m}$；起吊重量$G_2=250\text{kN}$，其作用线至右轨B的最远距离$L=10\text{m}$；两轨间距$b=3\text{m}$。为使起重机在空载和满载时都不致倾倒，试确定平衡锤的重量G_3（其重心至左轨A的距离$a=6\text{m}$）。

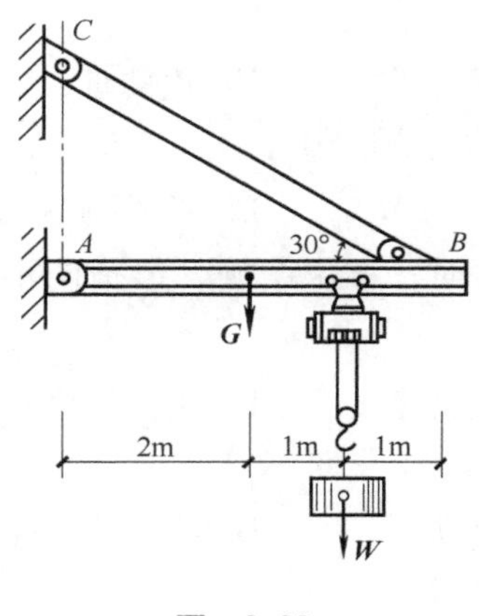

图 2-29

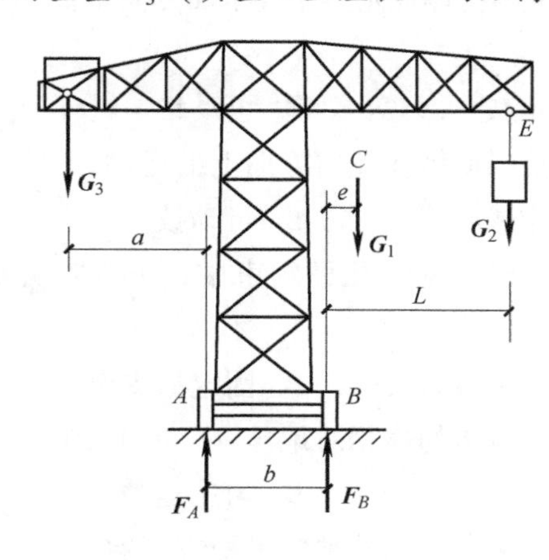

图 2-30

5. 三铰拱在顶部受到荷载集度为q的均布荷载作用，各部分尺寸如图2-31所示。试求支座A、B及铰C处的约束反力。

6. 如图2-32所示的结构由构件AB、BD及DE构成，A端为固定端约束，B及D处用光滑圆柱铰链连接，支承C、E均为可动铰支座。已知集中荷载$F=10\text{kN}$，均布荷载的集度$q=5\text{kN/m}$，力偶矩大小$m=30\text{kN}\cdot\text{m}$，各杆自重不计。试求$A$、$C$、$E$处的支座反力。

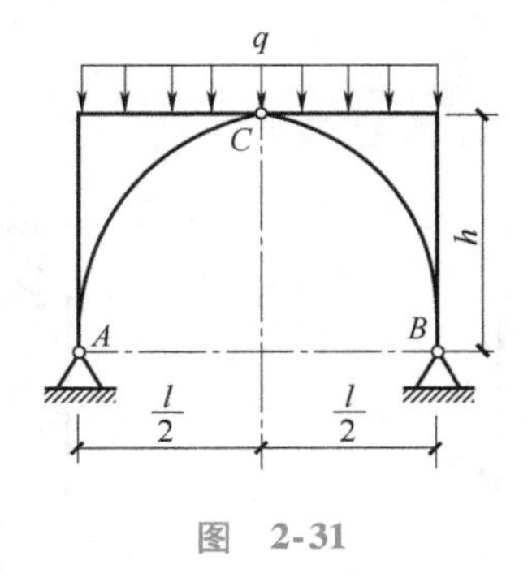

图 2-31

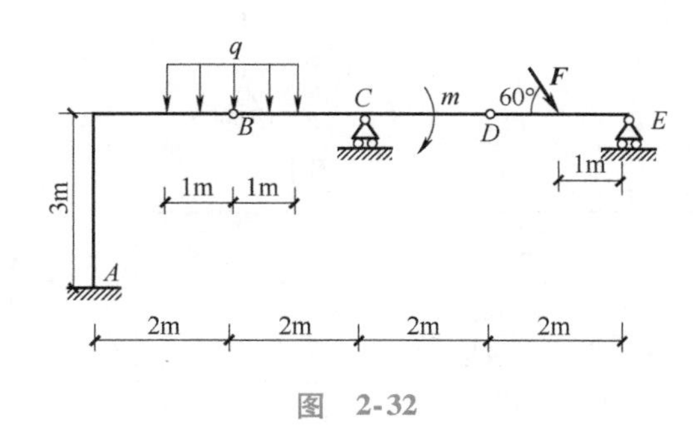

图 2-32

自我测试

一、选择题（每题1分，共11分）

1. 只限制物体在任何方向上的移动，不限制物体转动的支座称（　　）支座。

A. 固定铰　　B. 可动铰　　C. 固定端　　D. 光滑面

2. 作用于结构或构件上的荷载是多种多样的，按荷载的作用性质不同，可将荷载分为（　　）

A. 集中力和分布力　　B. 静荷载和动荷载

C. 恒荷载和活荷载　　D. 间接荷载和直接荷载

3. 只限制物体在垂直于支承面方向上的移动，不限制物体其他方向运动的支座称（　　）支座。

A. 固定铰　　B. 可动铰　　C. 固定端　　D. 光滑面

4. 既限制物体在任何方向上的运动，又限制物体转动的支座称（　　）支座。

A. 固定铰　　B. 可动铰　　C. 固定端　　D. 光滑面

5. 在工程常见的几种约束中，下列在分析约束反力时，方位明确，但指向不明确的是（　　）。

A. 可动铰支座　　B. 固定铰支座　　C. 固定端支座　　D. 柔性约束

6. 平衡是指物体相对地球（　　）的状态。

A. 静止　　B. 匀速运动　　C. 匀速运动　　D. 静止或匀速直线运动

7. 平面平行力系的独立平衡方程数目一般有（　　）个。

A. 一　　B. 二　　C. 三　　D. 四

8. 固定端约束通常有（　　）个约束反力。

A. 一　　B. 二　　C. 三　　D. 四

9. 图2-33刚架中*CB*段正确的受力图应为（　　）。

A. 图a　　B. 图b　　C. 图c　　D. 图d

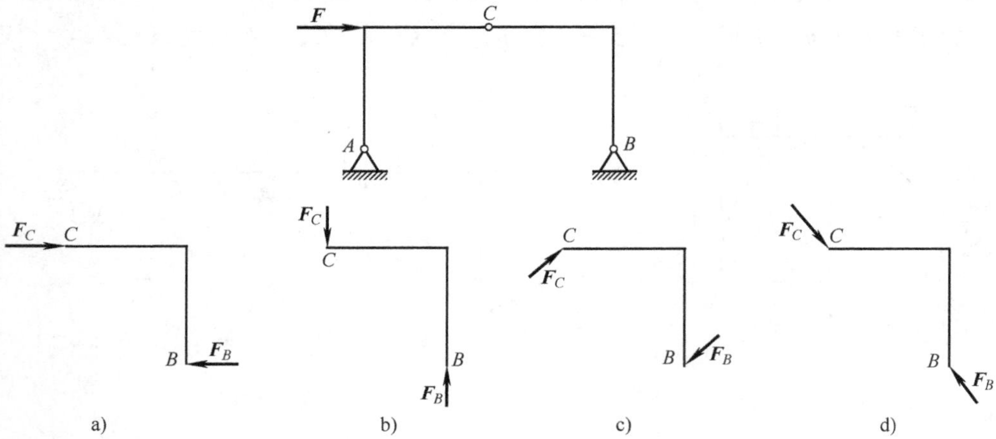

图　2-33

10. 图2-34所示为作用在三角形板上汇交于三角形板底边中点的平面汇交力系，如果各力大小均不等于零，则图示力系（　　）。

A. 能平衡　　B. 一定平衡

C. 一定不平衡　　D. 不能确定

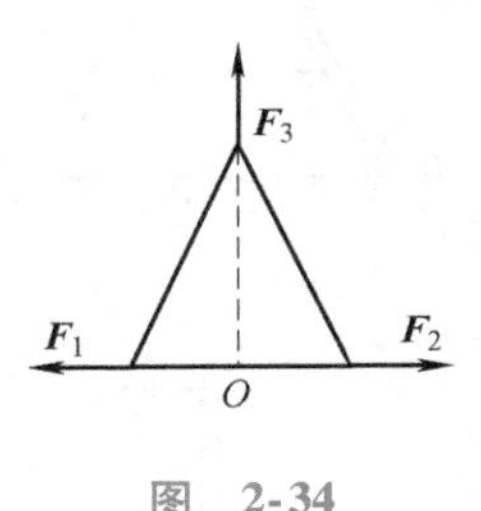

图　2-34

11. 刚体 A 在外力作用下保持平衡，下列说法中错误的是（　　）。

A. 刚体 A 在大小相等、方向相反且沿同一直线作用的两个外力作用下必平衡

B. 刚体 A 在作用力与反作用力作用下必平衡

C. 刚体 A 在汇交于一点且力三角形封闭的三个外力作用下必平衡

D. 刚体 A 在两个力偶矩大小相等且转向相反的力偶作用下必平衡

二、填空题（每空1分，共24分）

1. 力对物体的作用效应完全取决于__________、__________和__________。

2. 在作用于__________的力系上，__________或__________任一平衡力系，并不改变原力对__________的作用效应。

3. 两个物体相互的作用力总是同时存在的，二力__________、__________、__________分别作用在这两个物体上。

4. 柔性约束的约束反力作用在接触点，约束反力方向为____________________。

5. 仅在两个力作用下处于平衡的构件称为__________，它的形状可以是__________、__________或__________。

6. 作用在__________上某点的力，可沿其__________移至刚体上任一点，并不改变该力对__________________。

7. 固定端支座的支座反力可简化为__________、__________和__________三个分量。

8. 两端以__________与不同物体连接，中间__________的__________称为链杆的约束。

三、简答题（每题4分，共20分）

1. 什么是约束？常见的约束有哪些类型？各类约束的约束反力如何确定？

2. 二力平衡的充分必要条件是什么？

3. 物体受力分析的步骤有哪些？

4. 什么是结构的计算简图？结构计算简图包含哪几方面的内容？

5. 平面一般力系中，静力平衡的方程有几个？各是什么？

四、画出图 2-35 中每个物体及整体的受力图（物体的自重不计）。（每图 3 分，共 24 分）

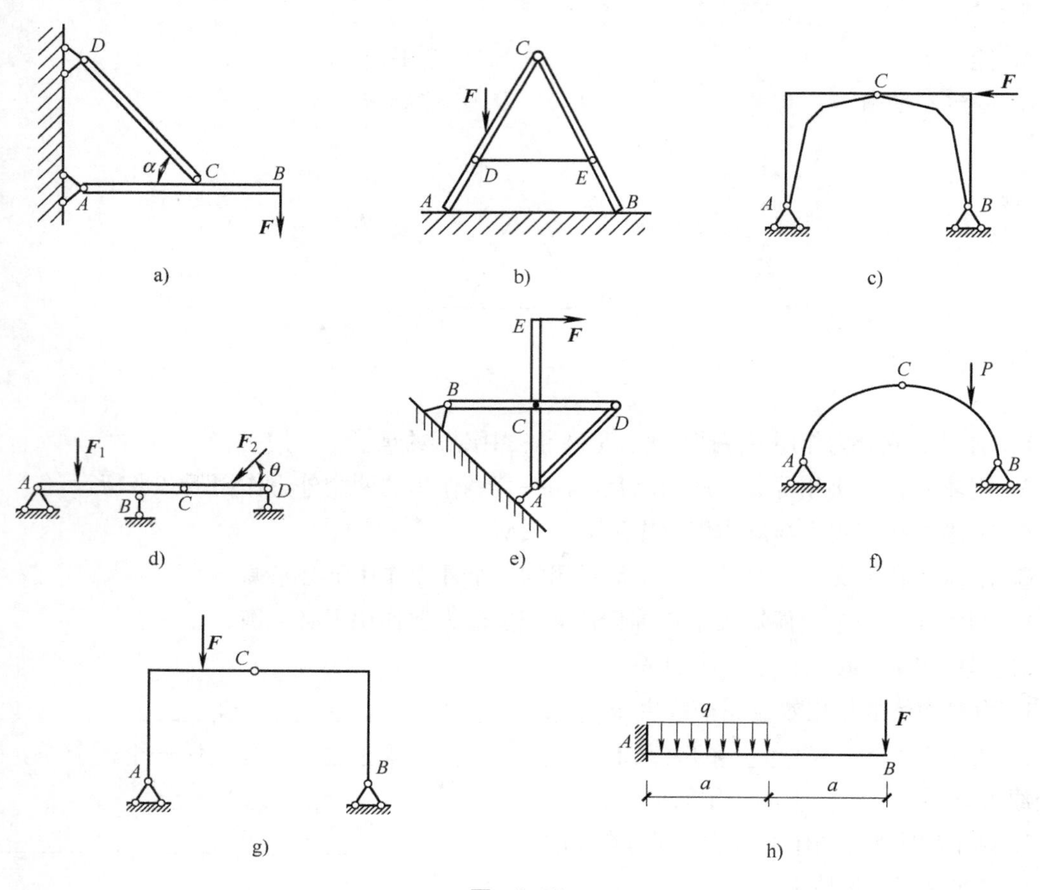

图 2-35

五、计算题

1. 如图 2-36 所示为连续梁的计算简图，试求支座反力。（10 分）

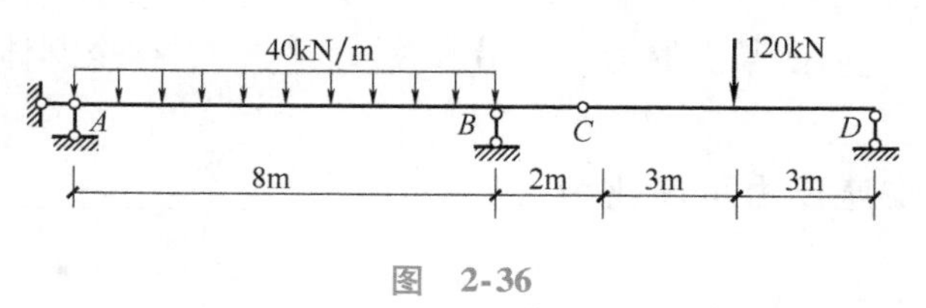

图 2-36

2. 求图 2-37 所示连续梁的支座反力。（11 分）

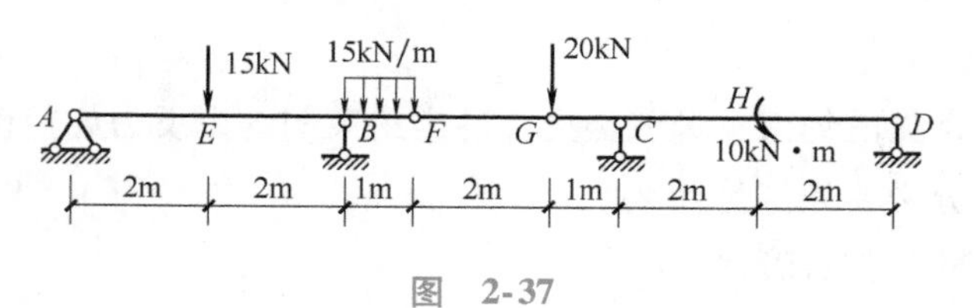

图 2-37

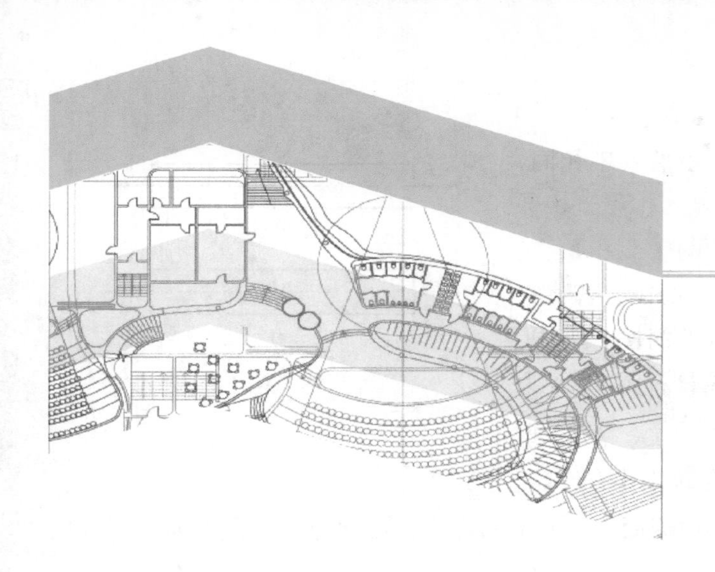

模块3

杆件的内力分析

内容提要

本模块主要介绍了轴心拉（压）杆件、受扭圆杆的内力分析及相关内力图的绘制；梁的反力计算和截面内力计算的截面法和直接法；内力图的形状特征和叠加法；静定梁的弯矩图和剪力图绘制；多跨静定梁的组成特点和受力特点。

3.1 内力的基本概念

构件在外荷载作用下，其内部各质点的相对位置发生了变化，它们的相互作用力也就会发生改变，这种内力的改变量称为附加内力，简称内力。

在建筑力学中，通常把这些内力分为弯矩、轴力（拉、压）、剪力、扭矩，就是荷载作用的效应。虽然构件外部的力得到了平衡，构件保持了稳定，但是由于外力在构件内部传递，引起构件材料时刻存在应力和变形，当外力过大，产生的应力和变形超过材料固有的承受能力时，构件失去稳定平衡而破坏。因此，构件的内力不能超过材料固有的承受能力，这也是研究构件内力的主要原因。

3.2 轴向拉伸和压缩杆件的内力

3.2.1 轴向拉伸和压缩杆件的特点及实例

发生轴向拉伸和压缩变形的杆件简称为轴向拉（压）杆。例如，图3-1a所示理想平面桁架中的各个杆件；图3-1b所示起重架的1、2杆。

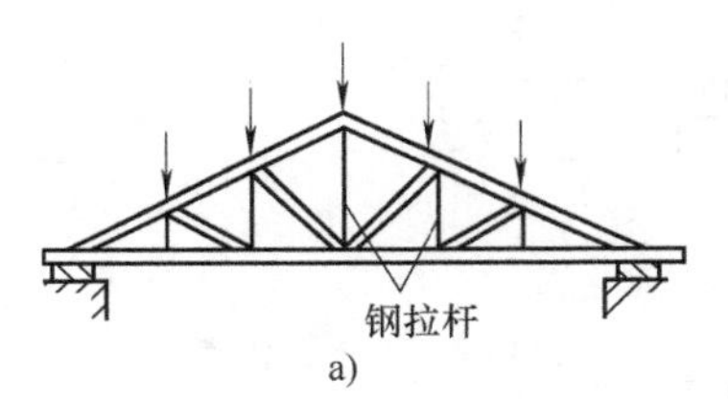

a)

钢绳 1 2 G

b)

图 3-1

这些平面桁架和起重架的杆件外形虽然各不相同，加载的方式各异，但它们具有共同的特点：作用于杆件上的外力或外力的合力作用线都与杆件的轴线相重合，杆件的变形是沿轴线方向的伸长与缩短。所以，若将它们加以简化，都可以简化成图 3-2 所示的简图。其中，图 3-2a 为轴向拉伸杆件，简称为轴向拉杆；图 3-2b 为轴向压缩杆件。

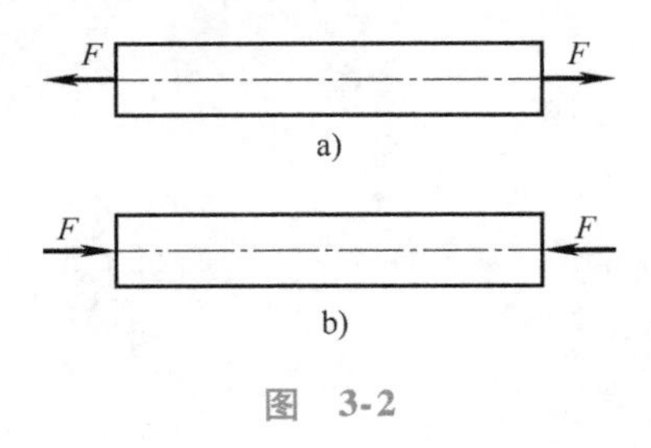

图 3-2

3.2.2 杆件轴向拉伸和压缩时横截面上的内力

一拉杆如图 3-3a 所示，为了确定其横截面 m—m 上的内力，可假想沿横截面 m—m 将拉杆切为左、右两段。

如图 3-3b 所示，以左段为研究对象，由于左、右两段在 m—m 截面上每一点相互连接，故 m—m 截面上的内力为分布内力，而 $\boldsymbol{F}_N$ 为分布内力的合力。因为外力在轴线上，故内力 $\boldsymbol{F}_N$ 也必与轴线重合，因此轴向拉（压）杆横截面上的内力称为轴力。列平衡方程

$$\sum F_x = 0 \Rightarrow F_N - F = 0$$

得

$$F_N = F$$

如图 3-3c 所示，若取右端为研究对象，仍可求得同样结果。

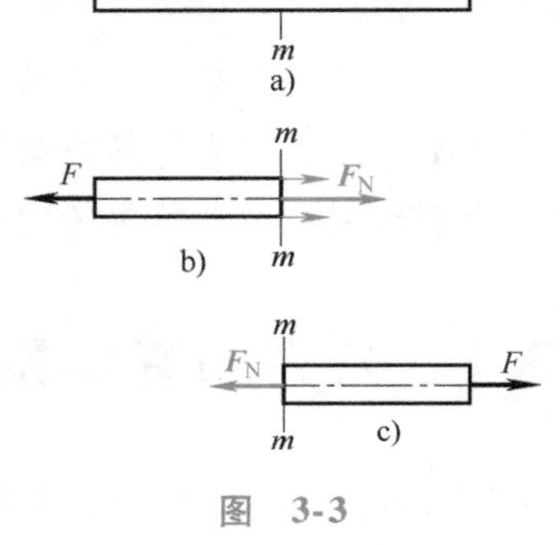

图 3-3

对于压杆，也可通过上述方法求得其任一横截面上的轴力 $\boldsymbol{F}_N$。这种假想用一截面将物体截开为两部分，取其中一部分为研究对象，利用平衡条件求解截面内力的方法称为截面法。

习惯上，规定其方向背离横截面的轴力为拉力，指向横截面的轴力为压力。拉力为正，压力为负。通常未知轴力均按正向假设。

截面法的步骤可归纳如下：

1）截开：沿欲求内力的截面假想地将杆件截成两部分。

2）代替：任取一部分为研究对象，并在截开面上用内力代替弃去部分对该部分的作用。

3）平衡：列出研究对象的平衡方程，并求解内力。

【例 3-1】 杆件在 A、B、C、D 各截面处作用有外力，如图 3-4a 所示，求 1—1、2—2、3—3 截面处的轴力。

解： 由截面法，沿各所求截面将杆件切开，以左段为研究对象，在相应截面处分别画

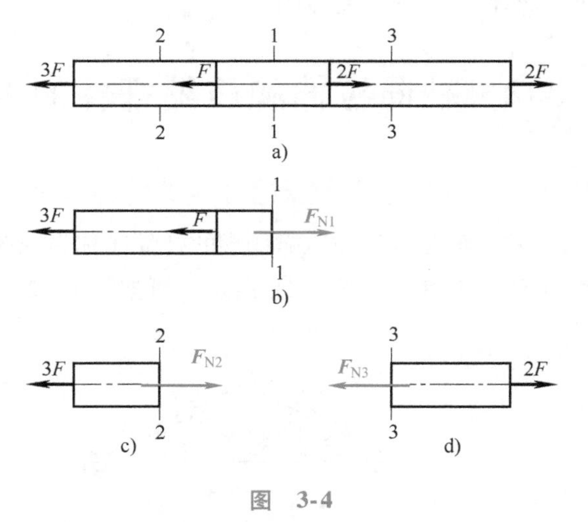

图 3-4

出轴力 F_{N1}、F_{N2}、F_{N3}。

列平衡方程

$$\sum F_x = 0$$

由图 3-4b 可得

$$F_{N1} - 3F - F = 0$$
$$\Rightarrow F_{N1} = 3F + F = 4F$$

同理，由图 3-4c 可得

$$F_{N2} = 3F$$

由图 3-4d 可得

$$F_{N3} = 2F$$

【例题点评】 通过例题可得到以下规律：任一横截面上的轴力，在数值上等于该截面任一侧所有轴向外力的代数和。凡是与所假定的拉力方向相同的轴向外力取为正，反之，取为负。求得轴力为正时，表示此段杆件受拉；轴力为负时，表示此段杆件受压。

工程实际中，杆件可能受到多个轴向外力的作用，受力情况复杂，这时，需分段计算轴力。为了直观地表示轴力随横截面位置的变化规律，用平行于杆件轴线的坐标表示各横截面的位置，用垂直于杆件轴线的坐标表示轴力的数值，所得图形称为轴力图。习惯上，在画轴力图时，把拉力画在轴线的上侧，压力画在轴线的下侧。通过轴力图可以直观地看出各段杆件轴力的大小和最大轴力 F_{Nmax} 的位置及数值。

下面举例说明轴力图的画法。

【例 3-2】 图 3-5a 所示为一等截面直杆的受力情况，试作其轴力图。

解： 1）用截面法求各段杆横截面上的轴力。

AB 段：取 1—1 截面左部分为研究对象，如图 3-5b 所示，由平衡条件

$$\sum F_x = 0 \Rightarrow F_{N1} - 6\text{kN} = 0$$

得 $$F_{N1} = 6\text{kN}\ (拉)$$

BC 段：取 2—2 截面左部分为研究对象，如图 3-5c 所示，由平衡条件

$$\sum F_x = 0 \Rightarrow F_{N2} + 10\text{kN} - 6\text{kN} = 0$$

得 $$F_{N2} = -4\text{kN}\ (压)$$

CD 段：取 3—3 截面右部分为研究对象，如图 3-5d 所示，由平衡条件

$$\sum F_x = 0 \Rightarrow -F_{N3} + 4\text{kN} = 0$$

得 $$F_{N3} = 4\text{kN}\ (拉)$$

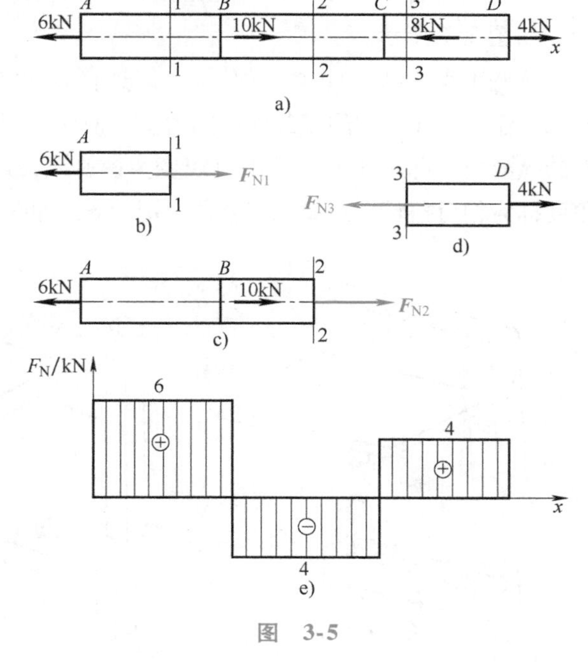

图 3-5

2）画轴力图。根据上述求出的各段轴力的大小和正负号画出轴力图，如图 3-5e 所示。

【例题点评】计算轴力可用截面法，也可直接应用规律计算轴力，因而不必再逐段截开作研究段的分离体图。在计算时，取截面左侧或右侧均可，一般取外力较少的杆段为好。

3.3 受扭圆轴的内力及内力图

3.3.1 受扭构件的受力变形特点及实例

扭转变形是杆件经常发生的基本变形之一。产生扭转变形的杆件很多，如汽车方向盘的操纵杆、机床中的传动轴等，如图 3-6 所示。

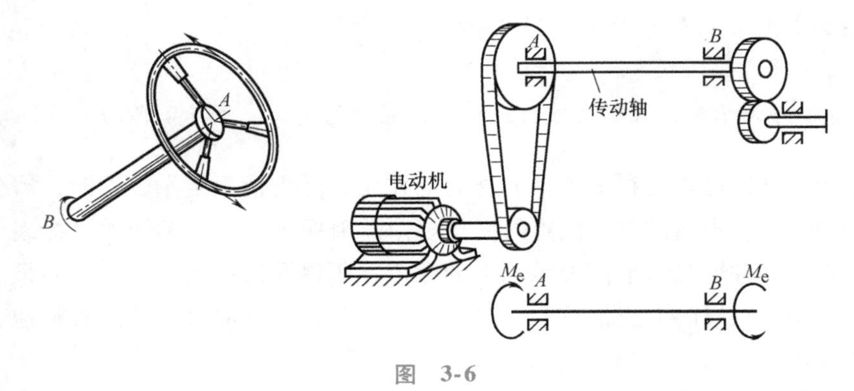

图 3-6

在建筑工程中，很多构件也是处于扭转受力状态，如房屋中的雨篷梁和结构体系中的边梁，如图 3-7 所示。

这些工程实例，通过力学分析，都具有共同特点，即在杆件两端作用两个大小相等、转向相反、作用面在杆件的横截面内的力偶，使任意两个横截面绕杆件的轴线产生相对转动，同时所有的纵向线（除轴线外）都由直线变为螺旋线，这种变形称为扭转变形。两横截面之间转过的角度称为相对扭转角，简称扭转角，记为 φ，如图 3-8 所示。以扭转变形为主的杆件称为轴。

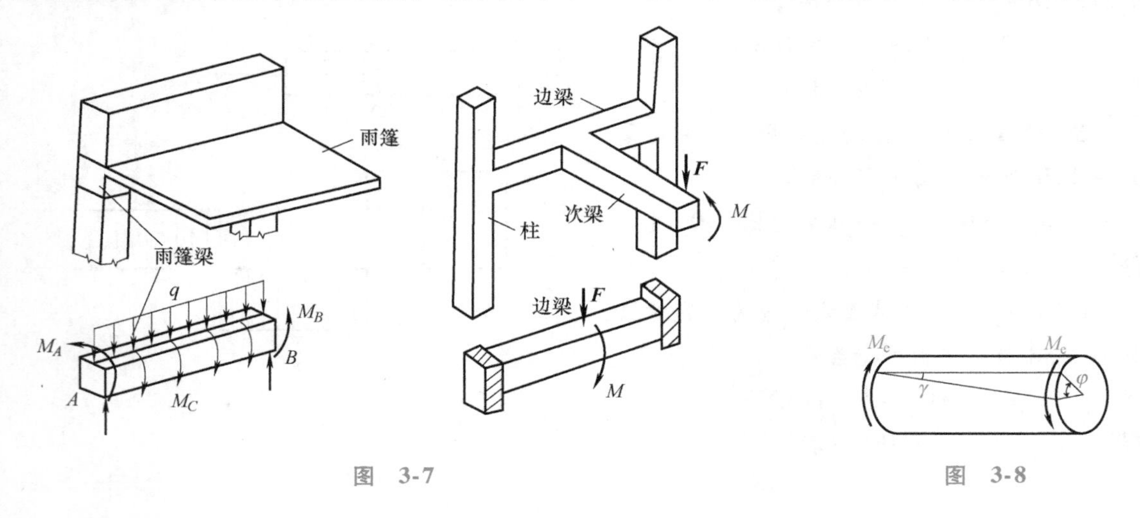

图 3-7

图 3-8

3.3.2 圆轴扭转时截面上的内力

1. 外力偶的换算公式

在建筑与机械工程中，作用于轴上的外力偶矩往往无法直接给出，给出的经常是轴所传递的功率和转速。此时，外力偶矩 M_e 的计算公式为

$$M_e = 9550 \cdot \frac{P}{n} \quad (3\text{-}1)$$

式中，M_e 为外力偶矩（N·m）；P 为轴所传递的功率（kW）；n 为轴的转速（r/min）。

当轴所传递的功率单位为马力（字母表示为hp）时，式（3-1）变为

$$M_e = 7024 \cdot \frac{P}{n} \quad (3\text{-}2)$$

式中，M_e 为外力偶矩（N·m）；n 为轴的转速（r/min）。

2. 用截面法求受扭圆轴的内力

圆轴扭转变形时横截面上的内力的求法仍为截面法。现以图3-9a所示圆轴为例，说明扭转内力的求法。

用一假想截面沿 AB 间的 C 横截面处截开，取其左侧为研究对象，如图3-9b所示。由于该研究对象左端受到一外力偶作用，因此，截开的截面处的内力必然为一内力偶，为了使取出来的研究对象平衡而配上的这个内力偶，称为扭矩，用 T 表示。由平衡方程

$$\sum M_x = 0 \quad T - M_e = 0$$

得

$$T = M_e$$

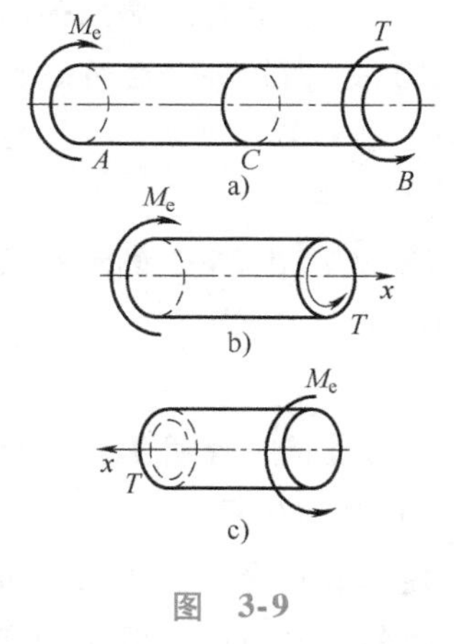

图 3-9

若取右侧为研究对象，如图3-9c所示，可以求得同样结果。扭矩的单位为N·m或kN·m。

扭矩的正负号规则如下：伸开右手使四指绕扭矩的转动方向，大拇指即为扭矩的矢量（简称为扭矩矢）方向，若扭矩矢的方向离开截面，则扭矩为正；反之，扭矩为负。计算时，一般先假定为正扭矩。若计算结果为正，则为正扭矩；反之，为负扭矩。

用截面法计算扭矩，计算过程极为烦琐。为了简化计算，工程上常利用计算扭矩的规律来进行计算。其规律可总结为：任一截面上的扭矩，等于该截面任一侧所有外力偶矩的代数和。截面左（右）侧，向左（右）的外力偶矩矢产生正扭矩；反之，产生负扭矩。

3. 受扭圆轴的内力图

在实际工程中，构件上可能受到多个外力偶作用，受力情况复杂，这时需分段计算各段扭矩。为了直观地表示扭矩随横截面位置的变化规律，用平行于杆件轴线的坐标 x 表示各横截面的位置，用垂直于杆件轴线的坐标 T 表示扭矩的数值，所得图形称为扭矩图。习惯上，在画扭矩图时，把正扭矩画在轴线的上侧，负扭矩画在轴线的下侧。通过扭矩图可以直观地看出各段轴扭矩的大小和最大扭矩 T_{max} 的位置及数值。

【例3-3】 图3-10a所示为传动轴，转速$n=1000\text{r/min}$，A轮为主动轮，其输入功率$P_A=800\text{kW}$，B、C轮为从动轮，其输出功率分别为$P_B=500\text{kW}$，$P_C=300\text{kW}$，试求1—1和2—2截面上的扭矩，并画出扭矩图。

解： 1）计算外力偶矩。

按式（3-1），作用在A、B、C各轮上的外力偶矩分别为

$$M_A=9550\frac{P_A}{n}=9550\times\frac{800}{1000}\text{N}\cdot\text{m}=7640\text{N}\cdot\text{m}$$

$$M_B=9550\frac{P_B}{n}=9550\times\frac{500}{1000}\text{N}\cdot\text{m}=4775\text{N}\cdot\text{m}$$

$$M_C=9550\frac{P_A}{n}=9550\times\frac{300}{1000}\text{N}\cdot\text{m}=2865\text{N}\cdot\text{m}$$

2）计算各截面上的扭矩。

传动轴上的外力偶矩如图3-10b所示，利用截面法可求得各段轴横截面上的扭矩。

AB段：在1—1截面处截开，取左部分为研究对象，如图3-10c所示。由平衡条件

$$\sum m=0\quad T_1-M_B=0$$

得

$$T_1=M_B=4775\text{N}\cdot\text{m}$$

BC段：在2—2截面处截开，取右部分为研究对象，如图3-10d所示。由平衡条件

$$\sum m=0\quad T_2+M_C=0$$

$$T_2=-M_C=-2865\text{N}\cdot\text{m}$$

T_2为负值，说明T_2的实际方向与假设方向相反。

3）画扭矩图。

建立直角坐标系$T-x$，正扭矩画在轴线上侧，负扭矩画在轴线下侧，并标明数值和正负号。该轴的扭矩图如图3-11所示。

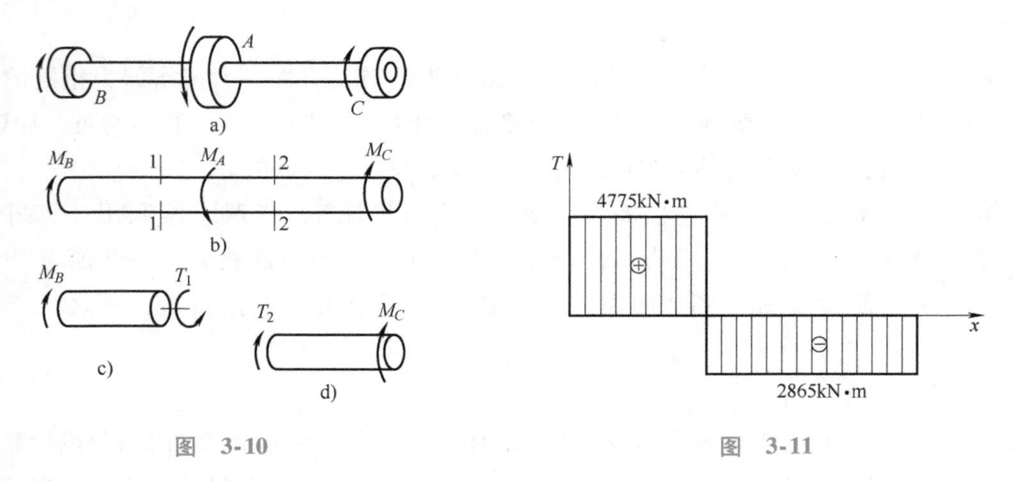

图 3-10　　　图 3-11

【例题点评】扭矩计算与分析时，要记得基本的公式，要掌握计算的三个步骤：首先计算外力偶矩，然后计算各截面上的扭矩，最后画扭矩图。

3.4 常见梁内力分析

3.4.1 梁的类型和平面弯曲

弯曲变形是工程实际中最常见的一种基本变形，如桥式吊车梁在自重及吊重的作用下会发生弯曲变形，如图3-12所示。

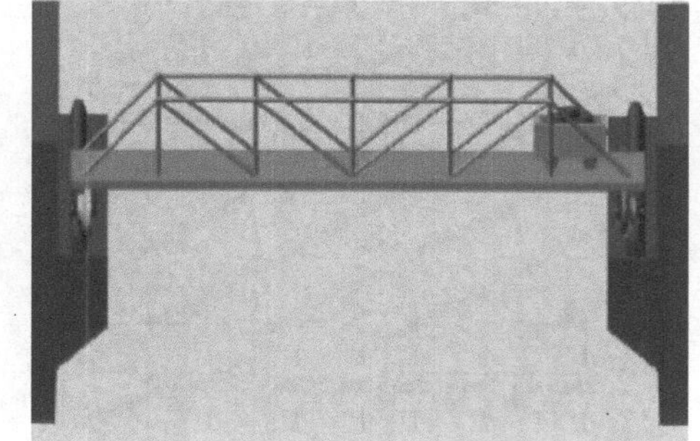

图 3-12

弯曲变形构件的受力特点是：在通过杆轴线的平面内受到力偶或垂直于轴线的外力作用。变形特点是：杆的轴线被弯曲为一条曲线，这种变形称为弯曲变形。在外力作用下产生弯曲变形或以弯曲变形为主的杆件，称为梁。

如果梁的支座反力可由平衡方程完全求出，这样的梁称为静定梁，若梁的支座反力数目多于独立的平衡方程的数目，此时只靠静力平衡方程无法确定其支座反力，这样的梁称为超静定梁。建筑工程中常用到的三种基本形式的静定梁，分别为简支梁、外伸梁和悬臂梁，如图3-13所示。梁两支座间的部分称为跨，其长度称为跨长。

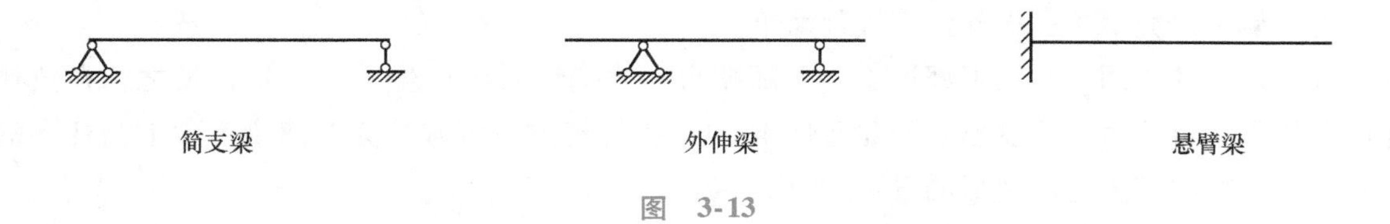

图 3-13

由横截面的对称轴与梁的轴线组成的平面称为纵向对称平面。当外力作用线都位于梁的纵向对称平面内时（图3-14a），梁的轴线在纵向对称平面内被弯曲形成一条光滑的平面曲线（图3-14b），这种弯曲变形称为平面弯曲。

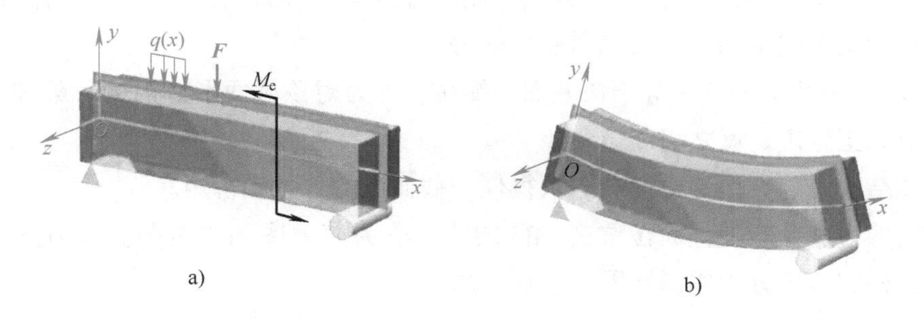

图 3-14

平面弯曲梁的主要特点如下：

1）具有纵向对称平面。

2）外力都作用在纵向对称平面内，垂直于轴线。

3）弯曲变形后轴线变成对称平面内的一条平面曲线。

3.4.2 梁的内力——剪力和弯矩

梁的横截面上有两个分量——剪力和弯矩，它们都随着截面位置的变化而变化，可表示为 $F_S = F_S(x)$ 和 $M = M(x)$，称为剪力方程和弯矩方程。

为了研究方便，通常对剪力和弯矩的正负号做如下规定：

1）剪力 F_S的正负号规定：使梁段发生顺时针转动趋势的剪力为正，反之为负（图3-15）。

2）弯矩 M 的正负号规定：使梁段发生下侧纵向纤维受拉的弯矩为正，反之为负（图3-16）。

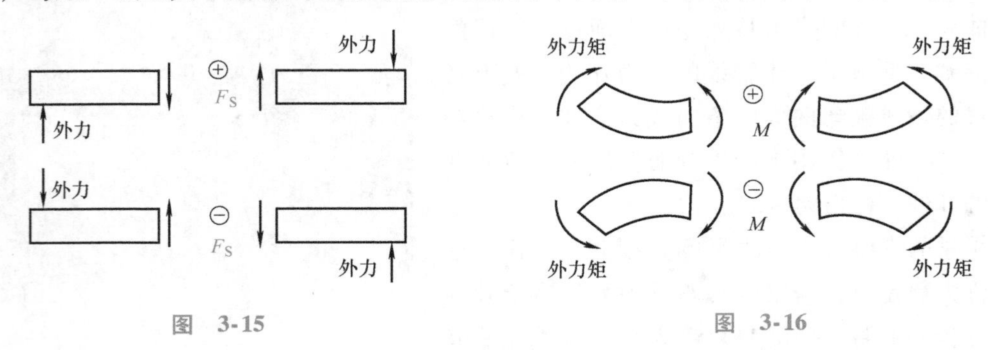

图 3-15　　图 3-16

按照剪力、弯矩正负号规定，左、右梁段在同一截面的剪力、弯矩是同号的，因此，在计算截面的剪力、弯矩时，不论取左侧还是右侧为研究对象，计算结果是相同的。可取外力较少的一侧为研究对象，以使计算过程简单。

在正弯矩的作用下，梁下部拉长，上部缩短，故变形后梁产生下凸变形；反之，在负弯矩的作用下，梁产生上凸变形。因此弯矩 M 的正负号规定也可叙述为：使梁产生下凸变形的弯矩为正，使梁产生上凸变形的弯矩为负。

3.4.3 梁的内力图及常用绘制方法

1. 求解任一截面上的剪力和弯矩

由截面法可知梁的剪力和弯矩都与相应的外力组成平衡力系，所以有以下结论：

1）梁的任一截面上的剪力等于该截面一侧所有竖向外力的代数和，且外力对截面形心产生顺时针转向的矩引起正剪力，反之引起负剪力。

2）梁的任一截面上的弯矩等于该截面一侧所有外力对该截面形心矩的代数和，且外力使得下侧受拉引起正弯矩，反之引起负弯矩。

利用上述结论可以方便地由荷载图求得任一截面上的剪力和弯矩。

表示梁的剪力和弯矩随截面位置变化的图线，称为剪力图和弯矩图。剪力图和弯矩图也就是将剪力方程和弯矩方程用函数图形表现出来。

2. 绘制剪力图和弯矩图的基本规定

1）在画梁的剪力图时，正剪力画在 x 轴的上方，负剪力画在 x 轴的下方，并标明正负号。

2）在画梁的弯矩图时，正弯矩画在受拉一侧，负弯矩画在受压一侧。

3. 绘制梁的内力图的基本步骤

1）正确求解支座反力。

2）分段。

3）判断各段梁的剪力图和弯矩图的形状。

4）计算特殊截面上的剪力值和弯矩值，逐段绘制剪力图和弯矩图。

3.4.4 单跨静定梁内力分析

静定梁是建筑工程中最常见的基本梁。从工程的安全性角度出发，需要通过内力分析，掌握梁的内力大小和分布情况，为在设计、施工过程中有针对性的采取措施提供依据。简单点讲，梁中的钢筋数量及其分布情况等都是由梁自身的内力大小和分布情况决定的。通过内力分析，可以找到梁中内力最大处，即极可能发生危险处。

下面通过实例，对三种基本梁进行详细的内力分析。

【例3-4】 简支梁受集中力作用如图3-17所示，试进行内力分析，并绘制剪力图和弯矩图。

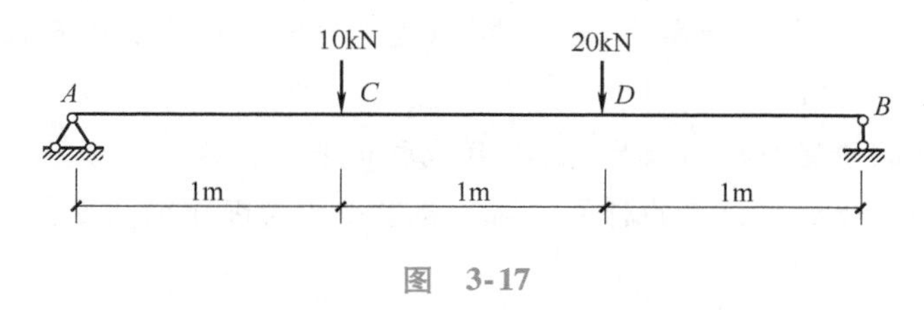

图 3-17

解： 第一步：支座约束反力计算。

通过受力分析，列平衡方程，可得支座反力为

$$F_{Ax}=0$$

$$F_{Ay}=\frac{40}{3}\text{kN}$$

$$F_{By}=\frac{50}{3}\text{kN}$$

则简支梁的受力图，如图3-18所示。

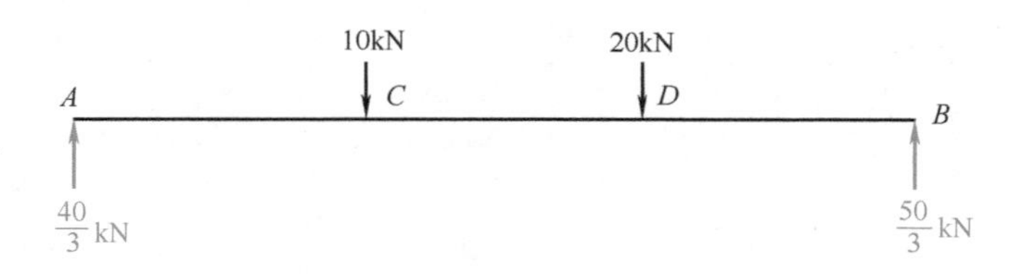

图 3-18

第二步：逐段进行内力分析。

该简支梁应该分为三段进行内力分析，即AC段、CD段、DB段。

AC段：进行AC段内力分析时，应在A、C两点间任一位置切开，如图3-19所示。

难点分析：

第一，因为是在任一位置，所以截面位置不会是一个具体的某一距离，更不是在A、C两点的正中间位置切开的，因此这个距离是未知的，标注为x。

第二，研究对象是AC段，所以切面应该在A、C两点间，它可以切得靠近A点，但不能切到A点的左边，它也可以切得靠近C点，但不能切到C点的右边。

当切面无限接近A点时，x的距离就会无限接近0，当切面无限接近C点时，x的距离就

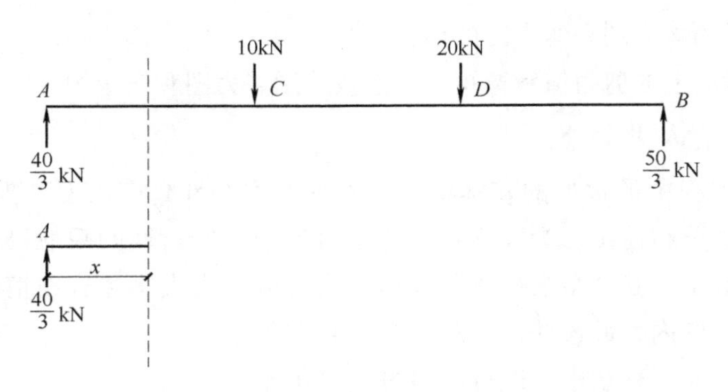

图 3-19

会无限接近1（因为 A、C 间的距离为1m），所以这里的 x 不是一个任意数，它有一个具体的区间，即定义域在0，1之间。

第三，截取出来的研究对象的长为 x，并且截取出来时，这一部分是不平衡的。需要在截面处配上力，让这一部分截取出来的杆件平衡。为了平衡而配上的力 $\boldsymbol{F}_S$ 和 M 即为 AC 段的内力，如图3-20所示。

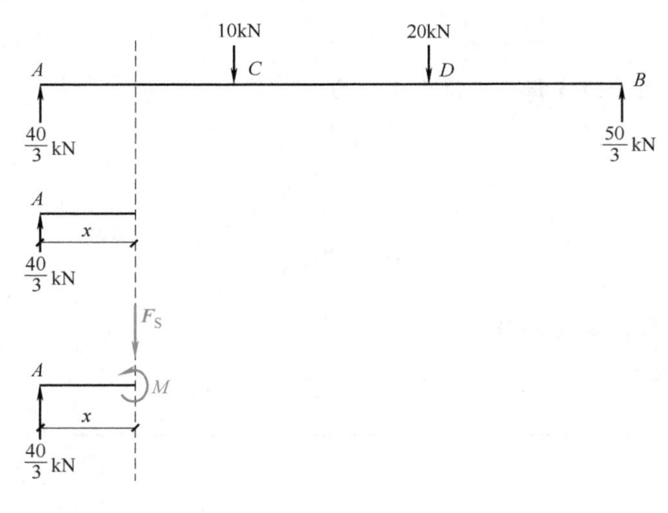

图 3-20

通过平衡方程可得

$$F_S = \frac{40}{3}\text{kN}$$

$$M = \frac{40}{3}x$$

当 $x=0$ 时，为 A 点，$M_A=0$；当 $x=1$ 时，为 C 点，$M_C = \frac{40}{3}\text{kN} \cdot \text{m}$。

然后根据剪力图与弯矩图的绘制规则，可以画出 AC 段的剪力图与弯矩图，如图3-21所示。

CD 段：进行 CD 段内力分析时，方法同上。在 C、D 两点之间任一位置进行截切，可以

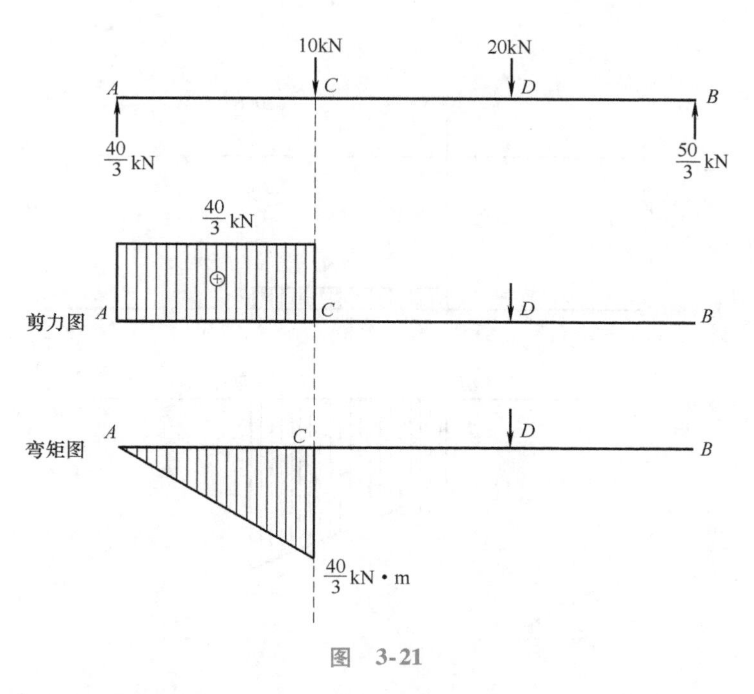

图 3-21

取构件的左边部分，也可以取右边部分。此处取构件左边，如图3-22所示。

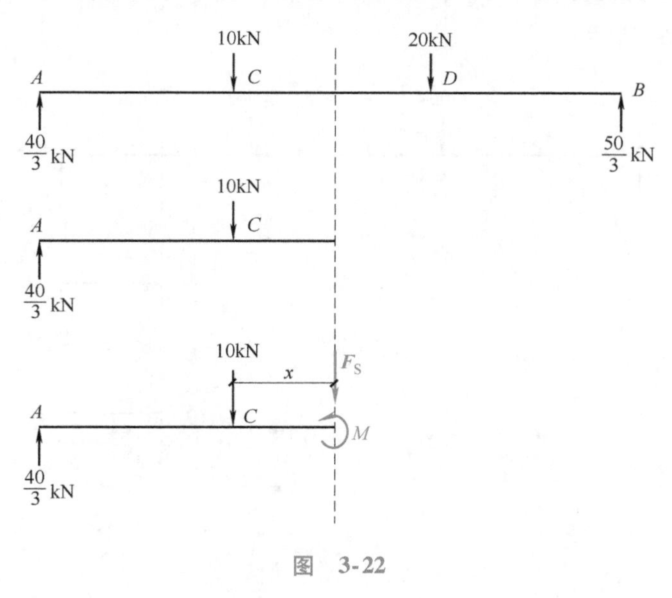

图 3-22

列平衡方程可得

$$F_S = \frac{10}{3}\text{kN}$$

$$M = \frac{40}{3}(1 + x) - 10x$$

当 $x = 0$ 时，为 C 点，$M_C = \frac{40}{3}\text{kN} \cdot \text{m}$；当 $x = 1$ 时，为 D 点，$M_D = \frac{50}{3}\text{kN} \cdot \text{m}$。

根据剪力图与弯矩图的绘制规则，可以画出 CD 段的剪力图与弯矩图，如图3-23

所示。

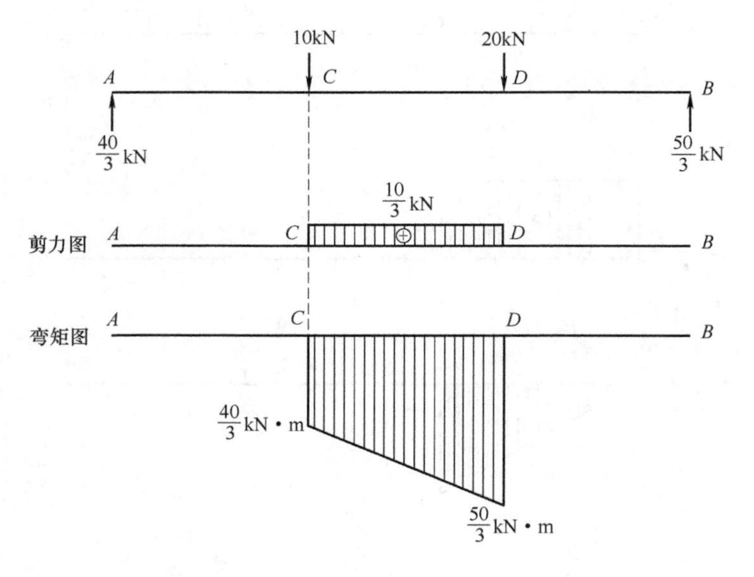

图 3-23

DB 段：进行 DB 段内力分析时，方法同上。在 D、B 两点之间任一位置进行截切，取构件右边，如图 3-24 所示。

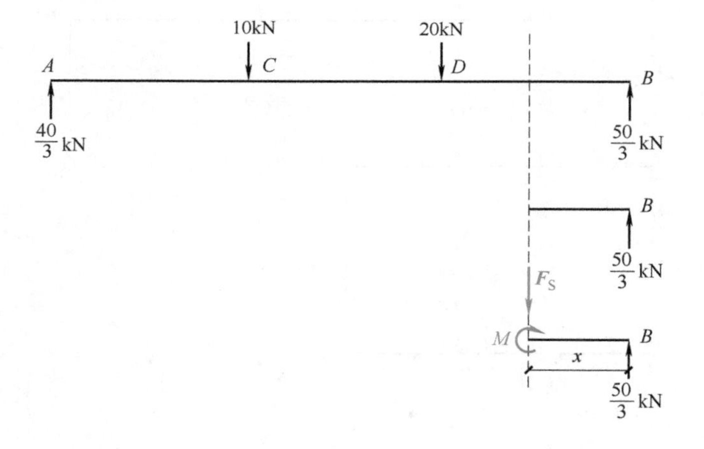

图 3-24

列平衡方程可得

$$F_S = \frac{50}{3}\text{kN}$$

$$M = \frac{50}{3}x$$

当 $x=0$ 时，为 B 点，$M_B=0$；当 $x=1$ 时，为 D 点，$M_D=\frac{50}{3}\text{kN}\cdot\text{m}$。

根据剪力图与弯矩图的绘制规则，可以画出 DB 段的剪力图与弯矩图，如图 3-25 所示。

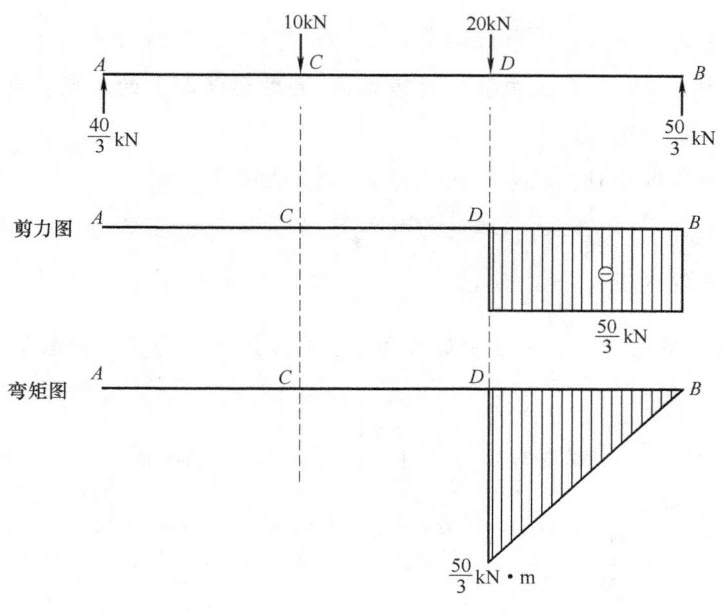

图 3-25

第三步：将各段图形合并。

将上面各段绘制的图形进行合并，即绘制出简支梁的剪力图和弯矩图，如图3-26所示。

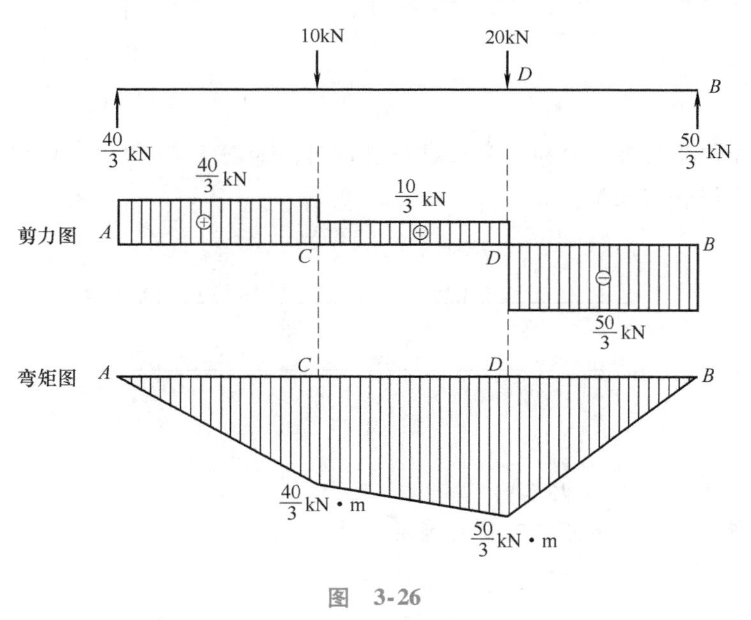

图 3-26

【例题点评】

1）梁的内力分析基本过程：求解座约束反力→切取各段，逐段进行内力分析→合并。

2）剪力图的正、负号问题：对于梁这样的水平构件，通过分析总结，可以用“左下、右上”的口诀来快速判断剪力的正、负号，即当截取的是左边部分时，截取处的剪力 $\boldsymbol{F}_S$ 的方向是向下的时候，即"左下"，和口诀表述一致时，剪力为正；反之，截取处的剪力 $\boldsymbol{F}_S$ 的方向是向上的时候，即"左上"，和口诀表述不一致时，剪力为负。

当截取的是右边部分时，截取处的剪力 $\boldsymbol{F}_S$ 的方向是向上的时候，即"右上"，和口诀表述一致时，剪力为正；反之，截取处的剪力 $\boldsymbol{F}_S$ 的方向是向下的时候，即"右下"，和口诀表述不一致时，剪力为负。

简单说，取左时剪力向下、取右时剪力向上，为正，反之为负，如图 3-27 所示。

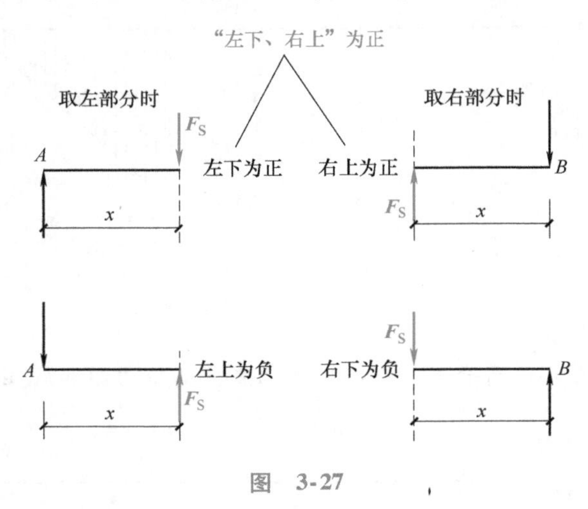

图 3-27

【例 3-5】 外伸梁受集中力和均布荷载共同作用，如图 3-28 所示，试对外伸梁进行内力分析，并绘制剪力图和弯矩图。

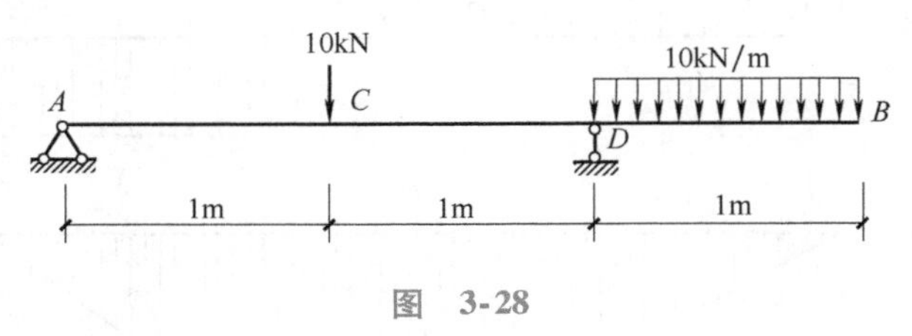

图 3-28

解： 第一步：支座约束反力计算。

通过受力分析，列平衡方程，可得支座反力为

$$F_{Ax}=0$$

$$F_{Ay}=\frac{5}{2}\text{kN}$$

$$F_{Dy}=\frac{35}{2}\text{kN}$$

则外伸梁的受力图如图 3-29 所示。

第二步：逐段进行内力分析。

该外伸梁应该分为三段进行内力分析，即 AC 段、CD 段、DB 段，在各段两点间任一位置

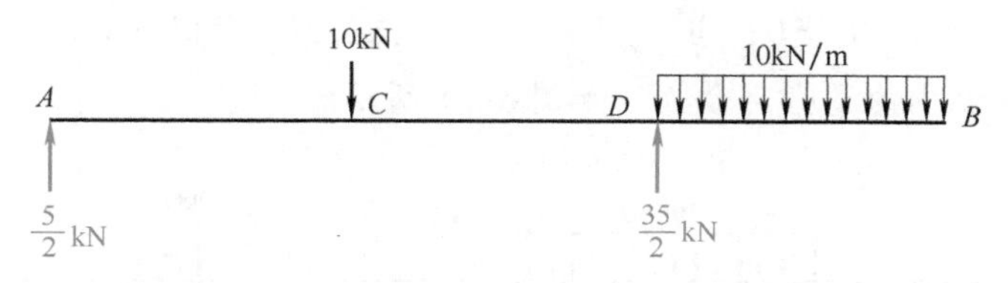

图 3-29

切开，如图3-30所示。

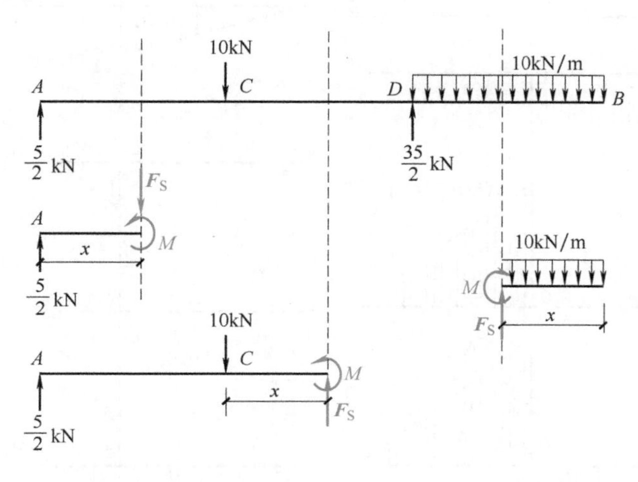

图 3-30

逐段列平衡方程，求各段内力。

AC 段：

$$F_S = \frac{5}{2}\text{kN}$$

$$M = \frac{5}{2}x$$

当 $x=0$ 时，为 A 点，$M_A=0$；当 $x=1$ 时，为 C 点，$M_C=\frac{5}{2}\text{kN}\cdot\text{m}$。

CD 段：

$$F_S = \frac{15}{2}\text{kN}$$

$$M = \frac{5}{2}(1+x) - 10x$$

当 $x=0$ 时，为 C 点，$M_C=\frac{5}{2}\text{kN}\cdot\text{m}$；当 $x=1$ 时，为 D 点，$M_D=-5\text{kN}\cdot\text{m}$。

DB 段：

$F_S = 10x$

当 $x=0$ 时，为 B 点，$F_S=0$；当 $x=1$ 时，为 D 点，$F_{SD}=10\text{kN}$。

$$M = 5x^2$$

当 $x=0$ 时，为 B 点，$M_B=0$；当 $x=1$ 时，为 D 点，$M_D=5\text{kN}\cdot\text{m}$。

第三步：逐段绘制内力图，再合并，如图 3-31 所示。

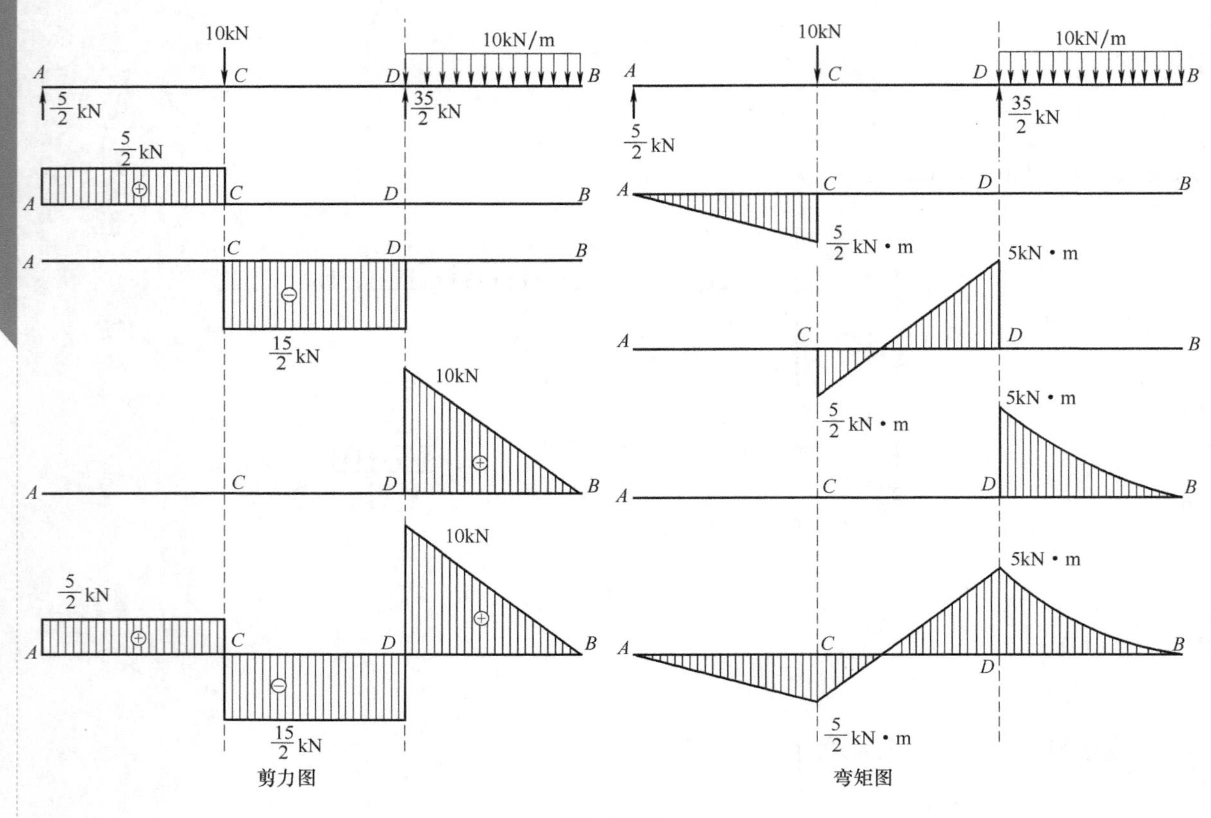

图 3-31

【例题点评】D 点计算分析得到弯矩为负值，说明 D 点处的弯矩实际方向与受力图中标的 M 方向相反，所以在绘制弯矩图时，要特别注意，绘图时，是按实际的内力方向，而不是内力分析时标的方向。即：当分析计算的内力值为正时，说明标注方向与内力的实际方向一致；当分析计算的内力值为负时，说明标注方向与内力的实际方向相反。

【例 3-6】 悬臂梁受集中力和力偶共同作用，如图 3-32 所示，试对悬臂梁进行内力分析，并绘制剪力图和弯矩图。

解： 第一步：支座约束反力计算。

通过受力分析，列平衡方程，可得支座反力为

$F_{Ax}=0$

$F_{Ay}=15\text{kN}$

$M_A=25\text{kN}\cdot\text{m}$（逆时针）

则悬臂梁的受力图如图 3-33 所示。

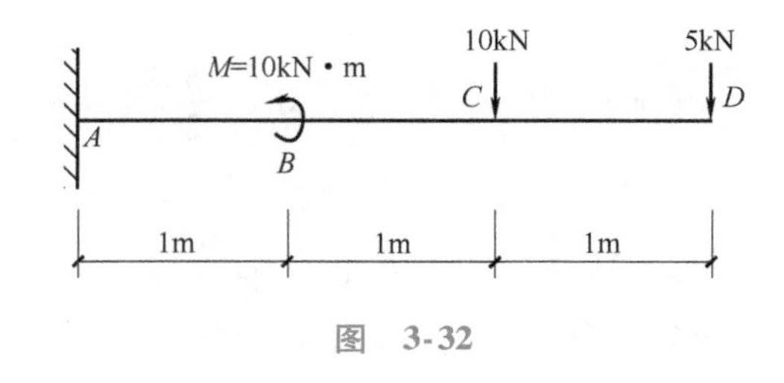

图 3-32

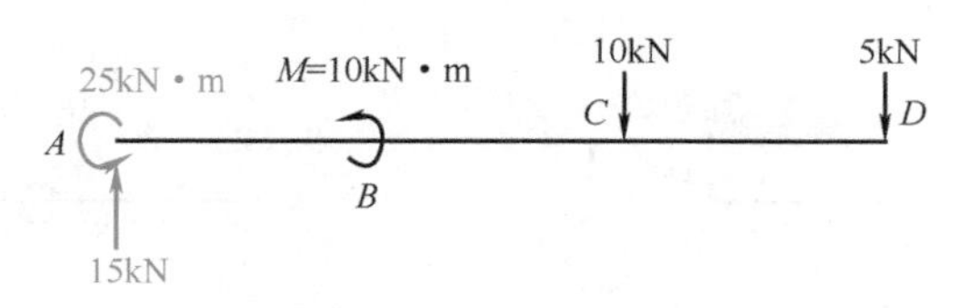

图 3-33

第二步：逐段进行内力分析。

该悬臂梁应该分为三段进行内力分析，即 *AB* 段、*BC* 段、*CD* 段，在各段两点间任一位置切开，如图3-34所示，逐段列平衡方程，求各段内力。

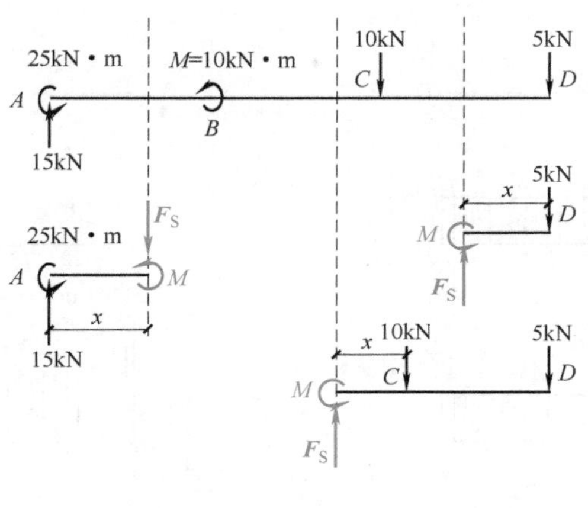

图 3-34

AB 段：

$$F_S = 15\text{kN}$$
$$M = 15x - 25$$

当 $x=0$ 时，为 *A* 点，$M_A = -25\text{kN}\cdot\text{m}$；当 $x=1$ 时，为 *B* 点，$M_B = -10\text{kN}\cdot\text{m}$。

BC 段：

$$F_S = 15\text{kN}$$
$$M = 5(1+x) + 10x$$

当 $x=0$ 时，为 *C* 点，$M_C = 5\text{kN}\cdot\text{m}$；当 $x=1$ 时，为 *B* 点，$M_B = 20\text{kN}\cdot\text{m}$。

CD 段：

$$F_S = 5\text{kN}$$
$$M = 5x$$

当 $x=0$ 时，为 *D* 点，$M_D = 0$；当 $x=1$ 时，为 *C* 点，$M_C = 5\text{kN}\cdot\text{m}$。

第三步：逐段绘制内力图，再合并，如图3-35所示。

【例题点评】 悬臂梁的内力分析，可以先计算支座约束反力，但也可以不进行支座约束反力的计算，而从外端进行分析，因为悬臂梁的端头是没有未知力的。

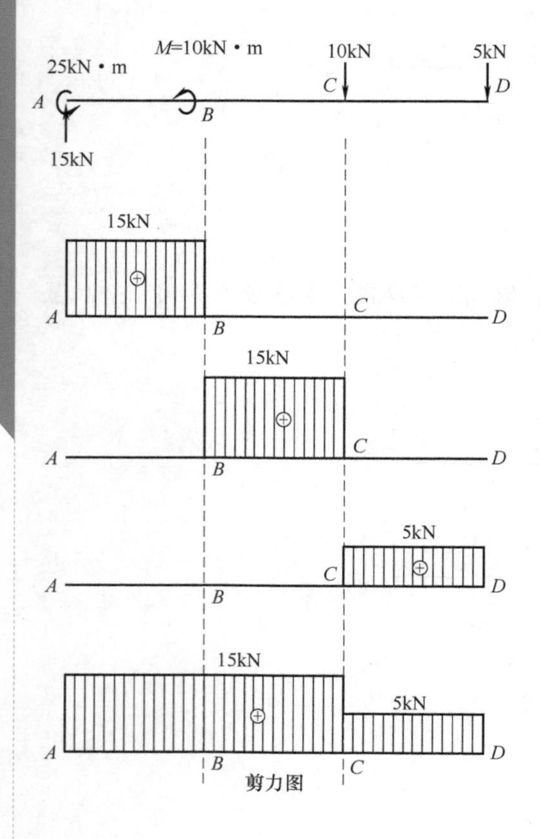

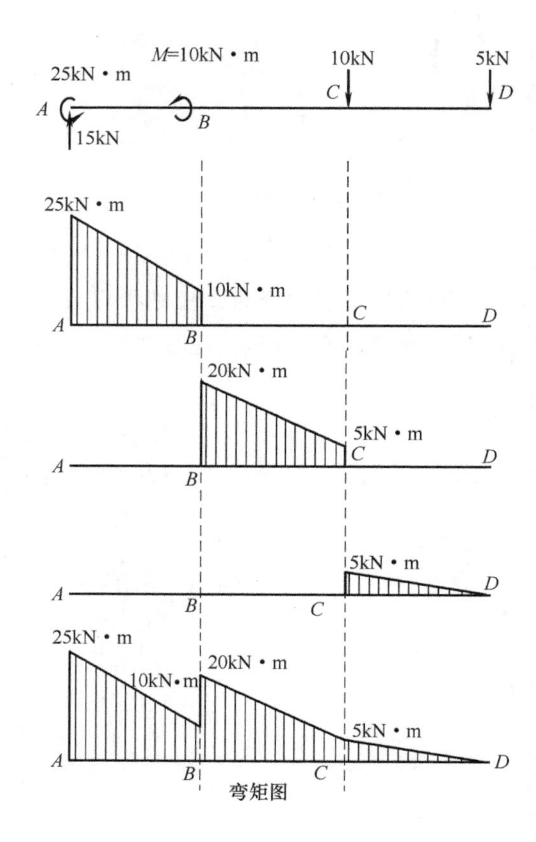

图 3-35

3.4.5 常用基本梁的剪力图与弯矩图

简单荷载下基本梁的剪力图与弯矩图见表 3-1，各种荷载下剪力图与弯矩图的特征见表 3-2。

表 3-1 简单荷载下基本梁的剪力图与弯矩图

	梁 的 简 图	剪力 F_S 图	弯矩 M 图
1	a F l	F_S $\frac{l-a}{l}F$ ⊕ ⊖ $\frac{a}{l}F$	M ⊕ $\frac{a(l-a)}{l}F$
2	M_e l	F_S $\frac{M_e}{l}$ ⊕	M ⊕ M_e

（续）

	梁的简图	剪力 F_S 图	弯矩 M 图
3	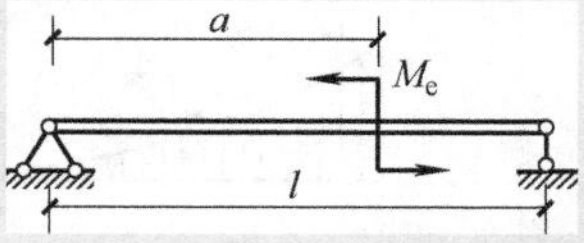 a, M_e, l	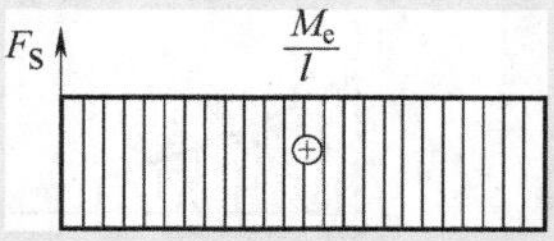 F_S, $\frac{M_e}{l}$, ⊕	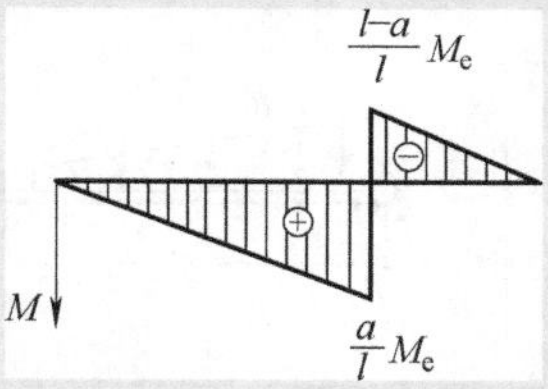 $\frac{l-a}{l}M_e$, ⊖, ⊕, M, $\frac{a}{l}M_e$
4	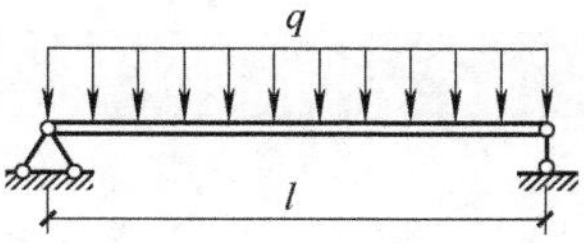 q, l	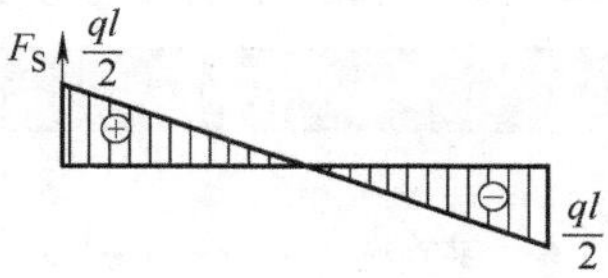 F_S, $\frac{ql}{2}$, ⊕, ⊖, $\frac{ql}{2}$	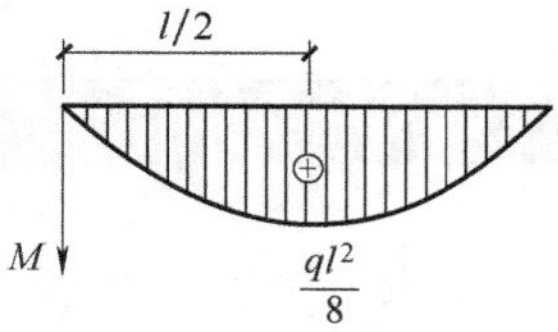 $l/2$, ⊕, M, $\frac{ql^2}{8}$
5	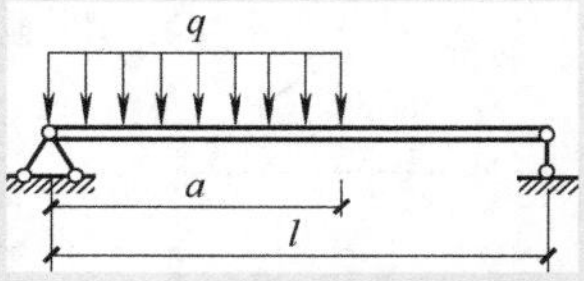 q, a, l	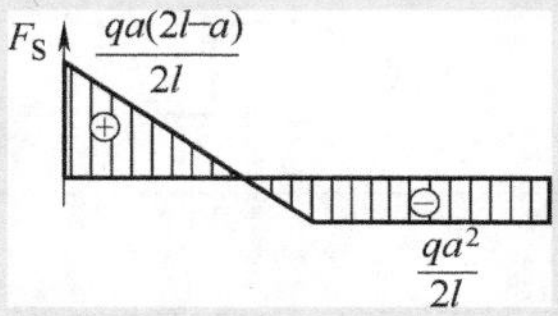 F_S, $\frac{qa(2l-a)}{2l}$, ⊕, ⊖, $\frac{qa^2}{2l}$	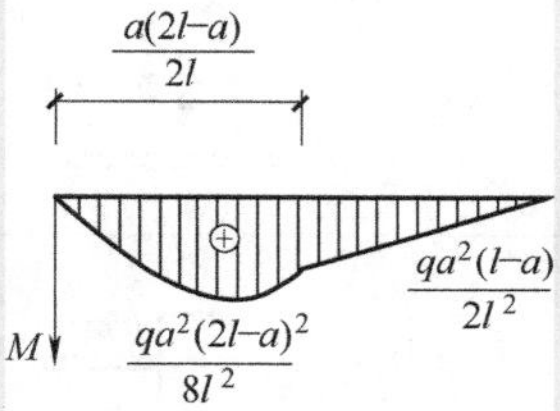 $\frac{a(2l-a)}{2l}$, ⊕, $\frac{qa^2(l-a)}{2l^2}$, M, $\frac{qa^2(2l-a)^2}{8l^2}$
6	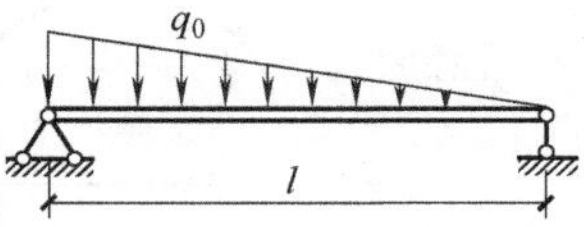 q_0, l	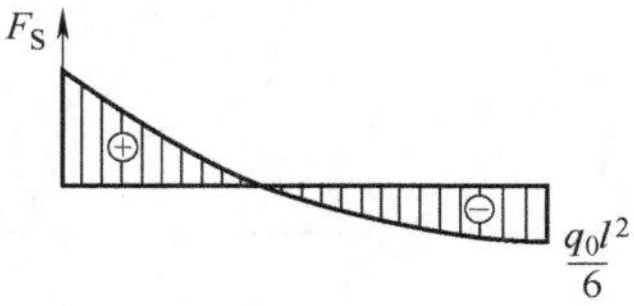 F_S, ⊕, ⊖, $\frac{q_0l^2}{6}$	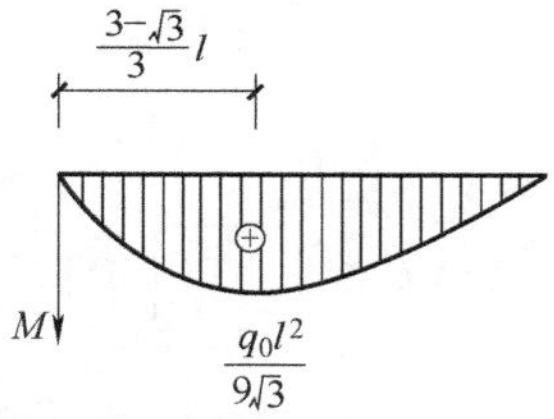 $\frac{3-\sqrt{3}}{3}l$, ⊕, M, $\frac{q_0l^2}{9\sqrt{3}}$
7	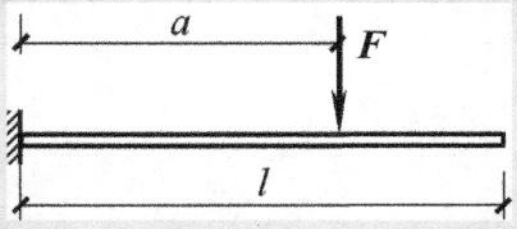 a, F, l	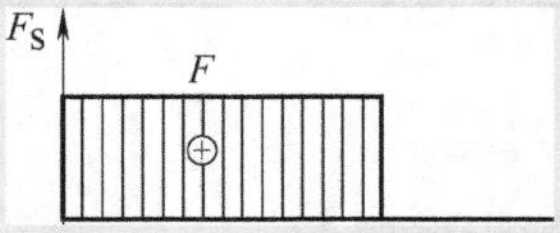 F_S, F, ⊕	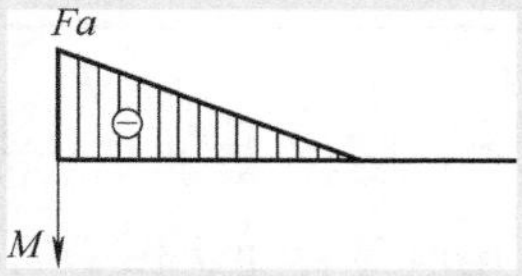 Fa, ⊖, M
8	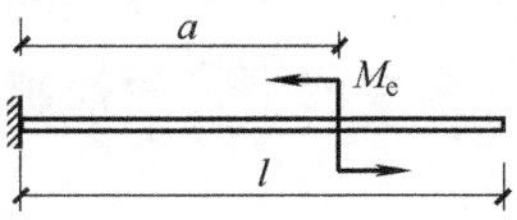 a, M_e, l	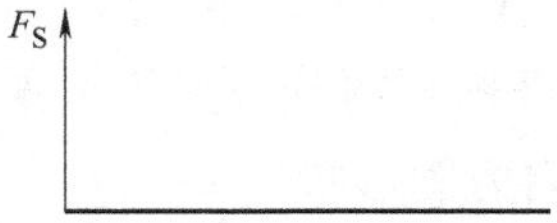 F_S	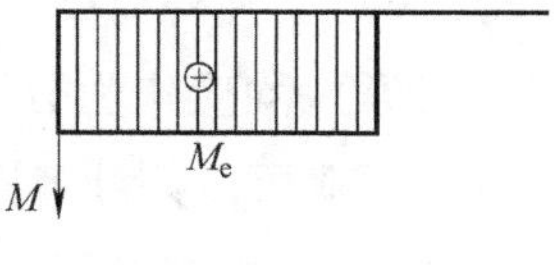 ⊕, M_e, M
9	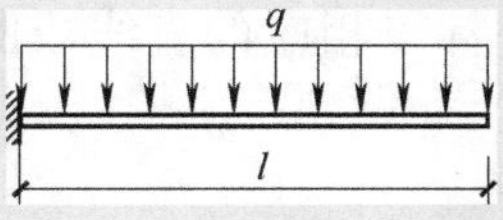 q, l	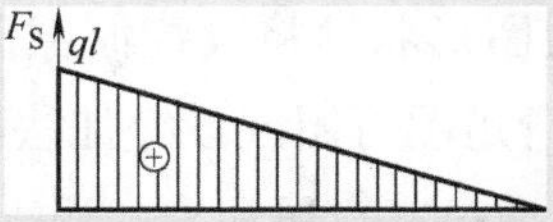 F_S, ql, ⊕	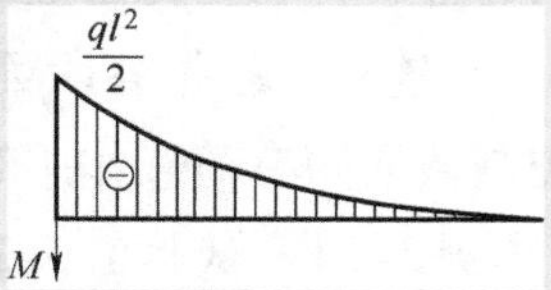 $\frac{ql^2}{2}$, ⊖, M

（续）

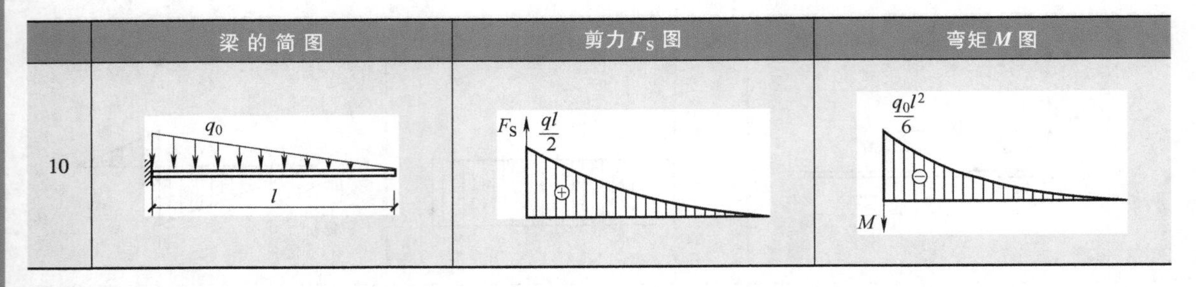

	梁的简图	剪力 F_S 图	弯矩 M 图
10	q_0, l	F_S, $\frac{ql}{2}$, ⊕	$\frac{q_0 l^2}{6}$, ⊖, M

表 3-2　各种荷载下剪力图与弯矩图的特征

某一段梁上的外力情况	剪力图的特征	弯矩图的特征
无荷载	水平直线	斜直线（或）
集中力 F	突变 F	转折（或 或）
集中力偶 M_e	无变化	突变 M_e
均布荷载 q	斜直线	抛物线（或）
	零点	极值

3.4.6　区段叠加法作梁的内力图

用区段叠加法作梁的内力图的步骤如下：

1）求支座反力（悬臂梁和常见的简支梁可省此步骤）。

2）分段。凡外荷载不连续点（如集中力作用点、集中力偶作用点、分布荷载的起讫点及支座结点等）均应作为分段点，每相邻两分段点为一梁段，每一梁段两端称为控制截面，根据外力情况就可以判断各梁段的内力图形状。

3）定点。根据各梁段的内力图形状，选定所需的控制截面，用截面法求出这些控制截面的内力值，并在内力图上标出内力的竖坐标。

4）连线。根据各段梁的内力图形状，将其控制截面的竖坐标以相应的直线或曲线相连。当控制截面间有荷载作用时，其弯矩图可用区段叠加法绘制。

【例 3-7】　试作图 3-36 所示梁的剪力图和弯矩图。

解：（1）求支座反力

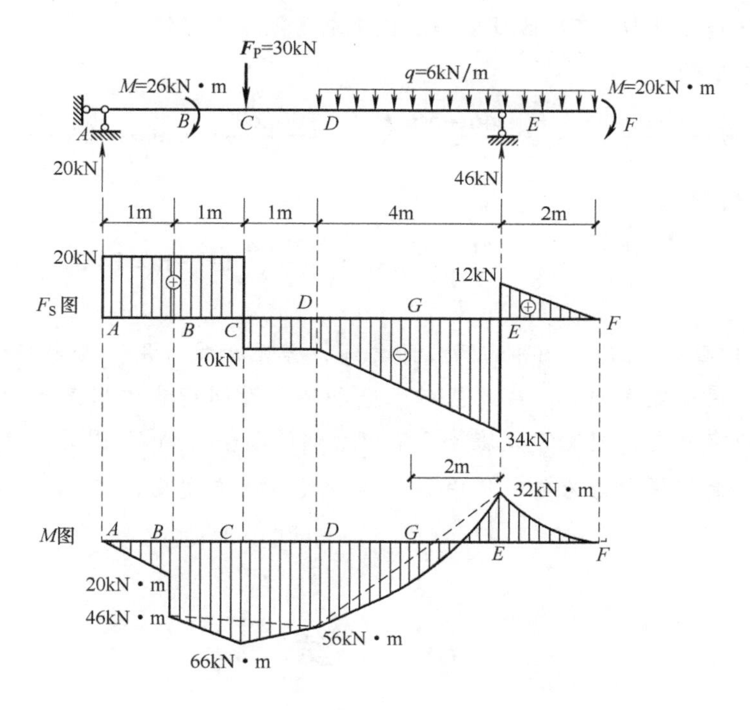

图 3-36

由$\sum M_E=0$得

$$-F_A \cdot 7\text{m}-26\text{kN}\cdot\text{m}+30\times5\text{kN}\cdot\text{m}+6\times6\times1\text{kN}\cdot\text{m}-20\text{kN}\cdot\text{m}=0$$

即

$$F_A=20\text{kN}\ (\uparrow)$$

由$\sum M_A=0$得

$$F_E \cdot 7\text{m}-26\text{kN}\cdot\text{m}-30\times2\text{kN}\cdot\text{m}-6\times6\times6\text{kN}\cdot\text{m}+20\text{kN}\cdot\text{m}=0$$

即

$$F_E=46\text{kN}\ (\uparrow)$$

(2) 梁分段并用截面法求出各控制截面的剪力和弯矩

$A_右$截面：$F_{SA}^R=20\text{kN}$　　$M_A^R=0$

$B_左$截面：$F_{SB}^L=F_{SA}^R=20\text{kN}$　　$M_B^L=(20\times1)\text{kN}\cdot\text{m}=20\text{kN}\cdot\text{m}$

$B_右$截面：$F_{SB}^R=20\text{kN}$　　$M_B^R=M_B^L+26\text{kN}\cdot\text{m}=46\text{kN}\cdot\text{m}$

$C_左$截面：$F_{SC}^L=20\text{kN}$　　$M_C^L=(20\times2+26)\text{kN}\cdot\text{m}=66\text{kN}\cdot\text{m}$

$C_右$截面：$F_{SC}^R=(20-30)\text{kN}=-10\text{kN}$　　$M_C^R=M_C^L=66\text{kN}\cdot\text{m}$

D截面：$F_{SD}^L=F_{SD}^R=-10\text{kN}$　　$M_D^L=M_D^R=(20\times3+26-30\times1)\text{kN}\cdot\text{m}=56\text{kN}\cdot\text{m}$

$E_左$截面：$F_{SE}^L=(-10-6\times4)\text{kN}=-34\text{kN}$　　$M_E^L=(-20-6\times2\times1)\text{kN}\cdot\text{m}=-32\text{kN}\cdot\text{m}$

$E_右$截面：$F_{SE}^R=F_{SE}^L+46\text{kN}=12\text{kN}$　　$M_E^R=-32\text{kN}\cdot\text{m}$

$F_左$截面：$F_{SF}^L=0$　　$M_F^L=0$

(3) 绘图　定出各控制截面的纵坐标，按微分关系连线，绘出剪力图和弯矩图。

其中区段 BD 和区段 DE 可用区段叠加法快速求区段跨中弯矩。

区段 BD 跨中截面：

$$M_C = \frac{M_B + M_D}{2} + \frac{Fl}{4} = \frac{46 + 56}{2}\text{kN} \cdot \text{m} + \frac{30 \times 2}{4}\text{kN} \cdot \text{m} = 66\text{kN} \cdot \text{m}$$

区段 DE 跨中截面：

$$M_G = \frac{M_D + M_E}{2} + \frac{ql^2}{8} = \frac{56 - 32}{2}\text{kN} \cdot \text{m} + \frac{6 \times 4^2}{8}\text{kN} \cdot \text{m} = 24\text{kN} \cdot \text{m}$$

【例题点评】 画 M 图时，相邻的两截面之间，若无荷载作用，竖坐标之间直线相连；若有荷载，则先用虚直线相连，在此基础上叠加两截面间荷载作用产生的内力。集中力偶作用点，弯矩有突变，突变的数值等于集中力偶的大小。画 F_S 图时，从左画到右，向上集中力为正，向下集中力为负。集中力作用点处剪力有突变，突变的数值等于集中力的大小。

小　结

一、截面法进行内力分析的步骤

1）截开：沿欲求内力的截面假想地将杆件截成两部分。

2）代替：任取一部分为研究对象，并在截开面上用内力代替去除部分对该部分的作用。

3）平衡：列出研究对象的平衡方程，并求解内力。

二、轴力的符号规定

任一横截面上的轴力，在数值上等于该截面任一侧所有轴向外力的代数和。凡是与所假定的拉力方向相同的轴向外力取为正，反之，取为负。求得轴力为正时，表示此段杆件受拉；轴力为负时，表示此段杆件受压。

三、外力偶矩 M_e 的计算公式

$$M_e = 9550 \cdot \frac{P}{n}$$

式中，M_e 为外力偶矩（N · m）；P 为轴所传递的功率（kW）；n 为轴的转速（r/min）。

当轴所传递的功率单位为马力时，变为

$$M_e = 7024 \cdot \frac{P}{n}$$

四、扭矩的正负号规则

伸开右手使四指绕扭矩的转动方向，大拇指即为扭矩的矢量（简称为扭矩矢）方向。若扭矩矢的方向离开截面，则扭矩为正；反之，扭矩为负。计算时，一般先假定为正扭矩，若计算结果为正，则为正扭矩；反之，为负扭矩。

五、梁的内力图及常用绘制方法

由截面法可知梁的剪力和弯矩都与相应的外力组成平衡力系，所以有以下结论：

1）梁的任一截面上的剪力等于该截面一侧所有竖向外力的代数和，且外力对截面形心产生顺时针转向的矩引起正剪力，反之引起负剪力。

2）梁的任一截面上的弯矩等于该截面一侧所有外力对该截面形心矩的代数和，且外力使得下侧受拉引起正弯矩，反之引起负弯矩。

利用上述结论可以方便地由荷载图求得任一截面上的剪力和弯矩。

表示梁的剪力和弯矩随截面位置变化的图线，称为剪力图和弯矩图。剪力图和弯矩图也就是将剪力方程和弯矩方程用函数图形表现出来。

六、绘制剪力图和弯矩图的基本规定

1）在画梁的剪力图时，正剪力画在 x 轴的上方，负剪力画在 x 轴的下方，并标明正负号。

2）在画梁的弯矩图时，正弯矩画在受拉一侧，负弯矩画在受压一侧。

习题

1. 如何用截面法计算轴力与画轴力图？在分析杆件轴力时，力的可传性原理是否仍可用？应注意什么？

2. 什么是扭矩？扭矩的正负号是如何规定的？如何计算扭矩？如何绘制扭矩图？

3. 如何计算剪力与弯矩？如何确定其正负符号？

4. 如何建立剪力与弯矩方程？如何绘制剪力图与弯矩图？

5. 求图3-37所示拉压杆各横截面的轴力并作其轴力图。

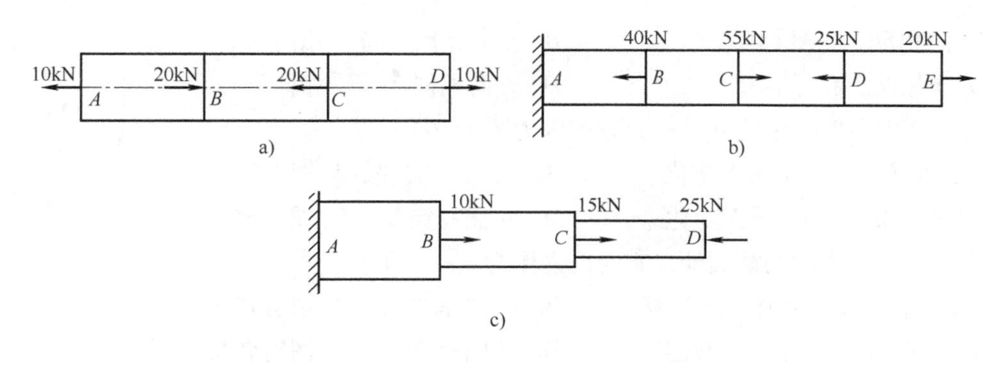

图 3-37

6. 求图3-38所示圆轴各横截面的扭矩并作其扭矩图。

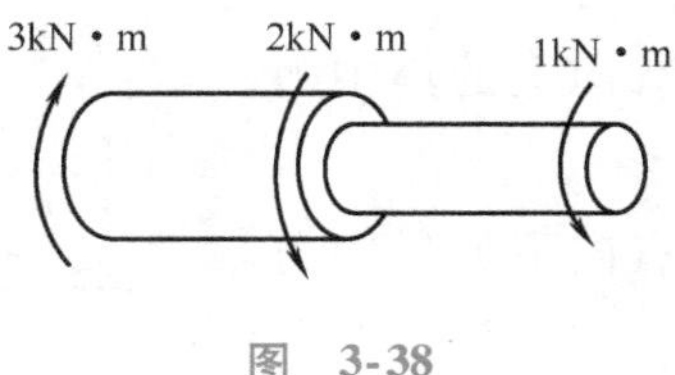

图 3-38

7. 试写出图3-39中各梁的剪力方程和弯矩方程，并绘制其剪力图和弯矩图。

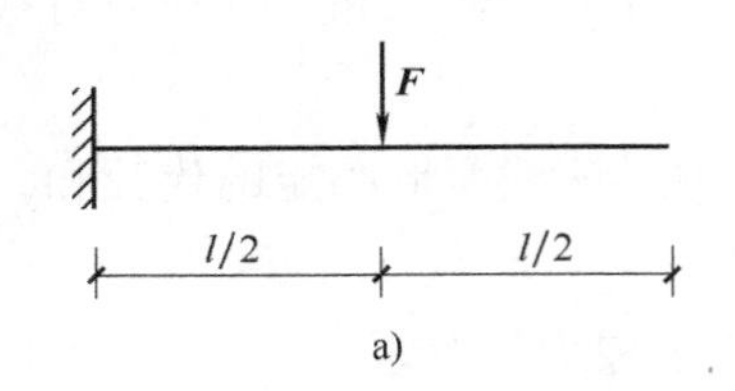

a)

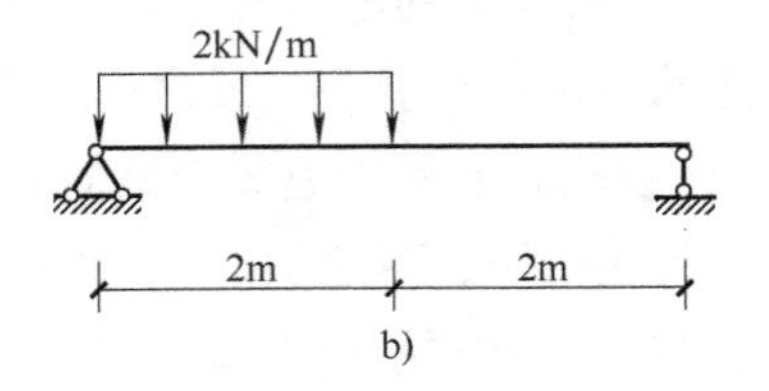

b)

图 3-39

自我测试

一、判断题（每题4分，共20分）

1. 梁在集中力偶的作用处，剪力 F_S 图连续，弯矩 M 图有突变。（　　）

2. 在使用内力图特征绘制某受弯杆段的弯矩图时，必须先求出该杆段两端的弯矩。（　　）

3. 区段叠加法仅适用于弯矩图的绘制，不适用于剪力图的绘制。（　　）

4. 多跨静定梁在附属部分受竖向荷载作用时，必会引起基本部分的内力。（　　）

5. 最大弯矩或最小弯矩必定发生在集中力偶处。（　　）

二、选择题（每题5分，共20分）

1. 用一个假想截面把杆件切为左右两部分，则左右两部分截面上内力的关系是：左右两面内力大小相等，（　　）。

A. 方向相反，符号相反　　B. 方向相反，符号相同

C. 方向相同，符号相反　　D. 方向相同，符号相同

2. 梁在集中力偶作用的截面处，它的内力图为（　　）。

A. F_S 图有突变，M 图无变化　　B. F_S 图有突变，M 图有转折

C. M 图有突变，F_S 图无变化　　D. M 图有突变，F_S 图有转折

3. 梁在集中力作用的截面处，它的内力图为（　　）。

A. F_S 图有突变，M 图光滑连续　　B. F_S 图有突变，M 图有转折

C. M 图有突变，F_S 图光滑连续　　D. M 图有突变，F_S 图有转折

4. 若梁的剪力图和弯矩图分别如图3-40所示，则该图表明（　　）。

A. AB 段有均布载荷，BC 段无荷载

B. AB 段无载荷，B 截面处有向上的集中力，BC 段有向下的均布荷载

C. AB 段无载荷，B 截面处有向下的集中力，BC 段有向下的均布荷载

D. AB 段无载荷，B 截面处有顺时针的集中力偶，BC 段有向下的均布荷载

A ⊕ B ⊖ C

a) 剪力图

A ⊖ B C

b) 弯矩图

图 3-40

三、计算题（每题20分，共60分）

1. 传动轴如图3-41所示，主动轮B输入的功率为$P_B=10.5\text{kW}$，从动轮A和C输出的功率分别为$P_A=4\text{kW}$、$P_C=6.5\text{kW}$，轴的转速$n=680\text{r/min}$，试画出轴的扭矩图。

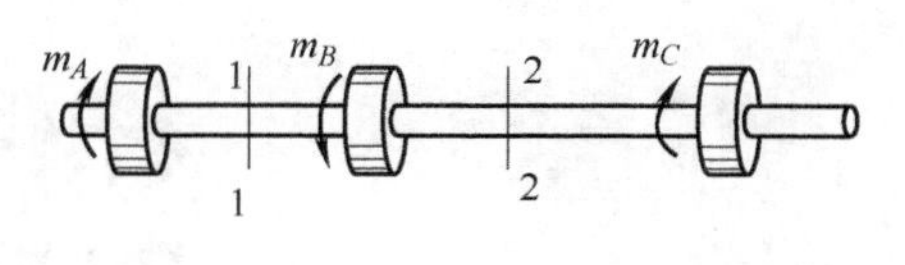

图 3-41

2. 作图3-42所示梁的弯矩图。

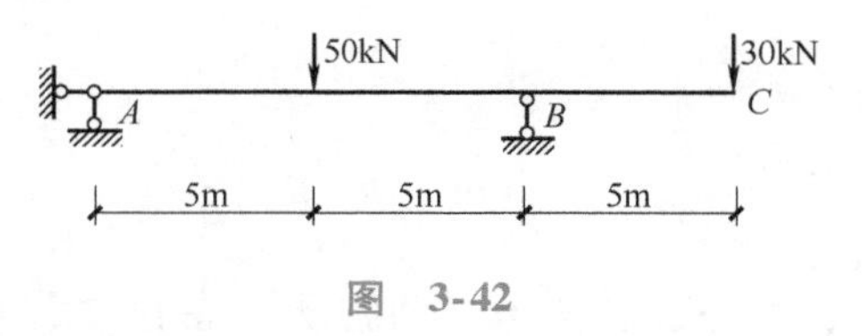

图 3-42

3. 作图3-43所示梁的剪力图和弯矩图。

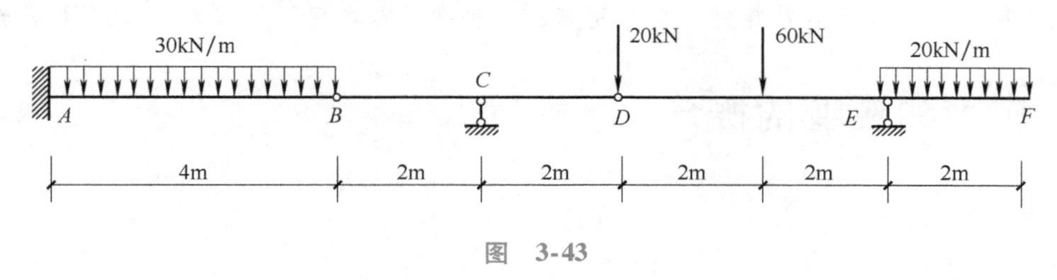

图 3-43

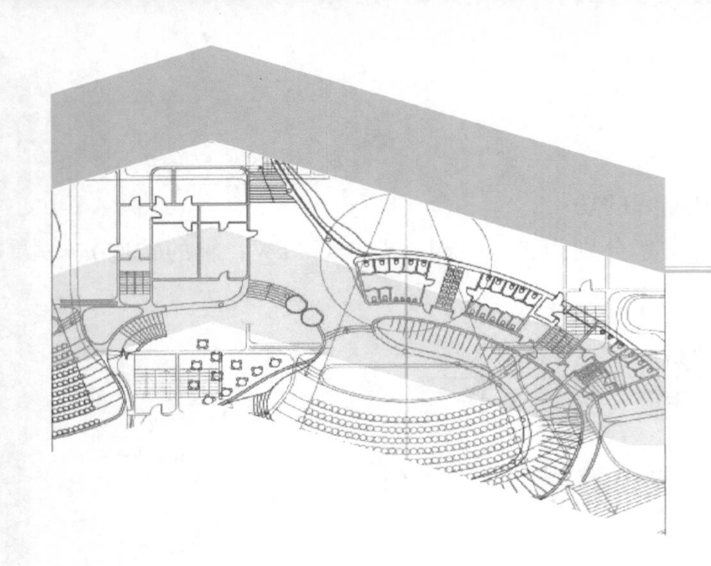

模块4

杆件的强度与刚度

内容提要

本模块主要介绍了应力、应变、正应力、切应力、正应变、切应变等概念；胡克定律、剪切胡克定律、切应力互等定理等应力和应变的关系及应力和应力的关系；基本变形的构件横截面上的应力分布情况以及构件的变形特点；各种常见基本变形的应力和变形计算方法。

4.1 应力和应变的概念

4.1.1 应力的概念

1. 应力的概念

材料发生变形时，其内部产生了大小相等但方向相反的反作用力抵抗外力，定义单位面积上的这种反作用力为应力（Stress）；或物体由于外因（受力、湿度变化等）而变形时，在物体内各部分之间产生相互作用的内力以抵抗这种外因的作用，并力图使物体从变形后的位置回复到变形前的位置，在所考察的截面某一点单位面积上的内力称为应力（Stress）。

材料内部的应力，是材料受到内力作用而产生的，材料内力的产生是因为受到外界的作用。内力是构件内部某截面上相连两部分之间的相互作用力，是截面上连续分布内力合成的结果。构件的失效或破坏，不仅与截面上的总内力有关，而且与截面上内力分布的密集程度（简称集度）有关。例如，两根材料相同而截面粗细不同的杆件，在相同的轴向拉力作用下，虽然两杆横截面上的内力相同，但两杆的危险程度却不同，显然细杆比粗杆危险，容易拉断，因为细杆的内力分布密集程度比粗杆大。

为了分析方便，如图4-1a所示，围绕截面上任意一点 E 取一微小面积 ΔA，作用在微小面积 ΔA 上的合内力为 $\Delta \boldsymbol{F}$，则两者的比值称为 ΔA 上的平均应力，即

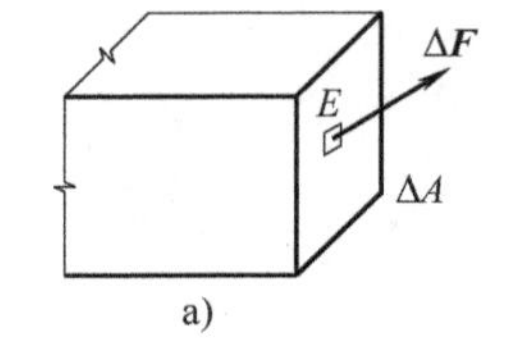

a)

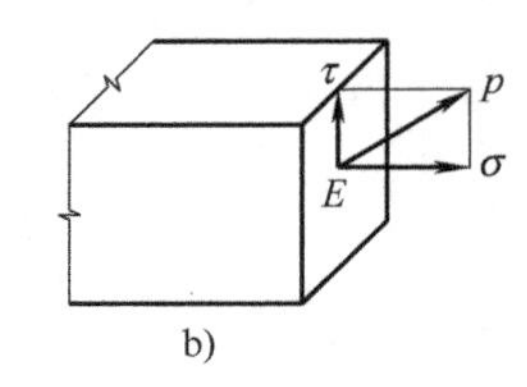

b)

图 4-1

$$p_{\mathrm{m}}=\frac{\Delta F}{\Delta A}$$

平均应力 p_m 不能精确地表示 E 点处的内力分布集度。当 ΔA 无限趋于零时，平均应力 p_m 的极限值才能表示 E 点处的内力集度，即

$$p=\lim_{\Delta A\to 0}\frac{\Delta F}{\Delta A} \tag{4-1}$$

式（4-1）中 p 称为 E 点处的应力。

2. 正应力和切应力

通常将应力分解为与截面垂直的法向分量 σ 和与截面相切的切向分量 τ（图 4-1b）。垂直于截面的法向分量 σ 称为 E 点的正应力（或法向应力）；相切于截面的切向分量 τ 称为 E 点的切应力（或剪应力）。

规定正应力以拉力为正值，压力为负值；切应力则以绕研究对象产生顺时针转动趋势时为正值，逆时针转动趋势时为负值。

3. 应力的单位

应力的单位为帕斯卡（简称帕，用 Pa 表示），$1\text{Pa}=1\text{N/m}^2$。工程实际中常采用兆帕（MPa）、吉帕（GPa）等单位。

$1\text{Pa}=1\text{N/m}^2$；$1\text{MPa}=10^6\text{Pa}=1\text{N/mm}^2$；$1\text{GPa}=10^9\text{Pa}$

4.1.2 变形与应变

构件受外力作用后，其几何形状和尺寸一般都要发生改变，这种改变称为变形。变形的大小用位移和应变这两个量来度量。位移是指位置改变量的大小，分为线位移和角位移；应变是指一点变形程度的大小，分为线应变（或正应变）和切应变（或角应变、剪应变）。

1. 正应变

围绕构件内的任意点截取一微小的正六面体（图 4-2a），这种正六面体称为单元体。一般情况下单元体的各个面上均有应力。单元体沿着正应力方向和垂直于正应力方向产生了伸长和缩短，这种变形称为线应变（图 4-2a）。反映弹性体在各点处线应变程度的量，称为正应变（或线应变），用 ε 表示，其表达式为

$$\varepsilon=\frac{\mathrm{d}u}{\mathrm{d}x} \tag{4-2}$$

式中，ε 表示单元体受力后相距 $\mathrm{d}x$ 的两截面沿正应力方向的相对位移。规定 ε 以拉应变为正，压应变为负。ε 为无量纲的量。

2. 切应变

如图 4-2b 所示，与切应力相应，单元体发生了剪切变形，剪切变形程度用单元体直角的改变量来度量。单元体直角的改变量称为切应变，用 γ 表示。在图 4-2b 中，$\gamma=\alpha+\beta$。γ 的单位为弧度（rad）。

3. 切应力互等定理

在图 4-3 所示单元体的 $cc'd'd$ 面上，有垂直于 dd' 棱边的切应力 τ。由单元体的平衡可知，$a'add'$ 面上有垂直于 dd' 棱边的切应力 τ'。

由平衡方程$\sum m_z=0$得

$$(\tau\cdot t\mathrm{d}y)\cdot\mathrm{d}x=(\tau'\cdot t\mathrm{d}x)\cdot\mathrm{d}y$$

$$\tau=\tau' \tag{4-3}$$

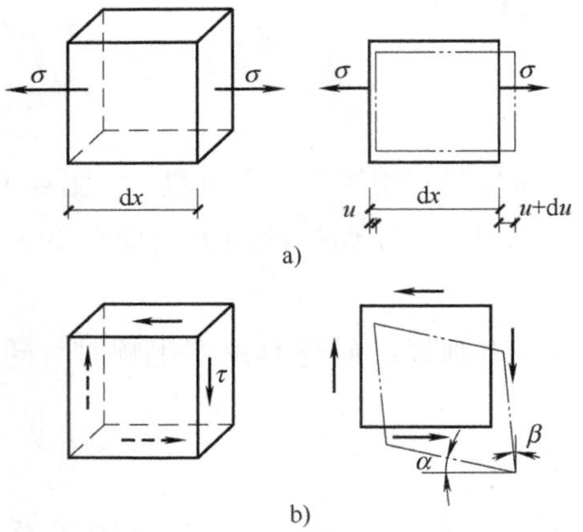

图 4-2

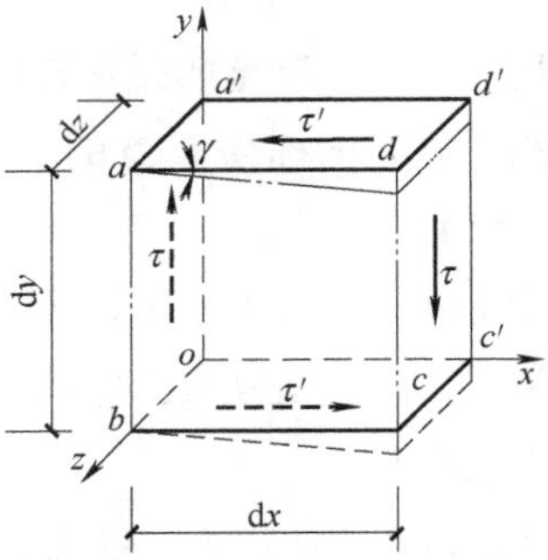

图 4-3

这就表明，在单元体互相垂直的两个平面上，切应力必然成对存在，且数值相等；两者都垂直于两平面的交线，其方向则共同指向或共同背离两平面的交线，这种关系称切应力互等定理。该定理具有普遍性，不仅对只有切应力的单元体成立，对同时有正应力作用的单元体也成立。

单元体上只有切应力而无正应力的情况称为纯剪切应力状态。

4.2 轴向荷载作用下材料的力学性能

4.2.1 材料的轴向拉伸试验

材料的力学性能是指材料在外力作用下其强度和变形性能方面的特性，它是解决强度、刚度和稳定性问题不可缺少的依据。材料的力学性能是通过试验来测定的。在常温情况下，可将材料分为塑性材料和脆性材料，低碳钢是典型的塑性材料，铸铁是典型的脆性材料，因此它们的试验及其所反映出的力学性能对这两类材料来说具有代表性。试验的种类很多，具有代表性的试验是常温静载下低碳钢的轴向拉伸压缩试验。

1. 标准试样

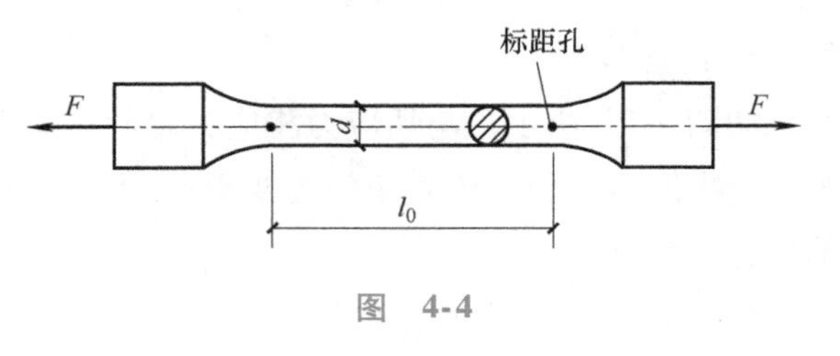

图 4-4

为了便于比较不同材料的试验结果，将试验材料制成国家标准规定的标准试件，如图4-4所示。标准试件中间部分是工作长度l_0，称为标距。规定标准试件的标距l_0与横截面面积A_0的关系为$l_0=11.3\sqrt{A_0}$或$l_0=5.65\sqrt{A_0}$。圆形截面试件的标距l_0与横截面面积A_0的关系为$l_0=10d$或$l_0=5d$，d为试件直径。

2. 试验设备与拉伸试验步骤

试验在万能材料试验机上进行。把试件装夹到试验机上，试验机对试件施加荷载，使试件产生变形甚至破坏。

具体试验步骤如下：

1）准备试件。用刻线机在原始标距范围内刻划圆周线（或用小钢冲打小冲点），将标距分为等长的10格。用游标卡尺在试件原始标距内的两端及中间处两个相互垂直的方向上各测一次直径，取其算术平均值作为该处截面的直径，然后选用三处截面直径的最小值来计算试件的原始横截面面积 A（取三位有效数字）。

2）调整试验机。根据低碳钢的抗拉强度 σ_b 和原始横截面面积估算试件的最大荷载，配置相应的摆锤，选择合适的测力度盘。开动试验机，使工作台上升10mm左右，以消除工作台系统自重的影响。调整主动指针对准零点，从动指针与主动指针靠拢，调整好自动绘图装置。

3）装夹试件。先将试件装夹在上夹头内，再将下夹头移动到合适的夹持位置，最后夹紧试件下端。

4）检查与试车。开动试验机，预加少量荷载（荷载对应的应力不能超过材料的比例极限），然后卸载到零，以检查试验机工作是否正常。

5）进行试验。开动试验机，缓慢而均匀地加载，仔细观察测力指针转动和绘图装置绘图的情况。注意捕捉屈服荷载值，将其记录下来用以计算屈服点应力值 σ_s（屈服阶段注意观察滑移现象）。过了屈服阶段，加载速度可以快些，将要达到最大值时，注意观察“缩颈”现象。试件断后立即停车，记录最大荷载值。

6）取下试件和记录纸。

7）用游标卡尺测量断后标距。

8）用游标卡尺测量缩颈处最小直径 d_1。

3. 拉伸试验的四个阶段

根据试验过程，由试验可测出每一力 F 值相对应的在标距长度内的变形量 Δl。取纵坐标表示拉力 F，横坐标表示伸长量 Δl，可绘出 F 与 Δl 的关系曲线，称为拉伸图，如图4-5a所示。拉伸图一般可由试验机上的自动绘图装置直接绘出。由于 Δl 与试件原长和横截面面积 A 有关，因此，即使是同一材料，试件尺寸不同时其拉伸图也不同。为了消除尺寸影响，可将纵坐标以应力 $\sigma=F/A$（A 为试件变形前的横截面面积）表示，横坐标以应变 $\varepsilon=\dfrac{\Delta l}{l}$（$l$ 为试件变形前的标距长度）表示，画出的曲线称为应力-应变图（或 σ-ε 曲线），如图4-5b所示。应力-应变图的形状与拉伸图相似。从 σ-ε 曲线可以看出，低碳钢的拉伸过程可分为以下四个阶段。

（1）弹性阶段（Ob 段）

Oa 段为直线段，a 点对应的应力称为比例极限，用 σ_p 表示。此阶段内，正应力和正应变成线性正比关系，即遵循胡克定律 $\sigma=E\varepsilon$。设直线的斜角为 α，则直线 Oa 的斜率即为材料的弹性模量 E（E 为与材料有关的比例常数，随材料不同而异），即

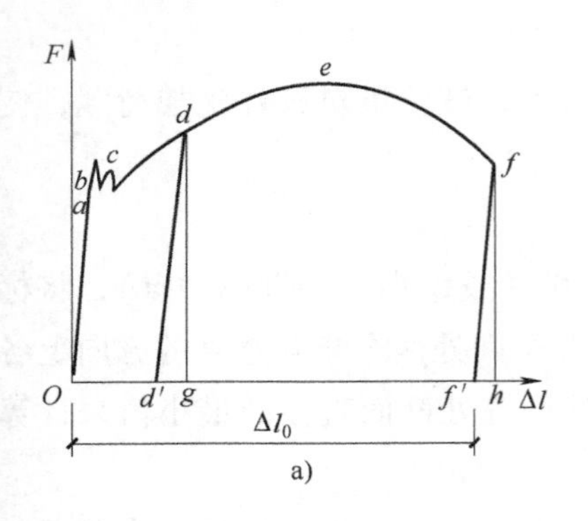

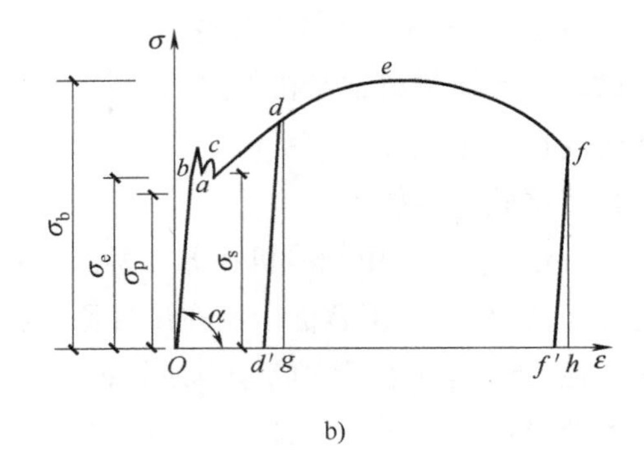

图 4-5

$$E=\frac{\sigma}{\varepsilon}=\tan\alpha \tag{4-4}$$

过 a 点后，图线 ab 微弯，但只要应力不超过 b 点所对应的应力值，材料的变形仍然是弹性变形，即卸载后变形将全部消失。b 点所对应的应力值称为弹性极限，用 σ_e 表示。弹性极限与比例极限非常接近，虽然物理意义不同，但是二者数值非常接近，工程上不严格区分。

（2）屈服阶段（bc 段）

当应力超过弹性极限后，应变增加得很快，但应力仅在一微小范围波动，这时应力基本不变，应变不断增加，材料失去继续抵抗变形的能力，从而明显地产生塑性变形，此阶段材料发生屈服现象。试样发生屈服而应力首次下降前的最高应力，称为上屈服极限；在屈服期间，不计初始瞬时效应时的最低应力值称为下屈服极限。工程上常将下屈服极限作为材料的屈服极限，用 σ_s 表示。材料屈服时，在光滑试件表面可以观察到与轴线成45°倾角的条纹，称为滑移线（图4-6）。滑移线是由于材料晶格发生相对滑移所造成的，它使材料产生显著的塑性变形，影响材料的正常使用。所以屈服极限 σ_s 是衡量材料强度的重要指标。

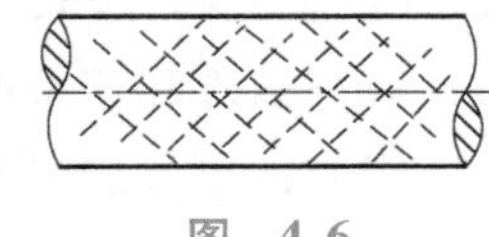

图 4-6

（3）强化阶段（ce 段）

经过屈服阶段晶格重组后，材料又增加了抵抗变形的能力。要使试件继续伸长就必须再增加拉力，σ-ε 曲线表现为上升阶段，这个阶段称为强化阶段。曲线最高点 e 处的应力，称为强度极限，用 σ_b 表示，代表材料破坏前能承受的最大应力，所以 σ_b 是衡量材料强度的重要指标。

在强化阶段某一点 d 处缓慢卸载，则试样的 σ-ε 曲线会沿着 dd' 回到 d' 点，从图4-5上观察直线 dd' 近似平行于直线 Oa。图中 $d'g$ 表示可以恢复的弹性变形，Od' 表示不可以恢复的塑性变形。如果卸载后重新加载，则 σ-ε 曲线基本上沿着 dd' 线上升到 d 点，然后仍按原来的 σ-ε 曲线变化，直至断裂。低碳钢经过预加载后（即从开始加载到强化阶段再卸载），材料的弹性强度提高，而塑性降低的现象称为冷作硬化。工程上常用冷作硬化来提高某些材料在弹性范围内的承载能力，如建筑构件中的钢筋、起重机的钢缆绳等，一般都要做预拉处理。材料经过冷作硬化后塑性降低，可以通过退火处理来消除这一现象。

(4) 缩颈阶段(ef 段)

当应力增大到 σ_b 以后,即过 e 点后,试样变形集中到某一局部区域,由于该区域横截面的收缩,形成了图 4-7 所示的“缩颈”现象。因局部横截面的收缩,试样再继续变形,所需的拉力逐渐减小,曲线自 e 点后下降,最后在“缩颈”处被拉断。

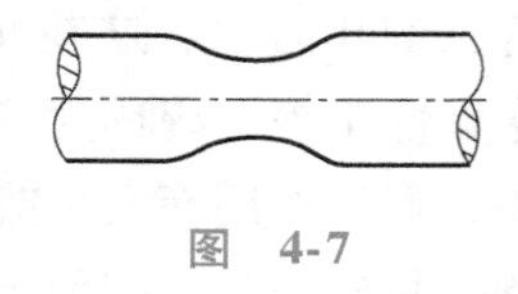

图 4-7

4.2.2 材料的力学性能指标

低碳钢的拉伸试验明显地表现出不同的变形阶段,显示出材料的性能指标。材料的力学性能指标分为三个方面。

1. 弹性指标

弹性模量 E:反映材料抵抗拉伸压缩弹性变形的能力。

剪切弹性模量 G:反映材料抵抗剪切弹性变形的能力。

泊松比 ν:反映材料拉伸压缩弹性变形时横向线应变与纵向线应变的比值。

三者之间的关系为

$$G=\frac{E}{2(1+\nu)} \tag{4-5}$$

2. 塑性指标

(1) 延伸率 δ

$$\delta=\frac{l_1-l}{l}\times100\% \tag{4-6}$$

式中,l 为试验前试样的标距;l_1 为试样断裂后,标距变化后的长度。

低碳钢的延伸率为 26% ~ 30%。工程上常按延伸率将材料分为两大类:$\delta\geqslant5\%$ 的材料称为塑性材料,如钢、铜、铝等材料;$\delta<5\%$ 的材料称为脆性材料,如灰铸铁、玻璃、陶瓷、混凝土等。

(2) 截面收缩率 ψ

$$\psi=\frac{A_1-A}{A}\times100\% \tag{4-7}$$

式中,A 为试验前试样的横截面面积;A_1 为断裂后断口处的横截面面积。

低碳钢的截面收缩率约为 50% ~ 60%。

试件拉断后,由于弹性变形自动消失,只保留了塑性变形。在拉伸试验中,可以测得表示材料塑性变形能力的两个指标:延伸率 δ 和截面收缩率 ψ。

3. 强度指标

在工程中,代表材料强度性能的主要指标是屈服极限 σ_s 和强度极限 σ_b。

1) 屈服极限 σ_s 塑性材料在屈服时产生显著的塑性变形,一般以 σ_s 为失效的指标。

2) 强度极限 σ_b 脆性材料具有较强的抵抗分子滑移的能力,在达到使分子滑移之前,材料首先断裂,以 σ_b 为失效的指标。

4.3 平面图形的几何性质

受力构件的承载能力,不仅与材料性能和加载方式有关,而且与构件横截面的几何形状和尺寸有关。在研究构件的强度、刚度和稳定性问题时，都要涉及一些与横截面形状和尺寸有关的几何量。这些几何量主要包括形心、静矩、惯性矩、惯性半径、极惯性矩、惯性积、主惯性矩等，统称为“截面图形的几何性质”。这些性质是由构件自身的因素决定的，不会因为外界的作用而发生改变，因此，研究这些几何性质时，不需考虑研究对象的物理和力学因素，只作为几何问题来处理。

1. 重心和形心

整个物体所受重力的作用线总是通过一个确定点，该点称为物体的重心。重心是重要的力学概念，研究重心的位置及其计算方法在工程中有着重要的实际意义。例如，挡土墙、水坝、起重机的平衡和稳定与重心位置有关，施工中大型构件吊装时必须计算其重心位置，高速旋转的机器零部件的重心位置直接影响转动所产生的附加动荷载等。

对于均质物体而言，物体的重心就是其几何重心，称为形心。对均质物体来说，重心和形心是重合的。

对均质等厚薄板，如图 4-8 所示，取对称面为坐标轴面 yOz，用 δ 表示其厚度，A_i表示微体积的面积，将微体积 $V_i = \delta A_i$ 及 $V = \delta A$ 代入式（4-8），可得重心（平面图形的形心）坐标公式，即

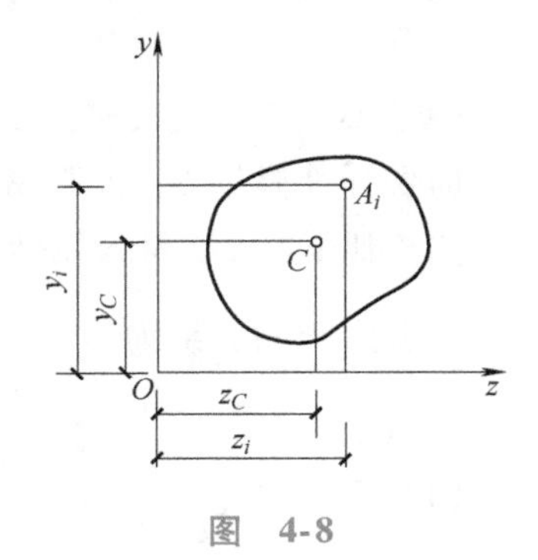

图 4-8

$$\begin{cases} y_C = \dfrac{\sum A_i y_i}{A} \\ z_C = \dfrac{\sum A_i z_i}{A} \end{cases} \tag{4-8}$$

形心就是根据物体的几何形状所确定的几何重心。平面图形的形心计算有以下三种方法：

（1）对称法

当平面图形具有对称中心时，对称中心就是形心。如有两个对称轴，形心就在对称轴的交点上，如图 4-9a 所示。如有一个对称轴，其形心一定在对称轴上，具体位置必须经过计算才能确定，如图 4-9b 所示。

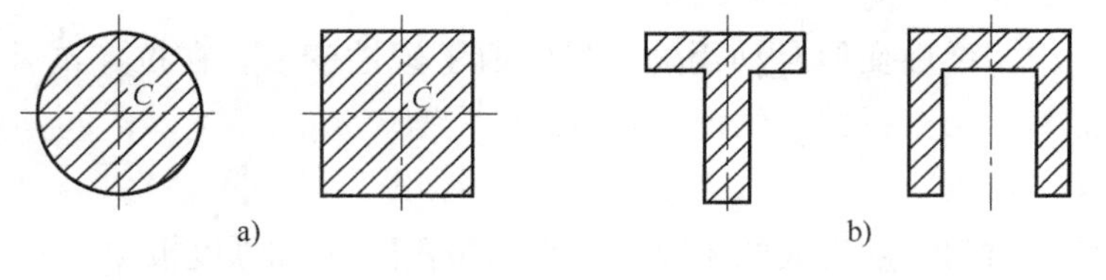

图 4-9

（2）分割法

工程实际中，有些物体往往都是由若干个简单基本图形组合而成的，在计算形心时，可先将其分割为几个简单图形，然后按式（4-8）求得其形心坐标，这时式（4-8）中的 A_i为所分割的简单图形的面积，而 z_i、y_i为其相应的形心坐标，这种方法称为分割法。

（3）负面积法

有些图形可看成是从某个简单图形中挖去一个或几个简单图形而成，此时，仍可用分割

法求其形心坐标，但要将挖去的面积用负面积表示。

【例4-1】 试求图4-10所示L形截面的形心坐标。

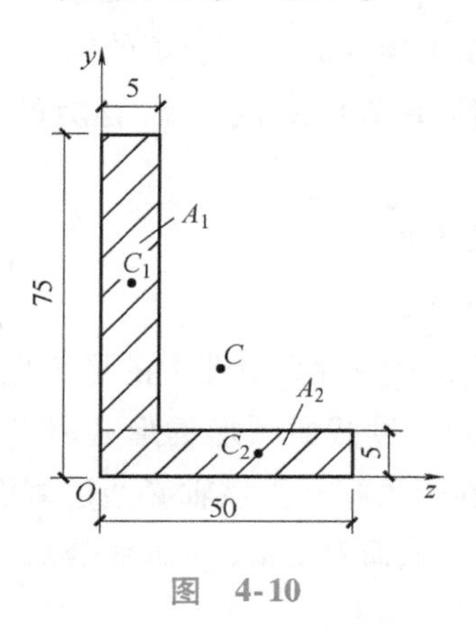

图 4-10

解：将平面图形分割为两个矩形，如图4-10所示，每个矩形的面积及形心坐标分别为

$$A_1=70\times5\text{mm}^2=350\text{mm}^2 \qquad z_1=\frac{5\text{mm}}{2}=2.5\text{mm} \qquad y_1=\frac{70\text{mm}}{2}+5\text{mm}=40\text{mm}$$

$$A_2=50\times5\text{mm}^2=250\text{mm}^2 \qquad z_2=\frac{50\text{mm}}{2}=25\text{mm} \qquad y_2=\frac{5\text{mm}}{2}=2.5\text{mm}$$

代入形心坐标公式可得

$$z_C=\frac{\sum A_iz_i}{A}=\frac{A_1z_1+A_2z_2}{A_1+A_2}=\frac{350\times2.5+250\times25}{350+250}\text{mm}=11.9\text{mm}$$

$$y_C=\frac{\sum A_iy_i}{A}=\frac{A_1y_1+A_2y_2}{A_1+A_2}=\frac{350\times40+250\times2.5}{350+250}\text{mm}=24.4\text{mm}$$

【例题点评】在用分割法进行形心计算时，可以有不同的分割方法，但结果是一样的。在实际计算过程中，分割方法的选择应以计算方便为原则。

2. 静矩

图4-11所示的平面图形代表任一截面，其面积为A。在图形内任取一微面积dA，其坐标为（y，z），乘积$z\mathrm{d}A$和$y\mathrm{d}A$分别称为微面积对y轴、z轴的面积矩或静矩，分别用S_y、S_z表示，即

$$\begin{cases}S_y=\int_A z\mathrm{d}A\\ S_z=\int_A y\mathrm{d}A\end{cases} \tag{4-9}$$

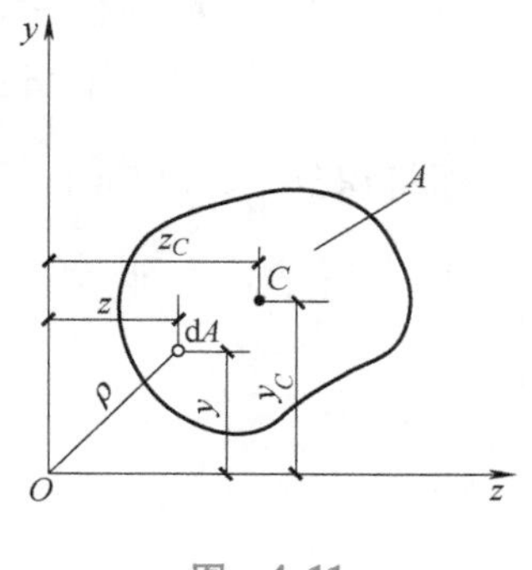

图 4-11

静矩是对一定轴而言的，同一截面对不同坐标轴的静矩是不同的。从式（4-9）可以看出，静矩可为正值，可为负值，也可为零，其常用单位为m³或mm³。

如图4-12所示简单平面图形的面积A与其形心坐标y_C（或z_C）的乘积，称为简单图形对z轴或y轴的静矩，即

$$\begin{cases} S_z = Ay_C \\ S_y = Az_C \end{cases}$$

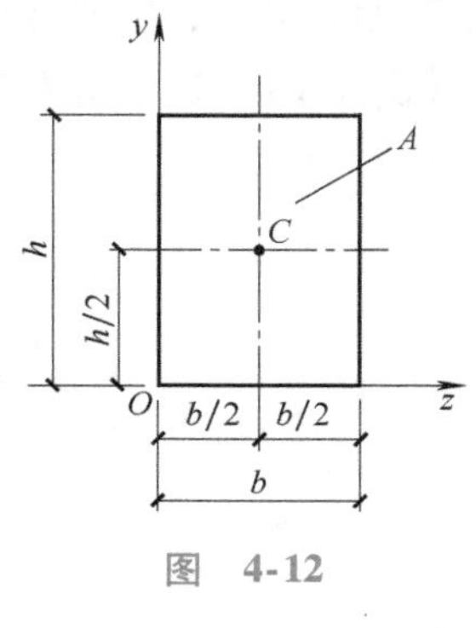

图 4-12

当平面图形是由若干个简单图形组成时，由静矩的定义可知，组合图形对某轴的静矩等于各简单图形对同一轴静矩的代数和，即

$$\begin{cases} S_z = \sum A_i y_{C_i} \\ S_y = \sum A_i z_{C_i} \end{cases} \tag{4-10}$$

式中，A_i为各简单图形的面积；y_C，z_C为各简单图形的形心坐标。

由式（4-10）可知，当坐标轴通过截面图形的形心时，其静矩为零；反之，若截面对某轴的静矩为零，则该轴必通过截面的形心。

【例 4-2】 试计算图 4-13 所示截面对 z 轴、y 轴的静矩。

解： 将截面分割成两个矩形，其面积分别是

$$A_1 = 60 \times 270\text{mm}^2 = 16200\text{mm}^2$$

$$A_2 = 30 \times 400\text{mm}^2 = 12000\text{mm}^2$$

矩形形心的 y 坐标为

$$y_{C_1} = 165\text{mm}，y_{C_2} = 15\text{mm}$$

代入静矩公式计算可得

$$S_z = A_1 y_{C_1} + A_2 y_{C_2} = 16200 \times 165\text{mm}^3 + 12000 \times 15\text{mm}^3 = 2853000\text{mm}^3$$

因为 y 轴是对称轴且通过截面形心，所以 $S_y = 0$。

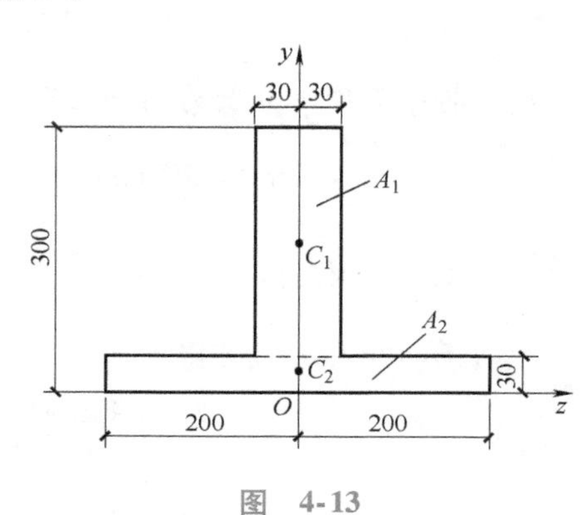

图 4-13

【例题点评】 计算静矩时，要充分掌握其概念，当某轴是对称轴，并且通过截面形心时，其静矩为 0。

3. 惯性矩

在图 4-14 所示的任意截面图形内任取一微面积 $\mathrm{d}A$，其坐标为 (y, z)，将乘积 $z^2\mathrm{d}A$ 和 $y^2\mathrm{d}A$ 分别称为微面积 $\mathrm{d}A$ 对 y 轴、z 轴的惯性矩，而将积分 $\int_A y^2\mathrm{d}A$ 和 $\int_A z^2\mathrm{d}A$ 分别称为整个截面对 z 轴和 y 轴的惯性矩，用 I_y、I_z表示，即

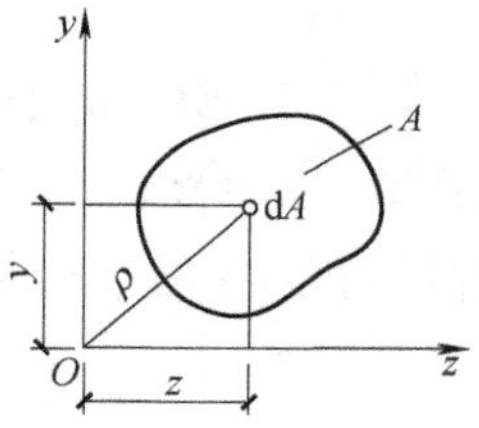

$$\begin{cases} I_y = \int_A z^2 \mathrm{d}A \\ I_z = \int_A y^2 \mathrm{d}A \end{cases} \tag{4-11}$$

图 4-14

由于 y^2、z^2 总是正值，所以惯性矩也恒为正值。其量纲为长度的四次方，单位为 m^4 或 mm^4。

工程上为方便起见，经常把惯性矩写成图形面积与某一长度平方的乘积，即

$$\begin{cases} I_y = Ai_y^2 \\ I_z = Ai_z^2 \end{cases} \tag{4-12}$$

或改写为

$$\begin{cases} i_y = \sqrt{\dfrac{I_y}{A}} \\ i_z = \sqrt{\dfrac{I_z}{A}} \end{cases} \tag{4-13}$$

式中，i_y、i_z分别为图形对 y 轴和 z 轴的惯性半径，其量纲为长度。

4. 简单图形的惯性矩

（1）矩形截面的惯性矩

矩形截面高度为 h，宽度为 b，取 y 轴和 z 轴为截面形心轴，且平行于矩形两边。通过计算可得矩形截面对 z 轴的惯性矩为

$$I_z = \int_A y^2 \mathrm{d}A = \int_{-\frac{h}{2}}^{\frac{h}{2}} by^2 \mathrm{d}y = \frac{bh^3}{12} \tag{4-14}$$

同理，矩形截面对 y 轴的惯性矩为

$$I_y = \frac{hb^3}{12} \tag{4-15}$$

（2）圆形的惯性矩

设圆形截面的半径为 R，直径为 D，取 y 轴和 z 轴为截面形心轴，计算可得

$$I_z = \int_A y^2 \mathrm{d}A = 2\int_{-R}^{R} y^2 \sqrt{R^2 - y^2}\mathrm{d}y = \frac{\pi R^4}{4} = \frac{\pi D^4}{64} \tag{4-16}$$

由于轴对称性，有

$$I_z = I_y = \frac{\pi D^4}{64} \tag{4-17}$$

对于外径为 D、内径为 d 的空心圆截面，则有

$$I_z = I_y = \frac{\pi}{64}(D^4 - d^4) \tag{4-18}$$

型钢惯性矩可以直接查表4-1获得。

表4-1 简单截面形状常用几何特征值

图　形	形心位置	形心轴惯性矩	抗弯截面模量
b h C z y	$\bar{y} = \frac{1}{2}h$	$I_z = \frac{1}{12}bh^3$	$W_z = \frac{1}{6}bh^2$
D C z y	圆心	$I_z = \frac{\pi}{64}D^4$	$W_z = \frac{\pi}{32}D^3$

（续）

图　　形	形 心 位 置	形心轴惯性矩	抗弯截面模量
	圆心	$I_z=\frac{\pi}{64}(D^4-d^4)$ $=\frac{\pi}{64}D^4(1-a^4)$ $a=\frac{d}{D}$	$W_z=\frac{\pi}{32}D^3(1-a^4)$ $a=\frac{d}{D}$

5. 惯性矩平行移轴定理

同一平面图形对于平行的两对不同坐标轴的惯性矩或惯性积虽然不同，但当其中一对坐标轴是图形的形心轴时，它们之间却存在着一定的关系。下面推导这种关系的表达式。

设平面图形的面积为 A，图形形心 C 在任一坐标系 yOz 中的坐标值为 b、a，y_C轴、z_C轴为图形的形心轴并分别与 y 轴、z 轴平行。取微面积 $\mathrm{d}A$，其在两坐标系中的坐标值分别为 b、a 及 y_C、z_C，由图 4-15 可得

$$\begin{cases} y=y_C+a \\ z=z_C+b \end{cases}$$

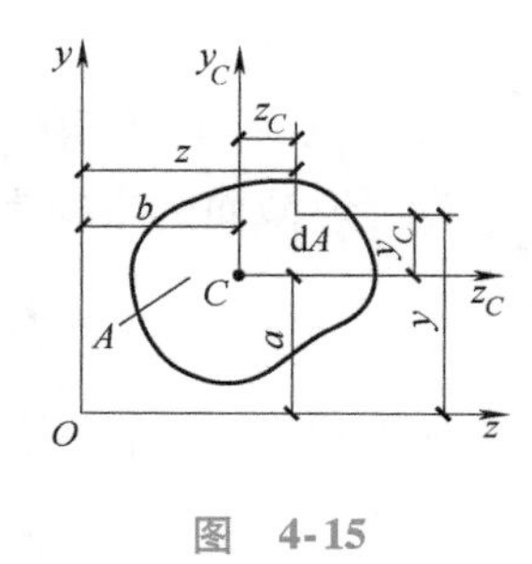

图　4-15

平面图形对形心轴 y_C、z_C的惯性矩及惯性积为

$$\begin{cases} I_{y_C}=\int_A z_C{}^2\mathrm{d}A \\ I_{z_C}=\int_A y_C{}^2\mathrm{d}A \\ I_{y_Cz_C}=\int_A y_Cz_C\mathrm{d}A \end{cases}$$

平面图形对 y 轴、z 轴的惯性矩及惯性积为

$$\begin{cases} I_y=\int_A z^2\mathrm{d}A=\int_A (z_C+b)^2\mathrm{d}A=\int_A z_C{}^2\mathrm{d}A+2b\int_A z_C\mathrm{d}A+b^2\int_A\mathrm{d}A \\ I_z=\int_A y^2\mathrm{d}A=\int_A (y_C+a)^2\mathrm{d}A=\int_A y_C{}^2\mathrm{d}A+2a\int_A y_C\mathrm{d}A+a^2\int_A\mathrm{d}A \\ I_{yz}=\int_A yz\mathrm{d}A=\int_A (y_C+a)(z_C+b)\mathrm{d}A=\int_A y_Cz_C\mathrm{d}A+b\int_A y_C\mathrm{d}A+a\int_A z_C\mathrm{d}A+ab\int_A\mathrm{d}A \end{cases}$$

上三式中的 $\int_A z_C\mathrm{d}A$ 及 $\int_A y_C\mathrm{d}A$ 分别为图形对形心轴 y_C和 z_C的静矩，其值等于零，$\int_A\mathrm{d}A=A$，则上三式简化为

$$\begin{cases} I_y=I_{y_C}+b^2A \\ I_z=I_{z_C}+a^2A \\ I_{yz}=I_{y_Cz_C}+abA \end{cases} \tag{4-19}$$

式（4-19）即为惯性矩和惯性积的平行移轴公式。在使用这一公式时，要注意到 b 和 a 是图形的形心在 yOz 坐标系中的坐标，所以它们是有正负的。利用平行移轴公式可使惯性矩和惯性积的计算得到简化。

【例4-3】 试计算图4-16所示T形截面对形心轴的惯性矩的I_{z_C}。

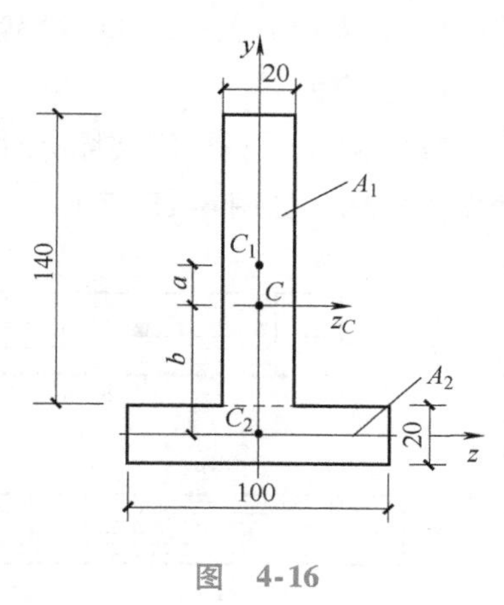

图 4-16

解： 1）确定截面形心的位置。把图形看作由两个矩形组成，如图4-16所示。因为y轴是对称轴，所以$z_C=0$。为了确定y_C，取通过下部矩形的形心且平行于底边的参考轴为z轴，则有

$$A_1=140\times20\text{mm}^2=2800\text{mm}^2$$

$$A_2=100\times20\text{mm}^2=2000\text{mm}^2$$

$$y_C=\frac{y_1A_1+y_2A_2}{A_1+A_2}=\frac{80\times2800+0\times2000}{2800+2000}\text{mm}=46.67\text{mm}$$

2）使用平行移轴公式，分别计算两个矩形对z_C轴的惯性矩。由题意得知

$$a=(80-46.67)\text{mm}=33.33\text{mm}\qquad b=46.67\text{mm}$$

$$I_{z_{C_1}}=I_{z_1}+a^2A_1=\left(\frac{1}{12}\times20\times140^3+33.33^2\times2800\right)\text{mm}^4=7.68\times10^6\text{mm}^4$$

$$I_{z_{C_2}}=I_{z_2}+b^2A_2=\left(\frac{1}{12}\times100\times20^3+46.67^2\times2000\right)\text{mm}^4=4.43\times10^6\text{mm}^4$$

3）求整个截面的惯性矩。

$$I_{z_C}=I_{z_{C_1}}+I_{z_{C_2}}=(7.68\times10^6+4.43\times10^6)\text{mm}^4=12.11\times10^6\text{mm}^4$$

【例题点评】 对于形心不能直接得出的几何截面，首先要通过计算找出形心，然后再结合平行移轴公式进行各部分的惯性矩计算，最后将各惯性矩相加。

4.4 轴向拉（压）杆件的承载能力计算

4.4.1 轴向拉（压）杆件横截面上的应力

轴向拉（压）杆件的截面上主要有正应力和切应力，其中正应力出现在杆件的横截面上，切应力出现在杆件的斜截面上。

1. 正应力

在一横截面积为A的直杆（可用等截面的圆形橡胶棒）表面绘制一系列直线，这些直线平行于杆轴或垂直于杆轴，形成大小相同的正方形小格（图4-17a），在受到轴向拉力F后正方形小格变成长方形小格，即横截面ab、cd平行移动到a_1b_1、c_1d_1（图4-17b），表明横截面上各点的变形是相同的，也就是说横截面上各点的应力是相同的。轴向拉（压）杆横截面上的正应力是在横截面上均匀分布的。

因此正应力计算公式为

$$\sigma=\frac{F_N}{A}\tag{4-20}$$

式中，F_N 为轴力，A 为杆的横截面面积。

2. 切应力

轴向拉（压）杆的破坏有时不沿着横截面，如铸铁压缩时会沿着大约与轴线成45°的斜截面发生破坏，如图4-18所示。

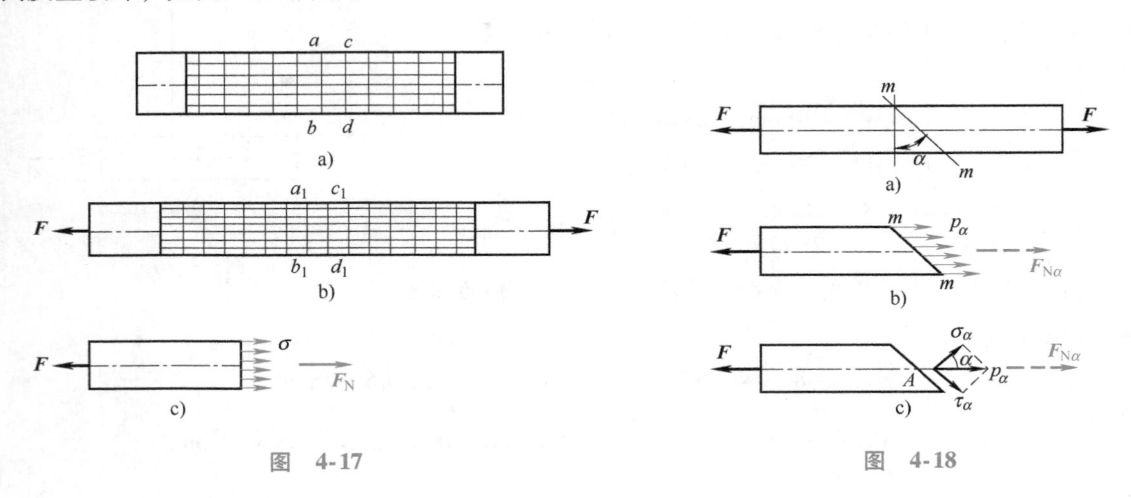

图 4-17

图 4-18

将杆件在 m-m 截面处截开，取左段为研究对象（图4-18b），则有

$$p_\alpha = \frac{F_{N\alpha}}{A_\alpha} = \frac{F}{A_\alpha}$$

从几何关系可知 $A_\alpha = \dfrac{A}{\cos\alpha}$，则有

$$p_\alpha = \frac{F}{A_\alpha} = \frac{F}{A}\cos\alpha$$

故得 $p_\alpha = \sigma\cos\alpha$

p_α 是斜截面任一点处的总应力，为研究方便，通常将 p_α 分解为垂直于斜截面的正应力 σ_α 和相切于斜截面的切应力 τ_α（图4-18c），即

$$\begin{cases} \sigma_\alpha = p_\alpha\cos\alpha = \sigma\cos^2\alpha \\ \tau_\alpha = p_\alpha\sin\alpha = \dfrac{\sigma}{2}\sin2\alpha \end{cases} \tag{4-21}$$

当 $\alpha = 0°$ 时，正应力达到最大值：$\sigma_{max} = \sigma$，由此可见，拉（压）杆的最大正应力发生在横截面上。

当 $\alpha = 45°$ 时，切应力达到最大值：$\tau_{max} = \dfrac{\sigma}{2}$，即拉（压）杆的最大切应力发生在与杆轴成45°的斜截面上。

当 $\alpha = 90°$ 时，$\sigma_\alpha = \tau_\alpha = 0$，表示在平行于杆轴线的纵向截面上无任何应力。

4.4.2 轴向拉（压）杆件的强度计算

为了保证轴向拉（压）杆的正常工作，必须使杆内的最大工作应力 σ_{max} 不超过材料在拉（压）时的许用应力 $[\sigma]$，即构件有足够的强度。

$$\sigma_{max}=\left(\frac{F_N}{A}\right)_{max}\leqslant[\sigma] \quad (4\text{-}22)$$

式（4-22）称为轴向拉（压）杆的强度条件。

应用强度条件，根据不同的工作要求可以进行以下三方面的强度计算。

1. 强度校核

当已知轴向拉（压）杆的截面尺寸、许用应力和所受的外力时，通过比较工作应力与许用应力的大小，以判断该杆在所受的外力作用下能否满足上述强度条件，构件能否安全工作。

2. 截面设计

如果已知轴向拉（压）杆所受的外力及所用材料的许用应力，根据强度条件可以确定该杆所需的横截面面积，从而进一步确定截面形状和尺寸。例如，对于等截面直杆，其所需的横截面面积为 $A\geqslant\frac{F_{N\,max}}{[\sigma]}$。

3. 确定许可荷载

如果已知轴向拉压杆的截面尺寸及所用材料的许用应力，根据强度条件可以确定该杆所能承受的最大轴力，即 $F_{Nmax}\geqslant A[\sigma]$。然后根据受力情况，由 F_{Nmax} 通过平衡条件确定结构所能承受的许可荷载。

在计算中，若工作应力不超过许用应力的5%，工程中仍然是允许的。

【例4-4】 如图4-19所示的铰接支架，AB 杆为直径 $d=12$mm 的圆钢，CB 杆为边长 $a=60$mm 的正方形截面木杆，$F=10$kN。材料允许强度为 $[\sigma]=125$MPa，试计算各杆横截面上的正应力并进行强度验算。

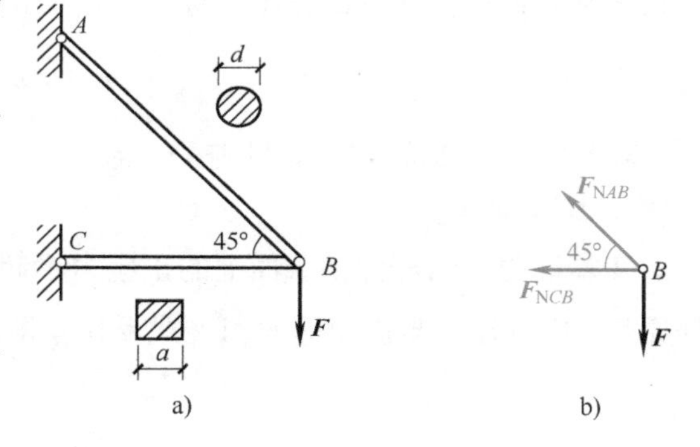

图 4-19

解：（1）计算各杆的轴力

取节点 B 为研究对象，杆件轴力均假设受拉（图4-19b）。由平衡条件得

$$\sum F_y=0 \qquad F_{NAB}\sin45°-F=0$$

$$F_{NAB}=\frac{F}{\sin45°}=\frac{10}{0.707}\text{kN}=14.1\text{kN}\ (拉)$$

$$\sum F_x=0 \qquad -F_{NCB}-F_{NAB}\cos45°=0$$

$$F_{NCB}=-F_{NAB}\cos45°=-14.1\times0.707\text{kN}=-10\text{kN}\ (压)$$

（2）计算各杆的正应力

$$\sigma_{AB}=\frac{F_{NAB}}{A_{AB}}=\frac{14100}{\frac{1}{4}\pi12^2}\text{N/mm}^2=124.7\text{N/mm}^2=124.7\text{MPa}\ (拉)$$

$$\sigma_{CB}=\frac{F_{NCB}}{A_{CB}}=\frac{-10000}{60\times60}\text{N/mm}^2=-2.8\text{N/mm}^2=-2.8\text{MPa}\ (压)$$

（3）强度验算

因为 $\sigma_{AB}=124.7\text{MPa}\leqslant[\sigma]=125\text{MPa}$，所以强度满足要求。

【例题点评】在进行强度验算时，需注意不是内力最大处应力就最大，应结合该处的截面形状和尺寸，同时还要考虑产生的应力是拉还是压，因为材料受拉、压时的性能是不一样的。

4.4.3 轴向拉伸和压缩时的变形——胡克定律

轴向拉伸（或压缩）时，杆件的变形主要表现为沿轴向的伸长（或缩短），即纵向变形。由实验可知，当杆沿轴向伸长（或缩短）时，其横向尺寸也会相应缩小（或增大），即产生垂直于轴线方向的横向变形。

1. 纵向变形

设一等截面直杆原长为 l，横截面面积为 A。在轴向拉力 F 的作用下，长度由 l 变为 l_1（图 4-20a）。杆件沿轴线方向的伸长量为

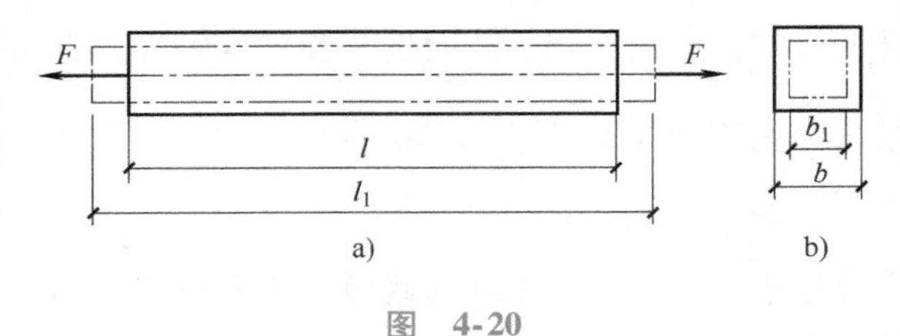

图 4-20

$$\Delta l = l_1 - l$$

拉伸时 Δl 为正，压缩时 Δl 为负。

杆件的伸长量与杆的原长有关，为了消除杆件长度的影响，将 Δl 除以 l，即以单位长度的伸长量来表征杆件变形的程度，称为线应变或相对变形，用 ε 表示，即

$$\varepsilon = \frac{\Delta l}{l} \tag{4-23}$$

ε 无量纲，其符号与 Δl 的符号一致。

2. 胡克定律

实验证明：当杆件横截面上的正应力不超过比例极限时，杆件的伸长量 Δl 与轴力 F_N 及杆原长 l 成正比，与横截面面积 A 成反比，即

$$\Delta l \propto \frac{F_N l}{A}$$

引入比例常数 E，则上式可写为

$$\Delta l = \frac{F_N l}{EA} \tag{4-24}$$

式（4-24）称为胡克定律。由式（4-24）可看出，EA 越大，杆件的变形 Δl 就越小，故称 EA 为杆件抗拉（压）刚度。

将式 $\sigma = \frac{F_N}{A}$ 和式（4-22）代入式（4-24），可得

$$\sigma = E\varepsilon \tag{4-25}$$

式中，E 为材料的弹性模量，与材料的性质有关，其单位与应力相同，常用 GPa。材料的弹性模量由实验测定。弹性模量表示在受拉（压）时材料抵抗弹性变形的能力。

式（4-25）是胡克定律的另一形式，可表述为：当应力不超过比例极限时，正应力与纵向线应变成正比。

3. 横向变形

在轴向力作用下，杆件在沿轴向伸长（缩短）的同时，其横向尺寸也将缩小（增大）。设横向尺寸由 b 变为 b_1（图4-20b），$\Delta b = b_1 - b$，则横向线应变为

$$\varepsilon' = \frac{\Delta b}{b} \tag{4-26}$$

ε'无量纲。

4. 泊松比

实验表明，对于同一种材料，当应力不超过比例极限时，横向线应变与纵向线应变之比的绝对值为常数。比值 ν 称为泊松比，也称横向变形系数，即

$$\nu = \left|\frac{\varepsilon'}{\varepsilon}\right| \tag{4-27a}$$

由于这两个应变的符号恒相反，故有

$$\varepsilon' = -\nu\varepsilon \tag{4-27b}$$

泊松比 ν 是材料的另一个弹性常数，无量纲，由实验测得。工程上常用材料的泊松比见表4-2。

表4-2 常用材料的 E 和 ν

材料	E/GPa	ν
碳素钢	200~210	0.24~0.30
合金钢	185~205	0.25~0.30
灰铸铁	80~150	0.23~0.27
铜及其合金	72.5~128	0.31~0.42
铝合金	70	0.25~0.33

【例4-5】 图4-21a所示为一阶梯形钢杆，已知杆的弹性模量 $E=200\text{GPa}$，AC 段的横截面面积为 $A_{AB}=A_{BC}=500\text{mm}^2$，$CD$ 段的横截面面积为 $A_{CD}=200\text{mm}^2$，杆的各段长度及受力情况如图4-21a所示。试求：(1) 杆截面上的内力和应力；(2) 杆的总变形。

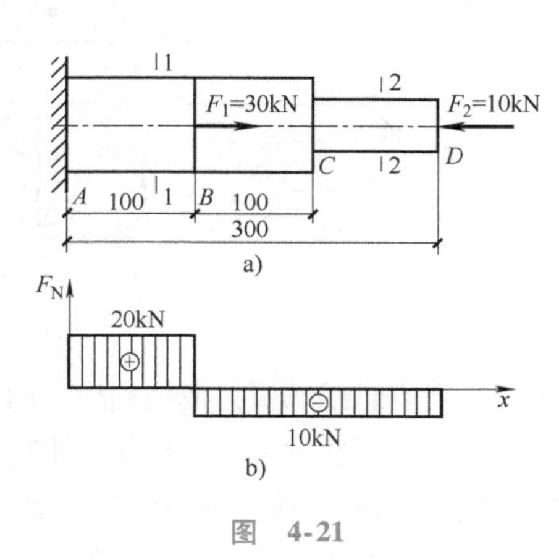

图 4-21

解：(1) 求各截面上的内力

BC 段与 CD 段 $F_{N2} = -F_2 = -10\text{kN}$（受压）

AB 段 $F_{N1} = F_1 - F_2 = (30-10)\text{ kN} = 20\text{kN}$（受拉）

(2) 画轴力图（图4-21b）

(3) 计算各段应力

AB 段 $\sigma_{AB} = \dfrac{F_{N1}}{A_{AB}} = \dfrac{20\times10^3\text{N}}{500\text{mm}^2} = 40\text{MPa}$（拉应力）

BC 段 $\sigma_{BC} = \dfrac{F_{N2}}{A_{AB}} = -\dfrac{10^4\text{N}}{500\text{mm}^2} = -20\text{MPa}$（压应力）

CD 段　$\sigma_{CD}=\dfrac{F_{N2}}{A_{CD}}=-\dfrac{10^4\text{N}}{200\text{mm}^2}=-50\text{MPa}$（压应力）

（4）杆的总变形　全杆总变形 Δl_{AD} 等于各段杆变形的代数和，即

$$\Delta l_{AD}=\Delta l_{AB}+\Delta l_{BC}+\Delta l_{CD}=\frac{F_{N1}l_{AB}}{EA_{AB}}+\frac{F_{N2}l_{BC}}{EA_{BC}}+\frac{F_{N2}l_{CD}}{EA_{CD}}$$

将有关数据代入，并注意单位和符号，即得

$$\Delta l_{AD}=\frac{1}{200\times10^3\text{MPa}}\times\left[\frac{(20\times10^3\text{N})\times(100\text{mm})}{500\text{mm}^2}-\frac{(10^4\text{N})\times(100\text{mm})}{500\text{mm}^2}-\frac{(10^4\text{N})\times(100\text{mm})}{200\text{mm}^2}\right]$$
$$=-0.015\text{mm}$$

【例题点评】 对于计算结果的正、负，要有正确的理解。当计算结果为负时，说明整个杆件是缩短的；当计算结果为正时，说明整个杆件是拉伸的。

4.5　圆轴扭转时的应力与应变

4.5.1　圆轴扭转时的应力

为了分析圆截面轴的扭转应力，首先观察其变形。取一等截面圆轴，在其表面沿平行于轴线的方向绘制等距离的平行直线和垂直于轴线的圆周线，如图 4-22a 所示，这些线条把轴表面分成许多矩形网格。然后，在杆件两端施加一对大小相等、转向相反的外力偶矩，使圆轴发生扭转变形（图 4-22b），可以看到圆轴在扭转后有如下现象：

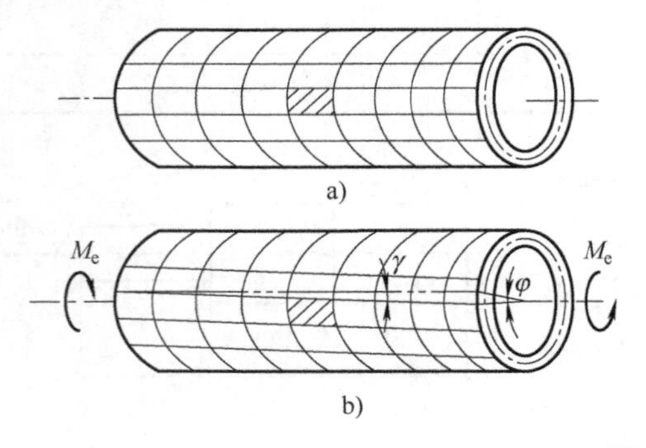

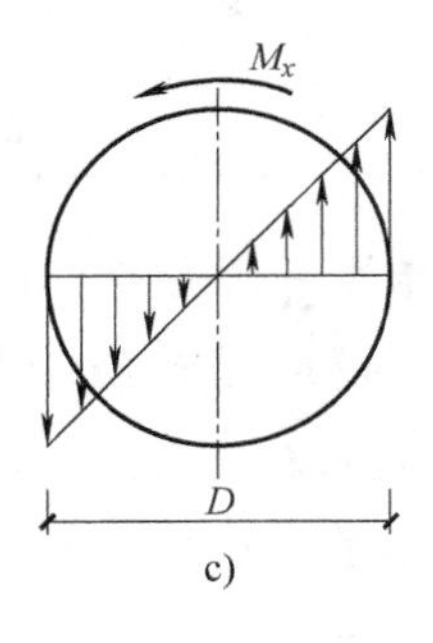

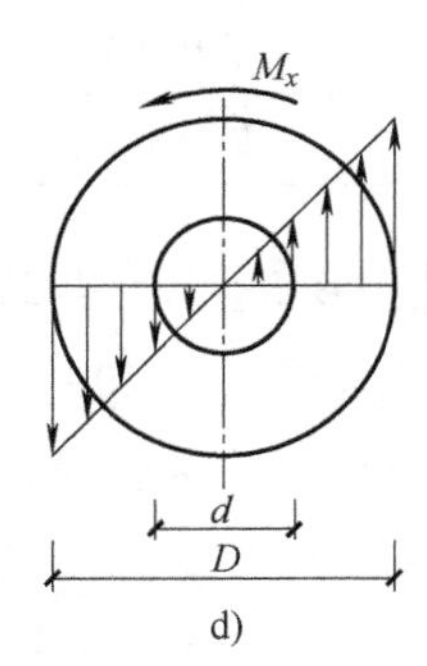

图　4-22

1）所有纵线都被扭成螺旋线，倾斜一个角度 γ，原来的矩形网格都歪斜成为平行四边形。

2）各圆周线的大小、形状、距离均无改变，只是都绕轴线旋转了一个角度，横截面像一个个刚性圆盘一样在原来的位置上绕杆轴做相对转动。

根据上述现象，可得出以下结论：

1）圆轴在扭转前的各横截面，在扭转变形后仍为平面，其形状、距离、大小不变，只是相对转过了一个角度。通常将此称为圆轴扭转时的平面假设。

2）由于圆周线距离不变，可推知纵向无线应变，而矩形网格发生相对错动，可推知存在切应变，即横截面上没有正应力，只有切应力，且切应力方向与横截面各点错动方向一致，

即垂直于半径。

3）截面轴心处的切应变为零，截面边缘处的切应变最大，其他各点处的切应变沿截面半径按直线规律变化。

根据剪切胡克定律和静力学平衡关系，得到圆轴扭转时的应力公式为

$$\tau = \frac{M_x\rho}{I_p} \tag{4-28}$$

式中，τ 为横截面上某点的切应力；M_x 为横截面上的扭矩；ρ 为所计算切应力的点到圆心的距离；$I_p = \int_A \rho^2 \mathrm{d}A$ 为截面对形心的极惯性矩。

显然，当 $\rho_{max} = D/2$ 时，在横截面周边上的各点处切应力将达到其最大值 τ_{max}，即

$$\tau_{max} = \frac{M_x\rho_{max}}{I_p} = \frac{M_x}{W_p} \tag{4-29}$$

式中，τ_{max} 为横截面上的最大切应力；W_p 为抗扭截面模量或抗扭截面系数。圆形截面，$W_p = \frac{\pi D^3}{16}$；空心圆截面，$W_p = \frac{\pi D^3}{16}$（$1-\alpha^4$），其中 $\alpha = d/D$。图4-22c、d所示分别为实心圆截面和空心圆截面上切应力的分布情况。

由切应力在横截面上的分布规律可知，切应力在越靠近圆心的部分数值越小，这部分材料不能充分发挥作用。因此把中间材料去掉，使实心圆轴变成空心圆轴，能大大降低轴的自重，节约了材料。在工程实际中，空心轴得到了广泛的应用。但是，空心轴的壁厚也不能太薄，因为壁厚太薄的空心轴受扭时，筒内壁的压应力会使筒壁发生局部失稳，反而使承载力降低。

4.5.2 圆轴扭转时的变形

在圆轴扭转过程中，各横截面像一个个圆盘一样绕杆轴做相对转动。两个横截面绕杆轴线转动的相对角位移即扭转角，用 φ 表示，如图4-22b所示。

相距为 l 的两截面，如果扭矩相等、截面相同、材料相同，则这两截面之间的相对扭转角为

$$\varphi = \frac{M_x l}{GI_p} \tag{4-30}$$

式中，φ 为圆轴的扭转角（rad）；G 为材料的剪切弹性模量（MPa）。

扭转角的转向与扭矩的转向相同。显然，在扭矩一定时，扭转角与 GI_p 成反比，GI_p 越大，扭转角越小。这说明 GI_p 反映了杆件抵抗扭转变形的能力，称为抗扭刚度。

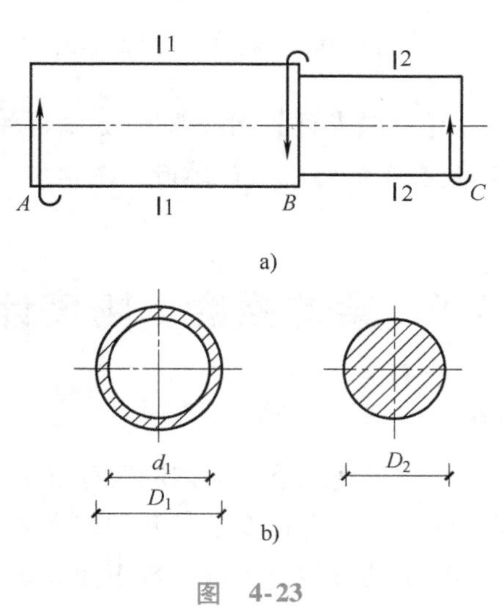

图 4-23

【例4-6】 图4-23所示阶梯形钢圆轴，$G = 70\text{GPa}$，其中 AB 段为空心，BC 段为实心，且 AB 段长 $l_{AB} = 600\text{mm}$，BC 段长 $l_{BC} = 400\text{mm}$，横截面尺寸 $d_1 = 40\text{mm}$，$D_1 = 60\text{mm}$，$D_2 = 40\text{mm}$。已知 AB 段、BC 段中的扭矩分别为 $M_{ABx} = 2\text{kN}\cdot\text{m}$，$M_{BCx} = -1\text{kN}\cdot\text{m}$。试求：①轴内

的最大切应力；②全轴的扭转角。

解：（1）轴内的最大切应力

横截面的最大切应力在轴的表面，由式（4-29）可知

$$\tau_{\max}=\frac{M_x\rho_{\max}}{I_p}=\frac{M_x}{W_p}$$

1）*AB* 段：

$$M_{ABx}=2\text{kN}\cdot\text{m}$$

$$W_{pAB}=\frac{\pi D_1^3}{16}(1-\alpha^4)=\frac{\pi\times60^3}{16}\left[1-\left(\frac{40}{60}\right)^4\right]\text{mm}^3=34017\text{mm}^3$$

$$\tau_{AB\max}=\frac{M_{ABx}}{W_{pAB}}=\frac{2\times10^6}{34017}\text{MPa}=58.8\text{MPa}$$

2）*BC* 段：

$$M_{BCx}=-1\text{kN}\cdot\text{m}$$

$$W_{pBC}=\frac{\pi D_2^3}{16}=\frac{\pi\times40^3}{16}\text{mm}^3=12560\text{mm}^3$$

$$\tau_{BC\max}=\frac{M_{BCx}}{W_{pBC}}=\frac{1\times10^6}{12560}\text{MPa}=79.6\text{MPa}$$

比较 *AB* 段、*BC* 段的最大切应力，可知此阶梯轴的最大切应力发生在 *BC* 段的所有截面的表面上，$\tau_{\max}=79.6\text{MPa}$。

（2）全轴的扭转角

1）*AB* 段：$I_p=\frac{\pi}{32}(D_1^4-d_1^4)=\frac{\pi}{32}(60^4-40^4)\text{mm}^4=1.02\times10^6\text{mm}^4$

$$\varphi_{AB}=\frac{M_{ABx}l_{AB}}{GI_p}=\frac{2\times10^6\times600}{70\times10^3\times1.02\times10^6}\text{rad}=0.017\text{rad}$$

2）*BC* 段：$I_p=\frac{\pi D_2^4}{32}=\frac{\pi\times40^4}{32}\text{mm}^4=2.51\times10^5\text{mm}^4$

$$\varphi_{BC}=\frac{M_{BCx}l_{BC}}{GI_p}=\frac{-1\times10^6\times400}{70\times10^3\times2.51\times10^5}\text{rad}=-0.023\text{rad}$$

所以全轴的扭转角为：$\varphi=\varphi_{AB}+\varphi_{BC}=(0.016-0.023)\text{rad}=-0.007\text{rad}$

【例题点评】 对于圆轴受扭构件的分析，要特别注意空心与实心部分的计算不同，特别是在几何特征值计算时的不同。

4.6 梁的强度、刚度计算

4.6.1 梁的强度计算

在一般情况下，梁内同时存在着弯曲正应力和切应力。为了保证梁的安全工作，梁必须同时满足正应力强度条件和切应力强度条件。

当梁的横截面上仅有弯矩而无剪力，即仅有正应力而无切应力时，称为纯弯曲。横截面上同时存在弯矩和剪力，即既有正应力又有切应力的情况称为剪切弯曲。

1. 梁的正应力强度条件

梁上的最大弯曲正应力发生在最大弯矩所在的截面（危险截面）上离中性轴最远的各点（危险点）处，所以，弯曲正应力的强度条件为

$$\sigma_{max}=\frac{M_{max}y_{max}}{I_z}\leqslant[\sigma] \tag{4-31}$$

式中，M_{max}为构件的最大弯矩；y_{max}为离中性轴最远点到中性轴的距离。即要求梁内的最大弯曲正应力 σ_{max}不超过材料的许用正应力$[\sigma]$。

令 $W_z=\frac{I_z}{y_{max}}$，W_z 称为截面图形的抗弯截面系数（或抗弯截面模量），它只与截面图形的几何性质有关，其量纲为［长度］^{3}。矩形截面和圆形截面的抗弯截面模量分别为

高为 h，宽为 b 的矩形截面： $W_z=\frac{I_z}{y_{max}}=\frac{\frac{bh^3}{12}}{\frac{h}{2}}=\frac{bh^2}{6}$

直径为 d 的圆截面： $W_z=\frac{I_z}{y_{max}}=\frac{\pi d^4/64}{d/2}=\frac{\pi d^3}{32}$

至于各种型钢的抗弯截面模量，可从附录的型钢规格表中查找。

式（4-31）可写为

$$\sigma_{max}=\frac{M_{max}}{W_z}\leqslant[\sigma] \tag{4-32}$$

对于拉压强度极限不同的脆性材料，则既要求梁的最大拉应力 σ_{tmax}不超过材料的许用拉应力$[\sigma_t]$，又要求梁的最大压应力 σ_{cmax}不超过材料的许用压应力$[\sigma_c]$。即

$$\left.\begin{aligned}\sigma_{tmax}=\frac{M_{max}y_1}{I_z}\leqslant[\sigma_t]\\ \sigma_{cmax}=\frac{M_{max}y_2}{I_z}\leqslant[\sigma_c]\end{aligned}\right\} \tag{4-33}$$

式中，y_1 为离中性轴最远受拉区的点到中性轴的距离；y_2 为离中性轴最远受压区的点到中性轴的距离。

利用上述强度条件，可以对梁进行正应力强度校核、截面设计和许可荷载确定。

【例 4-7】 图 4-24a 所示为一矩形截面简支梁，已知：$F=5\text{kN}$，$a=180\text{mm}$，$l=1000\text{mm}$，$b=30\text{mm}$，$h=60\text{mm}$，试求竖放时与横放时梁横截面上的最大正应力。

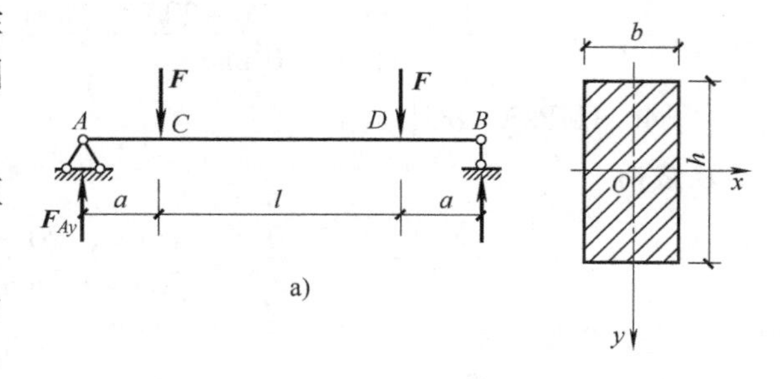

a)

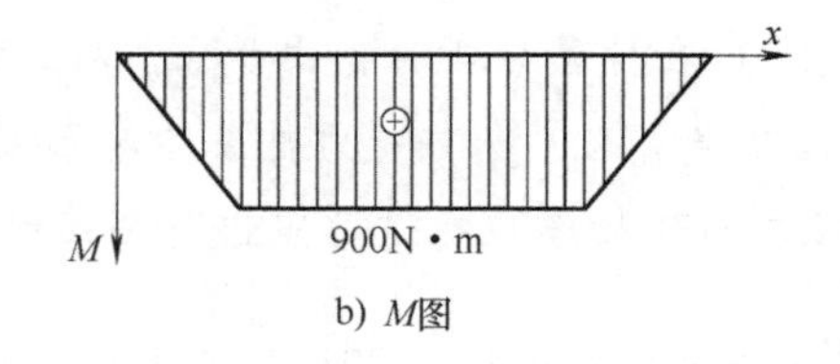

b) M图

图 4-24

解：（1）求支反力

$$F_{Ay}=F_{By}=5\text{kN}$$

（2）画弯矩图（图 4-24b）

竖放时最大正应力

$$\sigma_{max}=\frac{M}{W_z}=\frac{M}{\frac{bh^2}{6}}=\frac{900\times10^3\text{N}\cdot\text{mm}}{\frac{30\text{mm}\times(60\text{mm})^2}{6}}=50\text{MPa}$$

横放时最大应力

$$\sigma_{max}=\frac{M}{W_z}=\frac{M}{\frac{hb^2}{6}}=\frac{900\times10^3\text{N}\cdot\text{mm}}{\frac{60\text{mm}\times(30\text{mm})^2}{6}}=100\text{MPa}$$

【例题点评】 通过例题计算和分析可知，对相同截面形状的梁，放置方法不同，截面上的最大应力也不同。对矩形截面，竖放要比横放合理。

【例 4-8】 图 4-25a 所示为 T 形铸铁梁，已知：$F_1=10\text{kN}$，$F_2=4\text{kN}$，铸铁的许用拉应力 $[\sigma_t]=36\text{MPa}$，许用压应力 $[\sigma_c]=60\text{MPa}$，截面对形心轴 z 的惯性矩 $I_z=763\text{cm}^4$，$y_1=52\text{mm}$。试校核梁的强度。

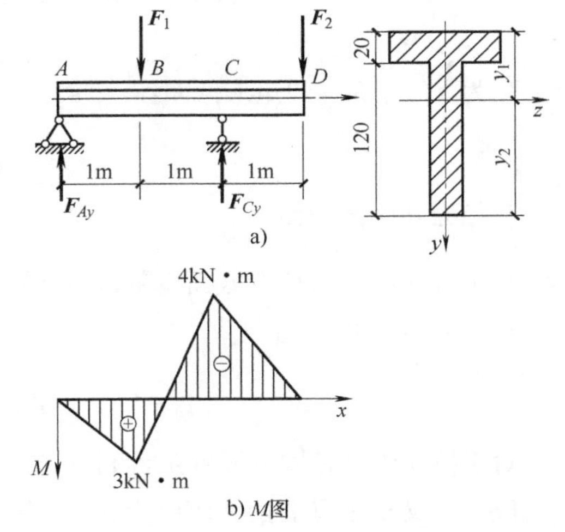

a)

b) M图

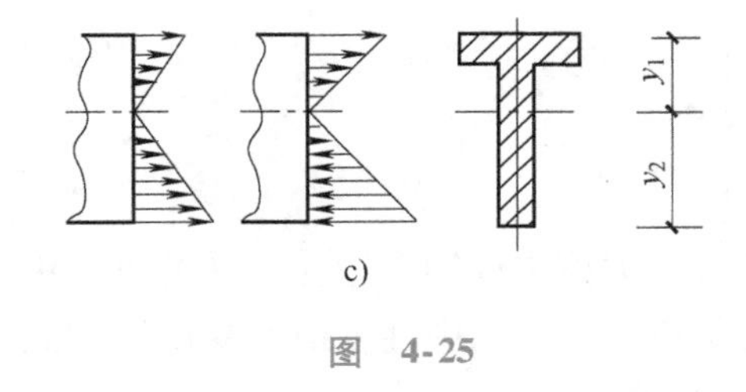

c)

图 4-25

解：（1）求支反力

$$\sum M_C=0 \qquad F_{Ay}=3\text{kN}$$

$$\sum M_A=0 \qquad F_{Cy}=11\text{kN}$$

（2）画弯矩图（图 4-25b）

$$M_A=M_C=0$$

$$M_B=F_{Ay}\times1\text{m}=3\text{kN}\cdot\text{m}$$

$$M_C=F_2\times1\text{m}=-4\text{kN}\cdot\text{m}$$

（3）强度校核

$$M_{max}=M_C=-4\text{kN}\cdot\text{m}$$

C 截面

$$\sigma_{cmax}=\frac{M_Cy_2}{I_z}=\frac{4\times10^6\text{N}\cdot\text{mm}\times(120+20-52)\text{mm}}{763\times10^4\text{mm}^4}=46.1\text{MPa}\leqslant[\sigma_c]$$

B 截面

$$\sigma_{tmax}=\frac{M_By_2}{I_z}=\frac{3\times10^6\text{N}\cdot\text{mm}\times(120+20-52)\text{mm}}{763\times10^4\text{mm}^4}=34.6\text{MPa}\leqslant[\sigma_t]$$

因此，梁满足强度条件。

【例题点评】 在计算分析时，由于 M_B 为正弯矩，其值虽然小于 M_C 的绝对值，但应注意到在截面 B 处最大拉应力产生在距离中性轴较远的截面下边缘各点，有可能产生比截面 C 还要大的拉应力，故还应对这些点进行强度校核。

【例 4-9】 一单梁起重机由 32b 号工字钢制成，如图 4-26 所示，梁跨度 $l=10.5\text{m}$，梁材料为 Q235 钢，许用应力 $[\sigma]=140\text{MPa}$，电葫芦自重 $G=15\text{kN}$，梁自重不计，求该梁可能承

载的起重量 F。

解：(1) 求支反力

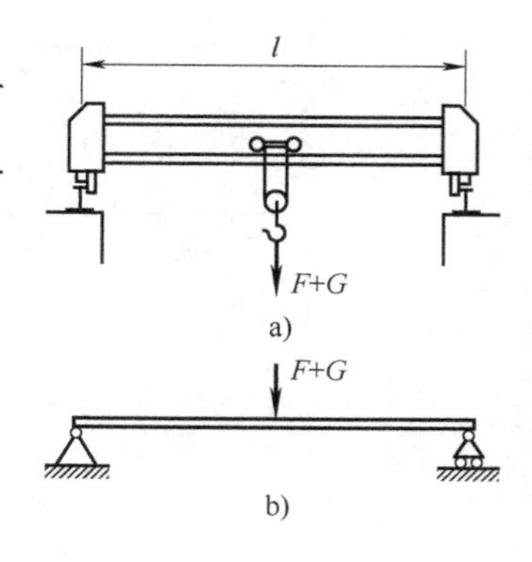

图 4-26

单梁起重机可简化为受集中力 $(F+G)$ 的简支梁。分析可知，当吊车行至中点时，梁上的弯矩最大，此时，根据对称性可求得支反力为

$$F_{Ay}=F_{By}=\frac{F+G}{2}$$

(2) 求最大弯矩

$$M_{\max}=\frac{(F+G)l}{4}$$

(3) 计算许可荷载 F

根据强度条件$\frac{M_{\max}}{W_z}\leqslant[\sigma]$ 或 $M_{\max}\leqslant[\sigma]W_z$，由附录的型钢规格表查得32b工字钢的弯曲截面系数 $W_z=726\text{cm}^3$，得

$$M_{\max}\leqslant[\sigma]W_z=(140\times10^6\text{N/m}^2)\times(726\times10^{-6}\text{m}^3)$$
$$=1.02\times10^5\text{N}\cdot\text{m}$$

由
$$M_{\max}=\frac{(F+G)l}{4}$$

得
$$F=\frac{4M_{\max}}{l}-G=\frac{4\times102\text{kN}\cdot\text{m}}{10.5\text{m}}-15\text{kN}=23.86\text{kN}$$

2. 提高梁强度的措施

在设计梁时，一方面要保证梁具有足够的强度，使梁在荷载作用下能安全、充分地发挥材料的潜力；另一方面，还应尽可能节省材料，减轻自重。这就需要合理地选择梁的截面形状、尺寸和结构形式，以提高梁的抗弯强度。

前面已指出，在横力弯曲中，控制梁强度的主要因素是梁的最大正应力，梁的正应力强度条件为设计梁的主要依据。由 $\sigma_{\max}=M_{\max}/W_z\leqslant[\sigma]$可看出，对于一定长度的梁，在承受一定荷载的情况下，应设法适当地安排梁所受的力，使梁最大的弯矩绝对值降低，同时选用合理的截面形状和尺寸，使抗弯截面模量 W_z值增大，以达到设计出的梁满足节约材料和安全适用的要求。提高梁的抗弯强度的措施有以下几方面。

(1) 合理安排梁的受力情况

1) 合理布置梁的支座。在工程实际允许的情况下，提高梁强度的一个重要措施是合理安排梁的支座和加荷方式。例如图4-27a所示简支梁，承受均布荷载作用时，其最大弯矩为 $M_{\max}=ql^2/8$，如果将梁两端的铰支座各向内移动少许，如移动0.2l（图4-27b），则其最大弯矩为 $M_{\max}=ql^2/40$，仅为前者的1/5，梁的截面尺寸就可以大大减小。

2) 改善荷载的布置情况。在可能的条件下，将集中荷载分散布置，可以降低梁的最大弯矩。例如图4-28a所示简支梁，在跨度中点处承受集中荷载作用时，其最大弯矩为 $M_{\max}=F_Pl/4$；如果在梁的中部设置一长为 $l/2$ 的辅助梁 CD，如图4-28b所示，这时，最大弯矩为 $M_{\max}=F_Pl/8$，最大弯矩将减小一半。

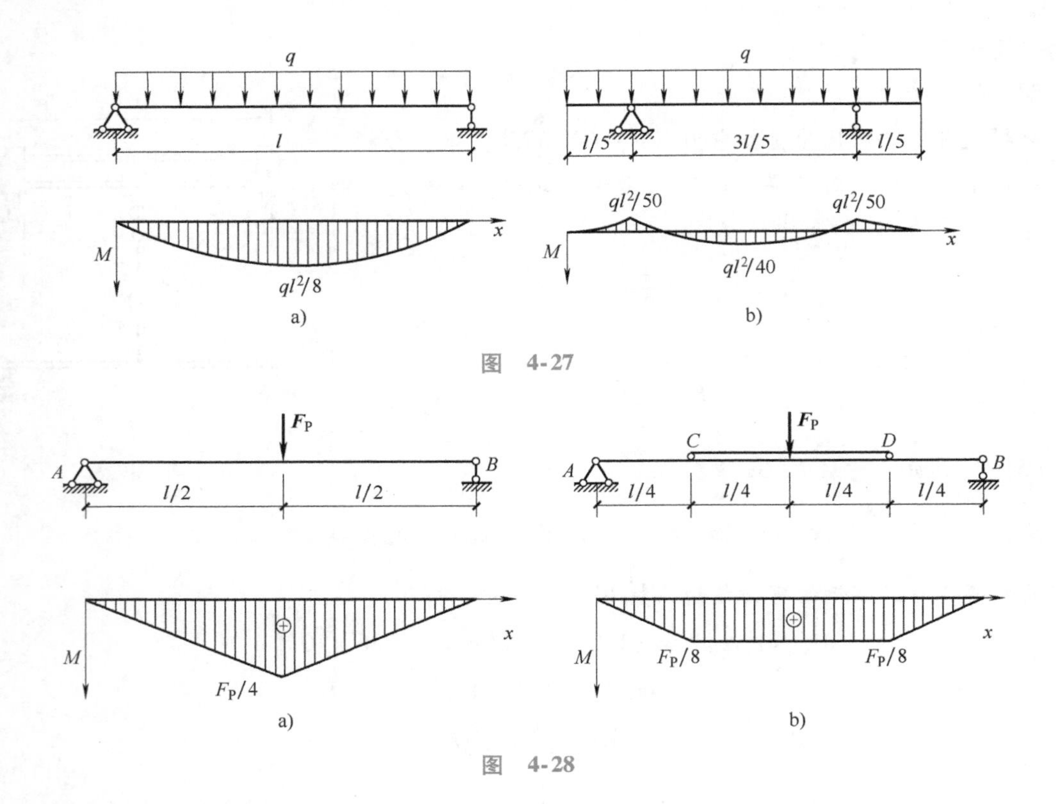

图 4-27

图 4-28

（2）选择合理的截面形状

当弯矩一定时，最大正应力 σ_{max} 与抗弯截面系数 W_z 成反比，W_z 越大越有利。而 W_z 的大小与截面的面积及形状有关，因此比较合理的截面形状是在横截面面积 A 相同的条件下，能获得较大抗弯截面系数 W_z 的截面形状，也就是说 W_z/A 越大的截面，就越经济合理。由于在一般截面中，W_z 与其截面高度的平方成正比，所以应尽可能地使横截面面积分布在距中性轴较远的地方，这样在横截面面积一定的情况下可以得到尽可能大的抗弯截面系数 W_z，从而使最大正应力 σ_{max} 减小，或者在抗弯截面系数 W_z 一定的情况下，减小截面面积以节省材料和减轻自重。所以工字形、槽形截面比矩形截面合理，矩形截面立放比平放合理，矩形截面比正方形截面合理，正方形截面比圆形截面合理。

梁截面形状的合理性，也可以从正应力分布规律来分析。梁弯曲时正应力沿截面高度呈线性分布，当离中性轴最远各点处的正应力达到许用应力值时，中性轴附近各点处的正应力仍很小，这部分材料没有得到充分利用。如果将中性轴附近的材料尽可能减少，而把大部分材料布置在距中性轴较远的位置处，则材料就能充分发挥作用，截面形状就显得合理。所以，在工程上常采用工字形、圆环形、箱形等截面形式（图 4-29）。工程中常用的空心板以及挖孔的薄腹梁等就是根据这个原理制作的。

对于抗拉与抗压强度相同的塑性材料梁，一般采用对称于中性轴的截面，如工字形等截面梁，使得上、下边缘的最大拉应力和最大压应力相等，同时达到材料的许用应力值。

对于抗拉强度低于抗压强度的脆性材料梁，则最好采用不对称于中性轴的 T 字形等截面梁，并将其翼缘部分置于受拉侧，如图 4-30 所示。为了充分发挥材料的潜力，应使最大拉应力和最大压应力同时达到材料相应的许用应力。

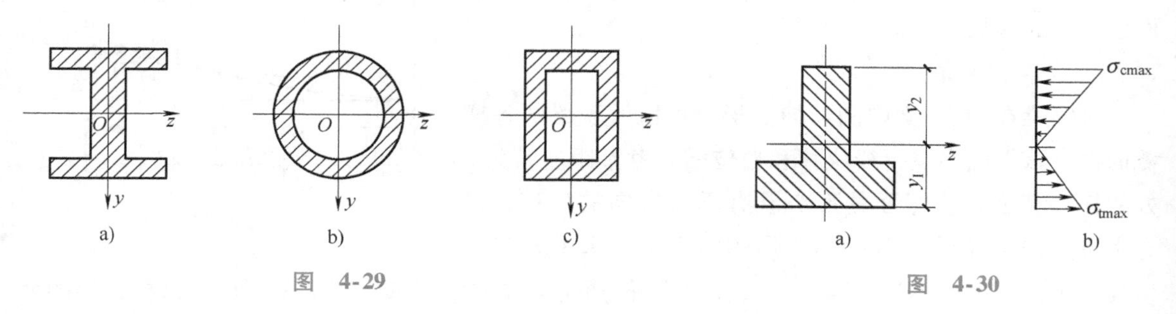

图 4-29　　图 4-30

（3）采用变截面梁

一般情况下，梁内不同横截面的弯矩不同。因此，在按最大弯矩所设计的等截面梁中，除最大弯矩所在截面外，其余截面的材料强度均未得到充分利用。因此，在工程实际中，常根据弯矩沿梁轴线的变化情况，将梁也相应设计成变截面的。横截面沿梁轴线变化的梁，称为变截面梁。图4-31a所示为上下加焊盖板的板梁，图4-31b所示为悬挑梁，它们就是根据各截面上弯矩的不同而采用的变截面梁。如果将变截面梁设计为使每个横截面上最大正应力都等于材料的许用应力值，这种梁称为等强度梁。显然，这种梁的材料消耗最少、重量最轻，是最合理的。在工程实践中，由于构造和加工的关系，很难做到理论上的等强度梁，但在很多情况下，都利用了等强度梁的概念，即在弯矩大的梁段使其横截面相应地大一些。例如厂房建筑中广泛使用的鱼腹梁（图4-31c）和车辆工程中的钢板弹簧（图4-31d）等。

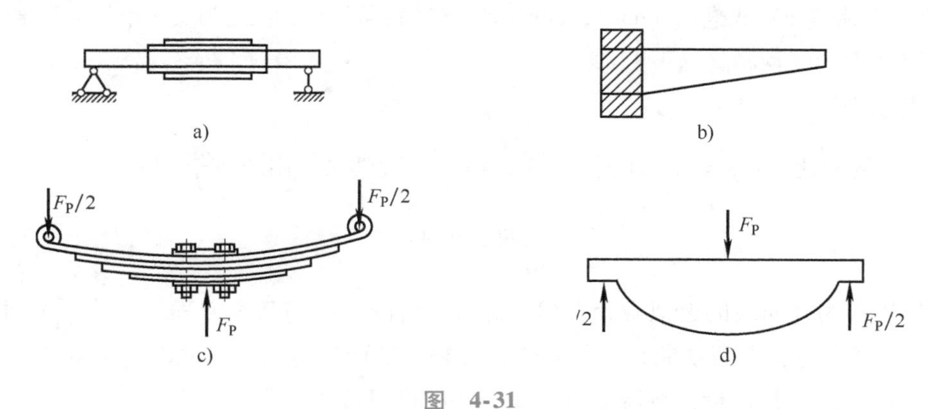

图 4-31

4.6.2 梁的刚度计算

在实际工程中，建筑构件在满足强度条件的同时，还需要满足一定的刚度条件。因为对某些构件，如果刚度不够，将产生较大的变形，变形会让构件开裂，影响构件的使用寿命，严重的将危及建筑的安全性。

1. 挠曲线

设悬臂梁AB的自由端B作用有一集中力$\boldsymbol{F}$（图4-32）。弯曲变形前梁的轴线AB为一直线，选取直角坐标系，令x轴与梁变形前的轴线重合，w轴垂直向上，则xw平面就是梁的纵向对称平面。变形后，在梁的纵向对称平面内，梁的轴线AB变成一条连续光滑的曲线AB'，此曲

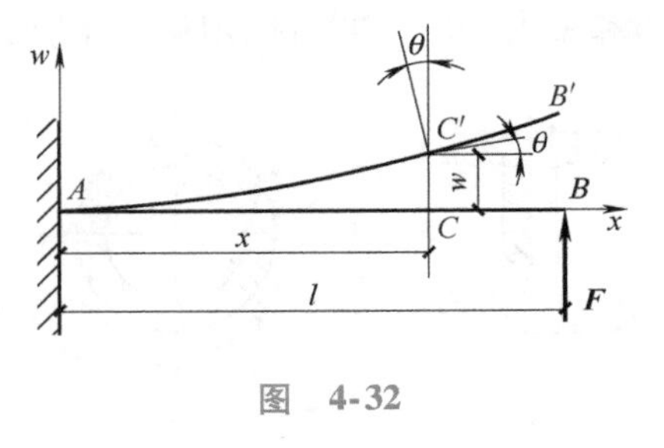

图 4-32

线称为梁的挠曲线，如图 4-32 所示。显然挠曲线是梁截面位置 x 的函数。

2. 挠度和转角

观察梁在 xw 平面内的弯曲变形，可以发现梁的各横截面都在该平面内发生线位移和角位移。考察距左端为 x 处的任一截面，该截面的形心既有垂直方向的位移，又有水平方向的位移。但在小变形的前提下，水平方向的位移很小，可忽略不计，因而可以认为截面的形心只在垂直方向有线位移 CC'。这样，梁的变形可用梁轴线上一点（即横截面的形心）的线位移和横截面的角位移表示。

轴线上任一点在垂直于 x 轴方向的位移，即挠曲线上相应点的纵坐标，称为该截面的挠度，用 w 表示，梁的挠曲线方程可表示为

$$w = w(x) \tag{4-34}$$

梁弯曲变形后，横截面仍然保持为平面，且仍垂直于变形后的梁轴线，只是绕中性轴发生了一个角位移，此角位移称为该截面的转角，用 θ 表示。过 C 点作一切线，切线与 x 轴的夹角即等于横截面的转角，工程中通常转角很小，因此有

$$\theta \approx \tan\theta = \frac{\mathrm{d}w}{\mathrm{d}x} \tag{4-35}$$

式（4-35）表明，横截面的转角等于挠曲线在该截面处切线的斜率。

挠度和转角的符号，随所选定的坐标系而定。在图 4-32 所示坐标系中，向上的挠度为正，反之为负，单位为米（m）或毫米（mm）；逆时针转向的转角为正，反之为负，单位为弧度（rad）。

3. 求弯曲变形的两种方法

（1）积分法

由小变形的简化，$1/\rho = w''/(1+w'^2)^{3/2}$，略去二阶微量，由 $\sigma = \frac{My}{I_z}$可得

$$\frac{\mathrm{d}^2w}{\mathrm{d}x^2} = \frac{M(x)}{EI} \tag{4-36}$$

式（4-36）为挠曲线的近似微分方程，是研究弯曲变形的基本方程式。式中 EI 称为梁的抗弯刚度。解微分方程可得挠曲线方程和转角方程，从而求得任一横截面的挠度和转角。

对等截面梁，EI 是常量，将微分方程积分一次可得转角方程

$$\theta = \frac{\mathrm{d}w}{\mathrm{d}x} = \frac{1}{EI}\int M(x)\mathrm{d}x + C \tag{4-37}$$

再积分一次得挠曲线方程

$$w = \frac{1}{EI}\iint M(x)\mathrm{d}x\mathrm{d}x + Cx + D \tag{4-38}$$

式（4-38）中 C、D 是积分常数，可利用连续条件和边界条件（即梁上某些截面的已知位移和转角）确定。例如，在铰支座处挠度等于零；在固定端处，挠度和转角均等于零。

（2）叠加法

叠加法是工程上常采用的一种比较简便的计算方法。在小变形且材料服从胡克定律的前

提下，梁的挠度和转角均与梁上荷载成线性关系。所以，梁上某一荷载所引起的变形可以看作是独立的，不受其他荷载影响。于是可以将梁在几个荷载共同作用下产生的变形看成是各个荷载单独作用时产生的变形的代数叠加，这就是计算梁的弯曲变形的叠加原理。

用叠加法计算梁的变形时，需已知梁在简单荷载作用下的变形，梁在简单荷载作用下的变形见表4-3，用叠加法时可直接查用。

表4-3 梁在简单荷载作用下的变形

序号	梁的简图	挠曲线方程	梁端面转角（绝对值）	最大挠度（绝对值）
1	w, M_e, A, B, θ_B, w_B, x, l	$w=-\dfrac{M_e x^2}{2EI}$	$\theta_B=\dfrac{M_e l}{EI}$(↷)	$w_B=\dfrac{M_e l^2}{2EI}$(↓)
2	w, M_e, A, C, B, θ_B, w_B, x, a, l	$w=-\dfrac{M_e x^2}{2EI}$ $0\leqslant x\leqslant a$ $w=-\dfrac{M_e a}{EI}\left[(x-a)+\dfrac{a}{2}\right]$ $a\leqslant x\leqslant l$	$\theta_B=\dfrac{M_e a}{EI}$(↷)	$w_B=\dfrac{M_e a}{EI}\left(l-\dfrac{a}{2}\right)$(↓)
3	w, F, A, B, θ_B, w_B, x, l	$w=-\dfrac{Fx^2}{6EI}(3l-x)$	$\theta_B=\dfrac{Fl^2}{2EI}$(↷)	$w_B=\dfrac{Fl^3}{3EI}$(↓)
4	w, F, A, C, B, θ_B, w_B, x, a, l	$w=-\dfrac{Fx^2}{6EI}(3a-x)$ $0\leqslant x\leqslant a$ $w=-\dfrac{Fa^2}{6EI}(3x-a)$ $a\leqslant x\leqslant l$	$\theta_B=\dfrac{Fa^2}{2EI}$(↷)	$w_B=\dfrac{Fa^2}{6EI}(3l-a)$(↓)
5	w, q, A, B, θ_B, w_B, x, l	$w=-\dfrac{qx^2}{24EI}(x^2-4lx+6l^2)$	$\theta_B=\dfrac{ql^3}{6EI}$(↷)	$w_B=\dfrac{ql^4}{8EI}$(↓)
6	w, M_e, A, B, θ_A, θ_B, x, l	$w=-\dfrac{M_e x}{6lEI}(l^2-x^2)$	$\theta_A=\dfrac{M_e l}{6EI}$(↷) $\theta_B=\dfrac{M_e l}{3EI}$(↶)	$w_{max}=\dfrac{M_e l^2}{9\sqrt{3}EI}$(↓)， $x=\dfrac{l}{\sqrt{3}}$ $w_{\frac{l}{2}}=\dfrac{M_e l}{16EI}$(↓)
7	w, θ_A, M_e, θ_B, A, C, B, x, a, b, l	$w=\dfrac{M_e x}{6lEI}(l^2-3b^2-x^2)$ $0\leqslant x\leqslant a$ $w=\dfrac{M_e}{6lEI}[-x^3+3l(x-a)^2+(l^2-3b^2)x]$ $a\leqslant x\leqslant l$	$\theta_A=\dfrac{M_e}{6lEI}(l^2-3b^2)$(↶) $\theta_B=\dfrac{M_e}{6lEI}(l^2-3a^2)$(↶) $\theta_C=\dfrac{M_e}{6lEI}(3a^2+3b^2-l^2)$(↷)	当$a<b$时 $w_C=\dfrac{M}{3Ell^2}(ab^3-ba^3)$(↓) 当$a>b$时 $w_C=\dfrac{M}{3Ell^2}(a^3b-ab^3)$(↑)

（续）

序号	梁的简图	挠曲线方程	梁端面转角（绝对值）	最大挠度（绝对值）
8	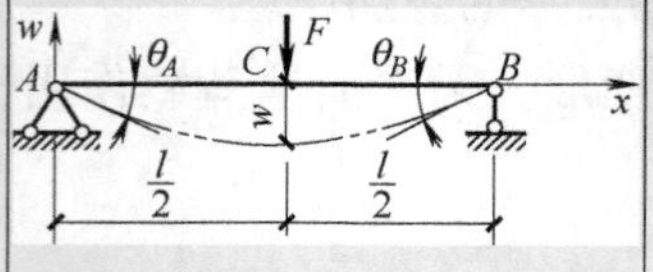	$w=-\frac{F_x}{48EI}(3l^2-4x^2)$ $0\leqslant x\leqslant\frac{l}{2}$	$\theta_A=\frac{Fl^2}{16EI}$(↷) $\theta_B=\frac{Fl^2}{16EI}$(↶)	$w=\frac{Fl^3}{48EI}(\downarrow)$
9	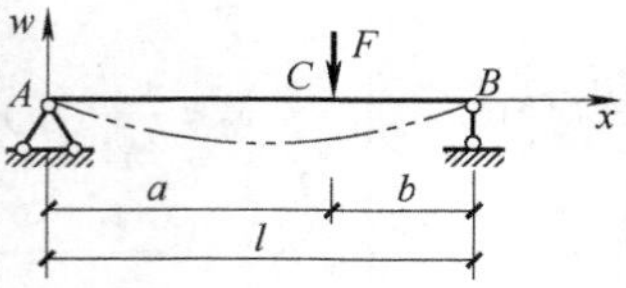	$w=-\frac{Fbx}{6lEI}(l^2-x^2-b^2)$ $0\leqslant x\leqslant a$ $w=-\frac{Fb}{6lEI}\left[\frac{l}{b}(x-a)^3+(l^2-b^2)x-x^3\right]$ $a\leqslant x\leqslant l$	$\theta_A=\frac{Fab(l+b)}{6lEI}$(↷) $\theta_B=\frac{Fab(l+a)}{6lEI}$(↶)	$w_{\max}=\frac{Fb(l^2-b^2)^{\frac{3}{2}}}{9\sqrt{3}lEI}(\downarrow)$， $x=\sqrt{\frac{l^2-b^2}{3}}(a\geqslant b)$ $w_{\frac{1}{2}}=\frac{Fb(3l^2-4b^2)}{48EI}(\downarrow)$
10	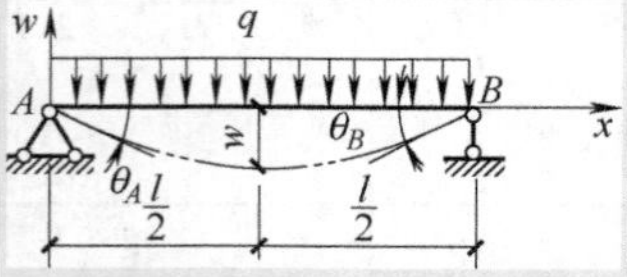	$w=-\frac{qx}{24EI}(l^3-2lx^2+x^3)$	$\theta_A=\frac{ql^3}{24EI}$(↷) $\theta_B=\frac{ql^3}{24EI}$(↶)	$w=\frac{5ql^4}{384EI}(\downarrow)$
11	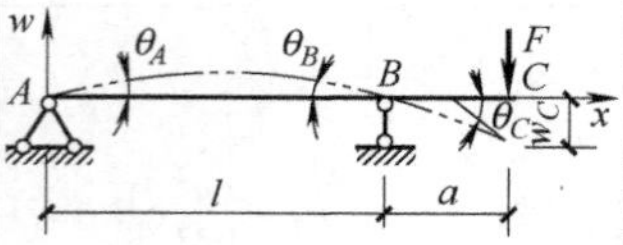	$w=\frac{Fax}{6lEI}(l^2-x^2)$ $0\leqslant x\leqslant l$ $w=-\frac{F(x-l)}{6EI}[a(3x-l)-(x-l)^2]$ $l\leqslant x\leqslant(l+a)$	$\theta_A=\frac{Fal}{16EI}$(↶) $\theta_B=\frac{Fal}{3EI}$(↷) $\theta_C=\frac{Fa}{6EI}(2l+3a)$(↷)	$w_C=\frac{Fa^2}{3EI}(l+a)(\downarrow)$
12	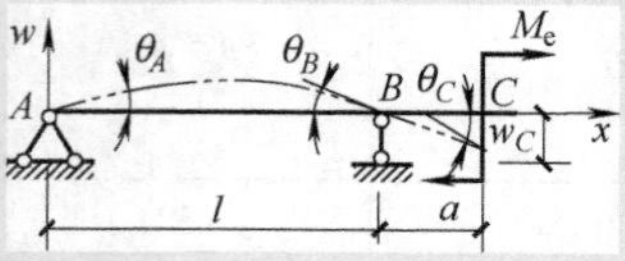	$w=-\frac{M_ex}{6lEI}(x^2-l^2)$ $0\leqslant x\leqslant l$ $w=-\frac{M_e}{6EI}(3x^2-4xl+l^2)$ $l\leqslant x\leqslant(l+a)$	$\theta_A=\frac{M_el}{6EI}$(↶) $\theta_B=\frac{M_el}{3EI}$(↷) $\theta_C=\frac{M_e}{3EI}(l+3a)$(↷)	$w_C=\frac{M_ea}{6EI}(2l+3a)(\downarrow)$
13	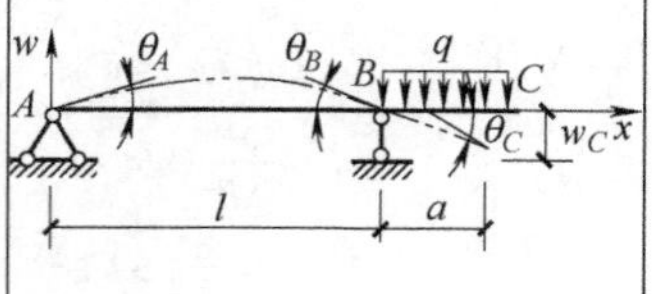	$w=\frac{qa^2}{12EI}\left(lx-\frac{x^3}{l}\right)$ $0\leqslant x\leqslant l$ $w=-\frac{qa^2}{12EI}\left[\frac{x^3}{l}-\frac{(2l+a)(x-l)^3}{al}+\frac{(x-l)^4}{2a^2}-lx\right]$ $l\leqslant x\leqslant(l+a)$	$\theta_A=\frac{qa^2l}{12EI}$(↶) $\theta_B=\frac{qa^2l}{6EI}$(↷) $\theta_C=\frac{qa^2}{6EI}(l+a)$(↷)	$w_C=\frac{qa^3}{24EI}(3a+4l)(\downarrow)$ $w_1=\frac{qa^2l^2}{18\sqrt{3}EI}(\uparrow)$ $x=\frac{1}{\sqrt{3}}$

【例4-10】 如图4-33a所示的悬臂梁，已知E、I_z、l、F、q，试用叠加法求梁的最大挠度和最大转角。

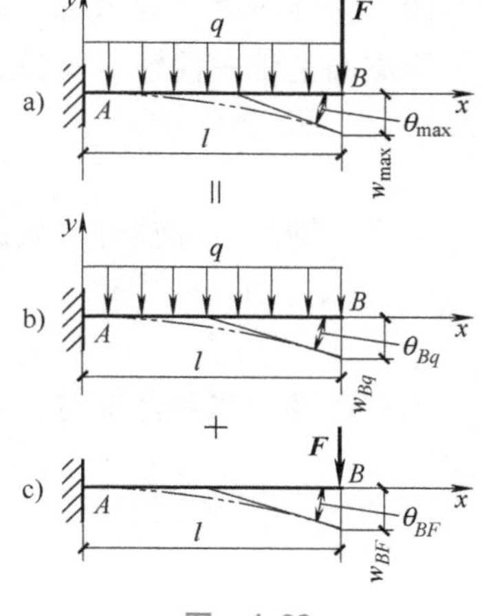

图 4-33

解： 梁上的作用荷载分别为两种受力形式，如图4-33b、c所示。从悬臂梁在荷载作用下自由端有最大变形可知，梁B端有最大挠度和最大转角。查表4-3得到它们单独作用时产生的弯曲变形，然后叠加求代数和，得

$$w_{max}=w_{Bq}+w_{BF}=-\frac{ql^4}{8EI_z}-\frac{Fl^3}{3EI_z}$$

$$\theta_{max}=\theta_{Bq}+\theta_{BF}=-\frac{ql^3}{6EI_z}-\frac{Fl^2}{2EI_z}$$

4. 梁的刚度校核

计算梁的变形，目的在于对梁进行刚度校核，以保证梁在外力作用下，因弯曲变形产生的挠度和转角在工程允许的范围之内，即满足刚度条件

$$w_{max}\leqslant[w] \tag{4-39}$$

$$\theta_{max}\leqslant[\theta] \tag{4-40}$$

小　结

一、应力与应变

1）应力是内力在一点处的密集程度，其分量为正应力与切应力。

正应力σ：与截面正交的应力，规定正应力拉为正值，压为负值。

切应力τ：与截面相切的应力，切应力则以绕研究对象产生顺时针转动趋势时为正值，逆时针转动趋势为负值。

2）线应变ε：单位长度的变形量；切应变γ：单元体直角的改变量。

二、胡克定律、剪切胡克定律、切应力互等定理

1）胡克定律：当应力小于某一极限值时，正应力与正应变呈正比，即$\sigma=E\varepsilon$。

2）剪切胡克定律：当切应力小于某一极限值时，切应力与切应变成正比，即$\tau=G\gamma$。

3）切应力互等定理：在单元体互相垂直的两个平面上，切应力必然成对存在，且数值相等；两者都垂直于两平面的交线，其方向则共同指向或共同背离两平面的交线，即$\tau=\tau'$。

三、轴向拉伸或压缩时的变形与强度计算

1. 拉（压）杆横截面上的应力及强度条件

$$\sigma_{max}=\left(\frac{F_N}{A}\right)_{max}\leqslant[\sigma]$$

2. 胡克定律

在比例极限内，应力与变形成正比，即

$$\sigma=E\varepsilon$$

胡克定律的另一表达形式是 $\Delta l=\dfrac{F_N l}{EA}$

四、弯曲时梁横截面上的正应力和强度计算

横截面上距中性轴 y 处各点的正应力为

$$\sigma = \frac{My}{I_z}$$

当中性轴为对称轴时，截面上的最大拉应力与最大压应力相等，即

$$\sigma_{max} = \frac{M_{max} y_{max}}{I_z} = \frac{M_{max}}{W_z}$$

当中性轴为非对称轴时，且最大拉（压）应力不相等时，截面上的最大拉（压）应力为

$$\sigma_{tmax} = \frac{M_{max} y_1}{I_z} \leqslant [\sigma_t]$$

$$\sigma_{cmax} = \frac{M_{max} y_2}{I_z} \leqslant [\sigma_c]$$

以上两式适用于脆性材料。

五、提高梁弯曲强度和刚度的措施

影响梁的弯曲强度的主要因素是弯曲正应力，故应从降低梁内最大弯矩 M_{max} 的数值及提高抗弯截面系数 W_z 的数值着手。而梁的变形大小与荷载成正比，与抗弯刚度 EI_z 成反比。梁的跨度对弯曲变形的影响最大，故可从改变荷载作用方式和支座位置以减小弯矩，增大截面惯性矩和减小梁的跨度等方面考虑。

习题

1. “应力”和“内力”的概念有何不同？“应力”分解为哪两个分量？

2. “应变”和“变形”的概念有何不同？“应变”“变形”“位移”这三个的概念有何关系？

3. 低碳钢的轴向拉伸试验有几个阶段？各个阶段有什么特点？

4. 结构受力如图 4-34 所示，已知 AB 为圆截面钢杆，$d = 14\text{mm}$，许用应力 $[\sigma] = 170\text{MPa}$；BC 为正方形截面木杆，边长 $a = 60\text{mm}$，许用应力 $[\sigma] = 10\text{MPa}$。试校核结构的强度。

5. 一矩形截面简支木梁受均布荷载作用，如图 4-35 所示，已知：$l = 4\text{m}$，$b = 14\text{cm}$，$h = 21\text{cm}$，$q = 2\text{kN/m}$，$[\sigma] = 10\text{MPa}$，试校核梁的强度。

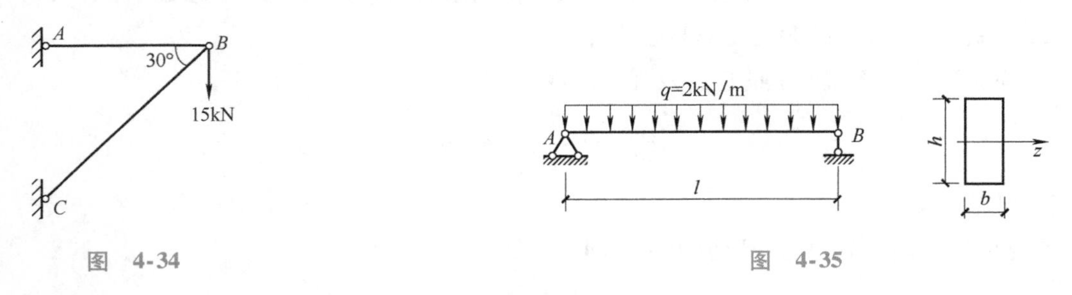

图 4-34　　　图 4-35

6. 一 T 形截面外伸梁受均布荷载作用，如图 4-36 所示，已知：$l = 1.5\text{m}$，$q = 8\text{kN/m}$，截面尺寸如图 4-36 所示，材料的许用拉应力为 $[\sigma_t] = 30\text{MPa}$，许用压应力为 $[\sigma_c] = 90\text{MPa}$。试

校核梁的强度。

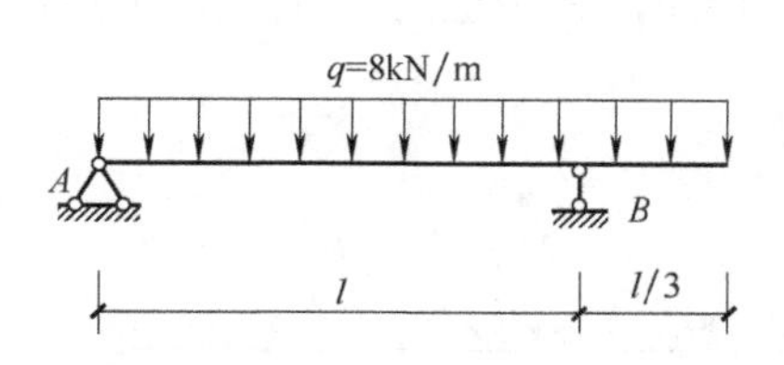

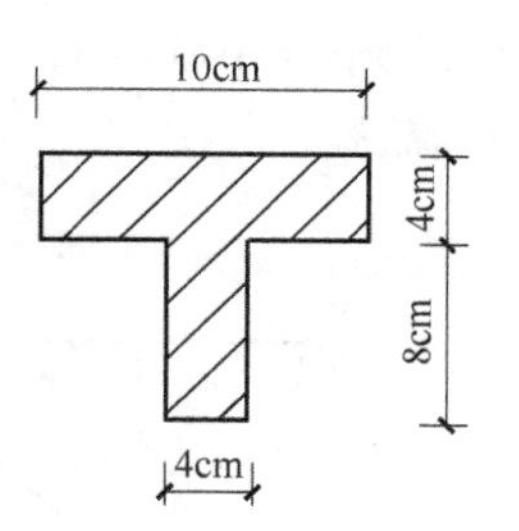

图 4-36

自我测试

一、填空题（每题 5 分，共 20 分）

1. 胡克定律的应力适用范围若更精确地讲就是应力不超过材料的____________极限。

2. 在轴向拉（压）斜截面上，有正应力也有切应力，在正应力最大的截面上切应力为____________。

3. 低碳钢试样轴向拉伸时，在初始阶段应力和应变成____________关系，变形是弹性的，而这种弹性变形在卸载后能完全消失的特征一直要维持到应力为____________极限的时候。

4. 金属拉伸试样在进入屈服阶段后，其光滑表面将出现与轴线成____________角的系统条纹，此条纹称为____________。

二、选择题（每题 5 分，共 20 分）

1. 在轴向拉伸或压缩杆件上，正应力为零的截面是（　　）。

A. 横截面　　B. 与轴线成一定交角的斜截面

C. 沿轴线的截面　　D. 不存在的

2. 在轴向拉伸或压缩杆件横截面上应力是均布的，而在斜截面上（　　）。

A. 仅正应力是均布的　　B. 正应力、切应力都是均布的

C. 仅切应力是均布的　　D. 正应力、切应力都不是均布的

3. 一圆杆受拉，在其弹性变形范围内，将直径增加一倍，则杆的相对变形将变为原来的（　　）倍。

A. $\frac{1}{4}$　　B. $\frac{1}{2}$　　C. 1　　D. 2

4. 两个拉杆轴力相等，横截面面积相等，但杆件材料不同，则以下结论正确的是（　　）。

A. 变形相同，应力相同　　B. 变形相同，应力不同

C. 变形不同，应力相同　　D. 变形不同，应力不同

三、计算题（每题 20 分，共 60 分）

1. 图 4-37 所示支架，AB 为钢杆，横截面面积 $A_{AB}=600\text{mm}^2$；BC 为木杆，横截面面积 $A_{BC}=300\text{mm}^2$。钢的许用应力 $[\sigma]=140\text{MPa}$，木材的许用拉应力 $[\sigma_t]=8\text{MPa}$，许用压应力 $[\sigma_c]=4\text{MPa}$，求支架的许可荷载。

2. 重物 P 由铜丝 CD 悬挂在钢丝 AB 的中点 C 处，如图 4-38 所示。已知铜丝直径 $d_1=2\text{mm}$，许用应力$[\sigma]_1=100\text{MPa}$，钢丝直径 $d_2=1\text{mm}$，许用应力$[\sigma]_2=240\text{MPa}$，且 $\alpha=30°$，试求结构的许可荷载。

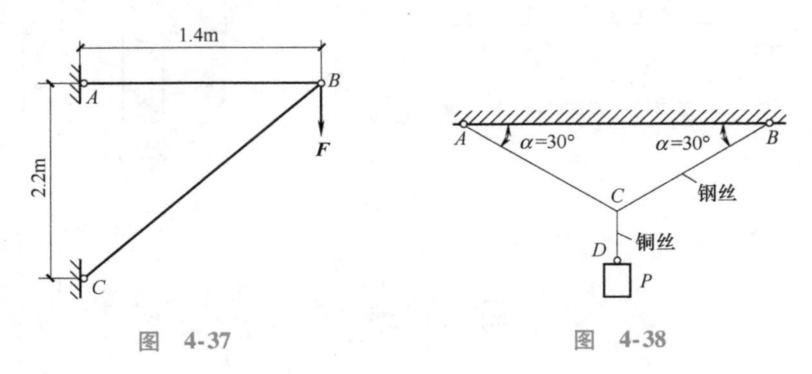

图 4-37　　图 4-38

3. 梁受力如图 4-39 所示，截面为 20a 工字钢，$I_z/S_z^*=17.2\text{cm}$，腹板宽度 $d=7\text{mm}$，材料许用应力$[\sigma]=170\text{MPa}$，$[\tau]=100\text{MPa}$，试校核梁的强度。

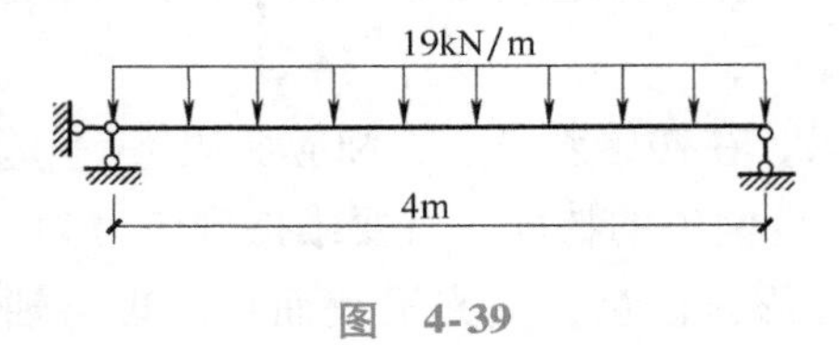

图 4-39

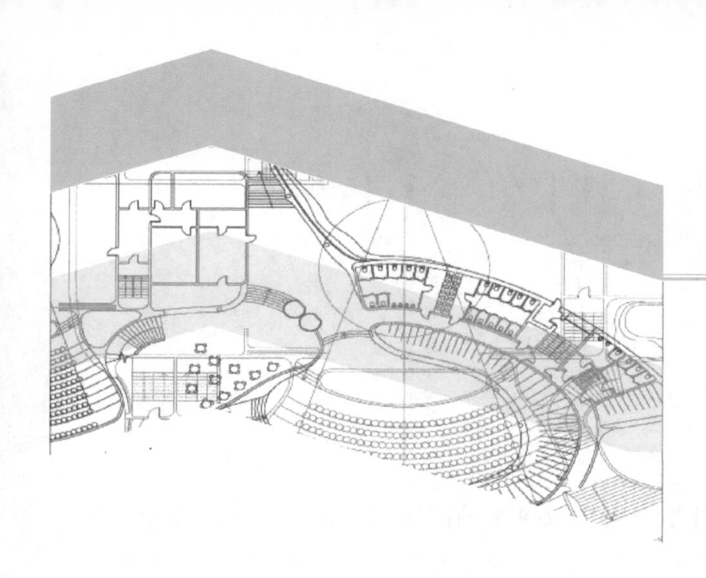

模块 5

压杆稳定

内容提要

本模块主要介绍了压杆稳定的概念，压杆的临界力和临界应力计算方法（欧拉公式和经验公式）以及压杆稳定的计算。

5.1 压杆稳定的概念

工程中把承受轴向压力的直杆称为压杆。对于短粗杆件，通常认为只要满足直杆受压时的强度条件，就能保证压杆的正常工作。但对于细长杆件，实践表明，在轴向压力作用下，当杆内应力远远小于材料的许用应力时，杆件就可能发生突然弯曲而破坏。通常将细长杆发生突然弯曲而破坏的现象称为“丧失稳定”，简称失稳。因此对于这类受压杆件，除考虑强度问题外，还必须考虑稳定性问题。所谓压杆的稳定，就是指受压杆件保持原有平衡状态的稳定性。

为了说明平衡状态的稳定性，取细长的受压杆作为对象进行研究。以图 5-1a 所示的等直细长杆为例说明压杆稳定性问题。在细长杆上端施加轴向压力 F，使杆在直线形状下保持平衡状态。若对杆施加微小的侧向干扰力，使其发生微小的弯曲，然后撤去干扰力，当杆承受的轴向压力数值不同时，可能出现以下几种情况。

1）当杆承受的轴向压力数值 F 小于某一数值 F_{cr}时，撤去干扰力以后，杆能自动恢复到原有的直线平衡状态并保持平衡，如图 5-1b 所示。这种能保持原有直线平衡状态的平衡称为稳定平衡。

2）当杆承受的轴向压力数值 F 正好等于杆在该状态下的临界值 F_{cr}时，撤去干扰力，杆不能恢复到原有的直线平衡状态，而处于如图 5-1c 所示的一种微弯平衡状态。这种平衡称为临界平衡。

3）当杆承受的轴向压力数值 F 超过杆在该状态下的临界值 F_{cr}时，如图 5-1d 所示，随着力 F 逐渐增大，杆的弯曲程度也逐渐增大，最终发生突然破坏。

上述现象表明，在轴向压力 F 由小逐渐增大的过程中，压杆由稳定平衡转变为不稳定平

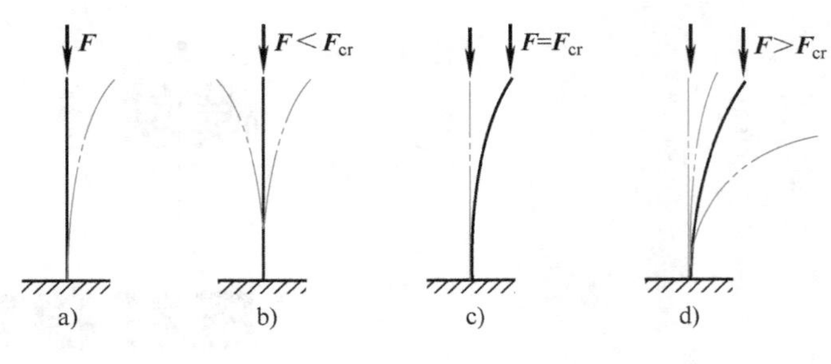

图 5-1

衡，即发生了压杆失稳现象。显然，压杆是否失稳取决于轴向压力的数值。压杆处于临界平衡状态时所对应的轴向压力称为压杆的临界压力或临界力，用 F_{cr}表示。因此，研究压杆稳定问题的关键是确定临界力。

5.2 压杆的临界力和临界应力

5.2.1 压杆的临界力

由欧拉公式可得两端铰支细长压杆的临界力公式，即

$$F_{cr}=\frac{\pi^2 EI}{l^2} \tag{5-1}$$

式（5-1）为两端铰支压杆的临界力公式。实际上压杆的临界力还与其杆端的约束情况有关，当杆端的约束情况改变时，边界条件发生改变，临界力就表现为不同的数值。可把各种约束情况下压杆临界力计算公式写成统一形式，即

$$F_{cr}=\frac{\pi^2 EI}{(\mu l)^2} \tag{5-2}$$

式中，μ 为长度系数；μl 为压杆的计算长度（或有效长度），表示将杆端约束条件不同的压杆长度折算成两端铰支压杆的长度。

现将几种不同杆端约束情况下的长度系数 μ 列于表 5-1 中，供计算时查阅。

表 5-1 各种约束下等截面细长压杆的长度系数

杆端约束情况	两端铰支	一端固定一端铰支	两端固定	一端固定一端自由
μ 值	1.0	0.7	0.5	2
挠曲线形状	F_{cr}, l	F_{cr}, $0.7l$, l	F_{cr}, $\frac{l}{4}$, $\frac{l}{2}$, $\frac{l}{4}$	F_{cr}, l

5.2.2 压杆的临界应力

在进行压杆稳定计算时，还需要知道临界应力。临界应力是指当压杆在临界力 F_{cr} 作用下处于临界平衡状态时，其横截面上的平均正应力，用 σ_{cr} 表示，即

$$\sigma_{cr}=\frac{F_{cr}}{A}$$

将式（5-2）代入上式，得

$$\sigma_{cr}=\frac{\pi^2 E}{\lambda^2} \tag{5-3}$$

式中，E 为材料的弹性模量；λ 为压杆的柔度或长细比，其计算式为

$$\lambda=\frac{\mu l}{i} \tag{5-4}$$

式中，l 为压杆的长度；i 为截面的惯性半径，$i=\sqrt{\frac{I}{A}}$。

λ 是一个无量纲的量，它与压杆的长度、杆端约束情况、截面形状及尺寸等因素有关。在材料相同的情况下，λ 越大，临界应力就越小，压杆越容易失稳；λ 越小，临界应力就越大，压杆越不容易失稳。所以柔度 λ 是压杆稳定计算中一个很重要的几何参数。

根据柔度的大小，可将压杆分为三类：

1）大柔度杆。当 $\lambda \geqslant \lambda_p$ 时，压杆称为大柔度杆（或细长杆）。杆件将发生弹性失稳。其中，λ_p 是对应于材料比例极限 σ_p 时的柔度值，$\lambda_p=\pi\sqrt{\frac{E}{\sigma_p}}$。

2）中柔度杆。当 $\lambda_s<\lambda<\lambda_p$ 时，压杆称为中柔度杆（或中长杆）。杆件将发生非弹性失稳。其中，λ_s 是对应于材料屈服极限 σ_s 时的柔度值，$\lambda_s=\frac{a-\sigma_s}{b}$，$a$、$b$ 为与材料有关的物理量。

3）小柔度杆。当 $\lambda \leqslant \lambda_s$ 时，压杆称为小柔度杆（或短粗杆）。杆件将发生强度失效，即不用考虑其稳定性。

常见材料的 λ_p、λ_s 值见表5-2。

表5-2 常见材料的 λ_p、λ_s 值

材料	λ_p	λ_s	材料	λ_p	λ_s
Q235钢	100	62	铸铁	80	—
优质碳素钢	100	60	硬铝	50	—
硅钢	100	60	松木	50	—

压杆临界应力的计算公式根据其柔度的大小要分别使用欧拉公式和经验公式。

对于大柔度杆（或细长杆），其临界应力的计算应使用欧拉公式，即

$$\sigma_{cr}=\frac{\pi^2 E}{\lambda^2}$$

对于中柔度杆（或中长杆），其临界应力的计算应使用经验公式，即

$$\sigma_{cr}=a-b\lambda \tag{5-5}$$

式中，a、b 为与材料有关的物理量，见表5-3。

表5-3　几种常见材料的 a、b 值

材　　料	a/MPa	b/MPa	材　　料	a/MPa	b/MPa
Q235 钢	304	1.12	硬铝	372	2.14
硅钢	577	3.74	铸铁	331.9	1.453
铬钼钢	980	5.29	松木	39.2	0.199

对于小柔度杆（或短粗杆），其临界应力则应用强度条件计算，即

$$\sigma_{cr} = \sigma_s \tag{5-6}$$

5.2.3　临界应力总图

如果将压杆的临界应力计算与柔度的关系通过一个简图来表示，则此图称为压杆的临界应力总图（图5-2）。

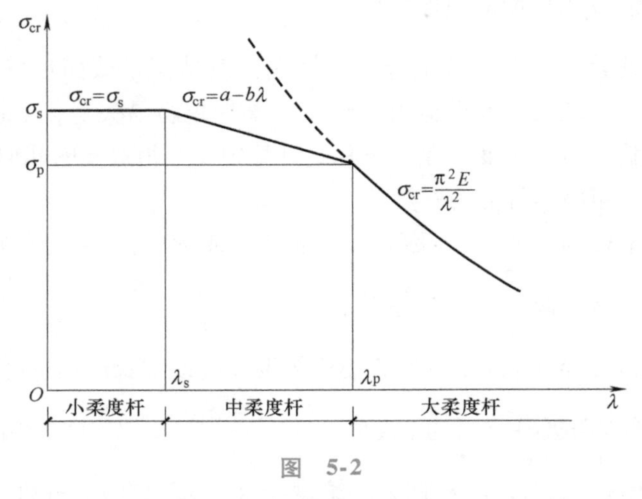

图　5-2

【例5-1】　如图5-3所示两端铰支的圆形截面压杆，$d=40\text{mm}$，材料为Q235钢，弹性模量 $E=200\text{GPa}$，$\sigma_s=235\text{MPa}$。试分别计算杆长为1.2m、0.8m、0.5m时压杆的临界力。

解：（1）当杆长 $l=1.2\text{m}$ 时

因该压杆两端铰支，所以 $\mu=1$，而

$$i=\sqrt{\frac{I}{A}}=\frac{d}{4}=10\text{mm}$$

所以
$$\lambda=\frac{\mu l}{i}=\frac{1\times1200}{10}=120>\lambda_p=100$$

所以此杆为大柔度杆。

则此杆的临界力为

$$F_{cr}=\sigma_{cr}\cdot A=\frac{\pi^2 E}{\lambda^2}\times\frac{\pi d^2}{4}=\frac{3.14^3\times200\times10^3\times40^2}{4\times120^2}\text{N}=172\text{kN}$$

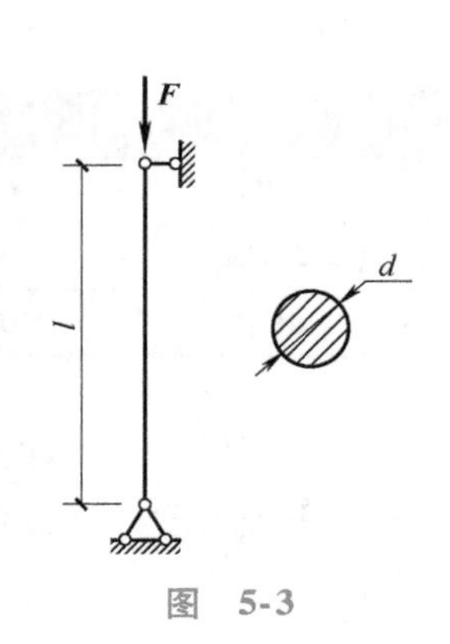

图　5-3

（2）当杆长 $l=0.8\text{m}$ 时

$$\lambda=\frac{\mu l}{i}=\frac{1\times800}{10}=80$$

查表得 $\lambda_s=62$。因为 $\lambda_s<\lambda<\lambda_p$，所以此杆为中柔度杆。查表可得：$a=304\text{MPa}$，$b=1.12\text{MPa}$。

则此杆的临界力为

$$F_{cr}=\sigma_{cr}A=(a-b\lambda)A=\left[(304-1.12\times80)\times\frac{3.14\times40^2}{4}\right]\text{N}=269.3\text{kN}$$

（3）当杆长 $l=0.5\text{m}$ 时

$$\lambda=\frac{\mu l}{i}=\frac{1\times500}{10}=50$$

因为 $\lambda<\lambda_s$，所以此杆为小柔度杆。

则此杆的临界力为

$$F_{cr}=\sigma_s A=\left(235\times\frac{3.14\times40^2}{4}\right)\text{N}=295.2\text{kN}$$

【例题点评】从此例中可以看到，材料、约束、截面相同的压杆，由于长度不同，杆件的失效形式也不一样。长杆的主要失效形式是失稳，因此必须进行稳定性的计算。

5.3 压杆的稳定计算

5.3.1 压杆的稳定条件

为了保证压杆具有足够的稳定性，压杆承受的压应力 σ 必须小于临界应力 σ_{cr}。对于工程上的压杆，还需要具有一定的稳定储备，这就要求横截面上的应力不能超过压杆的稳定许用应力 $[\sigma_{cr}]$，即

$$\sigma=\frac{F}{A}\leqslant\frac{\sigma_{cr}}{n_{st}}=[\sigma_{cr}] \tag{5-7}$$

式中，F 为实际作用在压杆上的压力；σ_{cr} 为实际作用在压杆上的临界应力；n_{st} 为规定的稳定安全系数，其值随压杆柔度 λ 的改变而变化，也可从相关设计规范和手册中查得；$[\sigma_{cr}]$ 为稳定许用应力。

5.3.2 压杆的稳定计算

压杆的稳定计算通常有下列两种方法：安全系数法和折减系数法。

1. 安全系数法

由式（5-7）可知压杆的稳定许用应力为

$$[\sigma_{cr}]=\frac{\sigma_{cr}}{n_{st}} \tag{5-8}$$

一般对金属结构中的钢压杆取 $n_{st}=1.8\sim3.0$；对木材取 $n_{st}=2.5\sim3.5$；对铸铁取 $n_{st}=4.5\sim5.5$。n_{st} 的取值还与压杆的工作环境有关，例如，矿山和冶金设备中的钢压杆工作环境恶劣，常取 $n_{st}=4\sim8$。

σ_{cr} 与最大工作应力 σ 之比即为压杆的工作安全系数 n，即

$$n = \frac{\sigma_{cr}}{\sigma} \geqslant n_{st} \tag{5-9}$$

式（5-9）为压杆的安全系数法的稳定性条件，它的含义为：压杆实际具有的安全系数须大于或等于规定的稳定安全系数，方能保证其安全工作。

【例 5-2】 一钢制的空心圆管，内、外径分别为 10mm 和 12mm，杆长 380mm，钢材的 $E = 210\text{GPa}$，试用欧拉公式求钢管的临界力。已知在实际使用时，其承受的最大工作压力 $F_{max} = 2250\text{N}$，规定的稳定安全系数为 $n_{st} = 3.0$，试校核钢管的稳定性（两端约束为铰支）。

解：钢管横截面的惯性矩为

$$I = \frac{\pi}{64}(D^4 - d^4) = \frac{\pi}{64}(0.012^4 - 0.01^4)\text{m}^4 = 5.27 \times 10^{-10}\text{m}^4$$

应用欧拉公式，钢管的临界力为

$$F_{cr} = \frac{\pi^2 EI}{(\mu l)^2} = \frac{\pi^2 \times 210 \times 10^9 \times 5.27 \times 10^{-10}}{(1 \times 0.38)^2}\text{N} = 7557\text{N}$$

临界压力与实际最大工作压力之比，即为压杆工作时的安全系数，其值为

$$n = \frac{F_{cr}}{F_{max}} = \frac{7557}{2250} = 3.36 > n_{st} = 3.0$$

因此钢管满足稳定性要求。

2. 折减系数法

折减系数法是土建工程中常用的方法之一。通常将材料的许用强度应力乘以一个折减系数 ϕ 作为压杆的稳定许用应力，即

$$[\sigma_{cr}] = \phi[\sigma] \tag{5-10}$$

由式（5-7）、式（5-10）可得

$$\sigma \leqslant \phi[\sigma] \tag{5-11}$$

式（5-11）为压杆的折减系数法的稳定性条件。

式（5-11）中，$[\sigma]$为材料的许用强度应力。不难判断折减系数 ϕ 是一个小于 1 的数，其值与压杆的柔度和材料有关。表 5-4 列出了几种常见材料的折减系数值供参考。

表 5-4　压杆的折减系数 ϕ

压杆的长细比 λ	ϕ 值				
	Q235 钢	Q345 钢	铸铁	木材	混凝土
0	1.000	1.000	1.00	1.000	1.00
20	0.981	0.973	0.91	0.932	0.96
40	0.927	0.895	0.69	0.822	0.83
60	0.842	0.776	0.44	0.658	0.70
70	0.789	0.705	0.34	0.575	0.63
80	0.731	0.627	0.26	0.460	0.57
90	0.669	0.546	0.20	0.371	0.51
100	0.604	0.462	0.16	0.300	0.46

（续）

压杆的长细比 λ	ϕ 值				
	Q235 钢	Q345 钢	铸铁	木材	混凝土
110	0.536	0.384		0.248	
120	0.466	0.325		0.209	
130	0.401	0.279		0.178	
140	0.349	0.242		0.153	
150	0.306	0.213		0.134	
160	0.272	0.188		0.117	
170	0.243	0.168		0.102	
180	0.218	0.151		0.093	
190	0.197	0.136		0.083	
200	0.180	0.124		0.075	

5.3.3 压杆稳定计算的应用

根据压杆的稳定条件，可以计算以下三方面的稳定问题。

1. 稳定性校核

已知压杆的几何尺寸、所用材料、支承条件以及承受的压力，验算是否满足稳定条件。例如使用折减系数法，首先计算柔度 $\lambda=\mu l/i$，再根据折减系数表利用直线插入法求得 ϕ 值，代入式（5-11），进行稳定校核。

2. 容许荷载的确定

当压杆的几何尺寸、所用材料及支承情况已知时，确定压杆在满足稳定条件时所能承受的最大轴压力。例如使用折减系数法，一般也要首先计算柔度 $\lambda=\mu l/i$，再根据折减系数表利用直线插入法求得 ϕ 值，则可用 $F\leqslant A\phi[\sigma]$确定最大轴压力。

3. 截面设计

当压杆的长度、所用材料、支承情况及荷载已知时，根据稳定条件选择压杆的截面尺寸。例如使用折减系数法，因为 $A\geqslant\dfrac{F}{\phi[\sigma]}$中，要确定 A 需知道 ϕ，但在截面形状和尺寸未定之前，无法确定杆的长细比 λ，所以无法确定 ϕ 值，因此只能试算。方法是先假设一适当的 ϕ_1 值（一般取 $\phi_1=0.5\sim0.6$），由此定出截面尺寸 A_1，按 A_1 计算 i、λ，查出相应的 ϕ_1'，然后比较查出的 ϕ_1'与假设的 ϕ_1，若两者比较接近，则截面选择较理想，可对所选截面进行校核；若ϕ_1'与 ϕ_1 相差较大，可再设 ϕ_2。若查出的 ϕ_1'大于假设的 ϕ_1，则稳定性有富余；若查出的 ϕ_1'小于假设的 ϕ_1，则稳定性不够。重复上述步骤，直到求得的 ϕ_n'与所设的 ϕ_n 接近为止，这种方法称为“试算法”。

【例5-3】 如图5-4a 所示，构架由两根直径相同的圆杆构成，杆的材料为 Q235 钢，直径 $d=20\text{mm}$，材料的许用应力$[\sigma]=170\text{MPa}$，已知 $h=0.4\text{m}$，作用力 $F=15\text{kN}$，试校核两杆的稳定性。

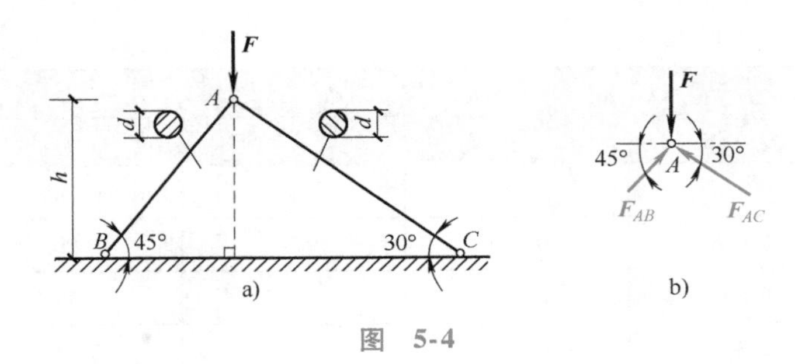

图 5-4

解：（1）计算各杆承受的压力

取结点 A 为研究对象，画受力分析图，如图 5-4b 所示，根据平衡条件列方程

$$\sum F_x = 0 \qquad F_{AB}\cos45° - F_{AC}\cos30° = 0$$

$$\sum F_y = 0 \qquad F_{AB}\sin45° + F_{AC}\sin30° - F = 0$$

联立上面两式求解可得

$$F_{AB} = 0.897F = (0.897 \times 15)\text{kN} = 13.46\text{kN}(\text{压})$$

$$F_{AC} = 0.732F = (0.732 \times 15)\text{kN} = 10.98\text{kN}(\text{压})$$

（2）计算两杆的柔度系数

$$l_{AB} = \sqrt{2}h = \sqrt{2} \times 0.4\text{m} = 0.566\text{m}$$

$$l_{AC} = 2h = 2 \times 0.4\text{m} = 0.8\text{m}$$

$$\lambda_{AB} = \frac{\mu l_{AB}}{i} = \frac{\mu l_{AB}}{d/4} = \frac{4 \times 1 \times 0.566}{0.02} = 113.2$$

$$\lambda_{AC} = \frac{\mu l_{AC}}{i} = \frac{\mu l_{AC}}{d/4} = \frac{4 \times 1 \times 0.8}{0.02} = 160$$

（3）根据柔度查折减系数

$$\phi_{AB} = \phi_{113.2} = \phi_{110} - \frac{\phi_{110} - \phi_{120}}{10} \times 3.2$$

$$= 0.536 - \frac{0.536 - 0.466}{10} \times 3.2 = 0.514$$

$$\phi_{AC} = \phi_{160} = 0.272$$

（4）按照稳定条件进行验算

$$\sigma_{AB} = \frac{F_{AB}}{A} = \frac{13.46 \times 10^3}{\pi(0.02/2)^2}\text{Pa} = 42.84\text{MPa} < \phi_{AB}[\sigma] = 87.38\text{MPa}$$

$$\sigma_{AC} = \frac{F_{AC}}{A} = \frac{10.98 \times 10^3}{\pi(0.02/2)^2}\text{Pa} = 34.95\text{MPa} < \phi_{AC}[\sigma] = 46.24\text{MPa}$$

由此可见，两杆都满足稳定条件，结构稳定。

小　　结

一、压杆稳定的概念

压杆稳定是指受压杆保持原有平衡状态的稳定性。

二、压杆的临界应力

压杆由稳定平衡到不稳定平衡的关键是临界力（或临界应力）的确定。根据柔度将压杆分为三种，应力计算公式分别如下：

1）当$\lambda \geqslant \lambda_p$时，杆件为大柔度杆（或细长杆），其临界应力用欧拉公式$\sigma_{cr}=\dfrac{\pi^2 E}{\lambda^2}$计算。

2）当$\lambda_s<\lambda<\lambda_p$时，压杆为中柔度杆（或中长杆），其临界应力用经验公式$\sigma_{cr}=a-b\lambda$计算。

3）当$\lambda \leqslant \lambda_s$时，压杆为小柔度杆（或短粗杆），其临界应力用强度条件$\sigma_{cr}=\sigma_s$计算。

三、压杆的稳定性条件

$$n=\frac{\sigma_{cr}}{\sigma}\geqslant n_{st}$$

$$\sigma \leqslant \phi[\sigma]$$

四、压杆的稳定计算

根据稳定条件可以进行三方面的稳定性计算：稳定性校核、容许荷载的确定、截面设计。

习题

1. 如图5-5所示一端固定一端自由的压杆，杆长$l=1$m，截面为矩形，$b=20$mm，$h=45$mm，材料为Q235钢，弹性模量$E=200$GPa。试计算该压杆的临界应力；若将该压杆截面改为$b=h=30$mm，则压杆的临界应力又为多大？

2. 一端固定、一端自由的中心受压细长杆件，长$l=1$m，弹性模量$E=200$GPa，试计算图5-6所示三种截面杆的临界力。

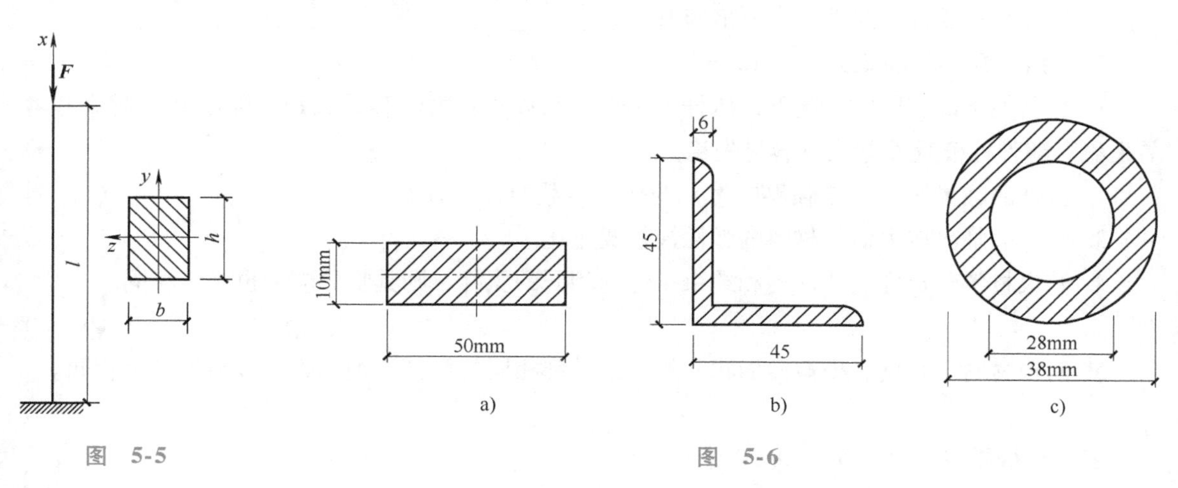

图 5-5　　图 5-6

3. 螺旋千斤顶计算简图如图5-7所示，已知丝杠长度$l=375$mm，直径$d=40$mm，材料为Q235钢，弹性模量$E=200$GPa，其最大承重量$F=80$kN，规定的稳定安全系数$n_{st}=4$，试校核丝杆的稳定性。

4. 截面为I40a的压杆，材料为Q345钢，许用应力$[\sigma]=230$MPa，杆长$l=5.6$m，在xOz

平面内失稳时杆端约束情况接近于两端固定，则长度系数可取为 $\mu_y = 0.65$；在 xOy 平面内失稳时为两端铰支，$\mu_z = 1.0$，截面形状如图 5-8 所示。试计算压杆所允许承受的轴向压力[P]。

5. 如图 5-9 所示支架，BD 杆为正方形截面的木杆，截面边长 $a = 0.1\text{m}$，AB 段长度 $l = 2\text{m}$，木材的许用应力 $[\sigma] = 10\text{MPa}$，试从满足 BD 杆的稳定条件考虑，计算该支架能承受的最大荷载 $F_{\max}$。

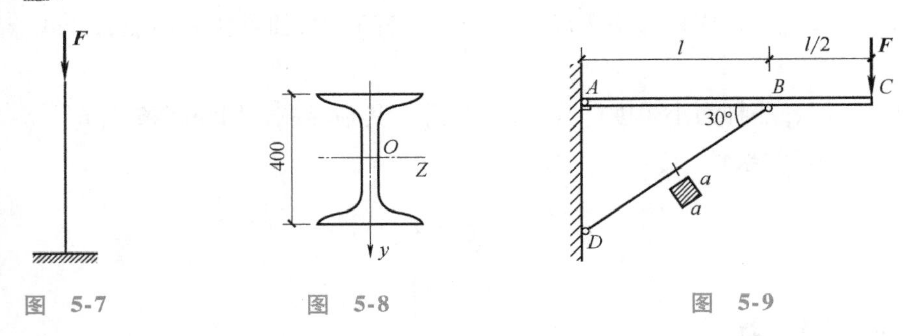

图 5-7　　图 5-8　　图 5-9

自我测试

一、填空题（每空 2 分，共 20 分）

1. 压杆的柔度反映了________、________、________等因素对临界应力的综合影响。

2. 欧拉公式只适用于应力小于________的情况；若用柔度来表示，则欧拉公式的适用范围为________________。

3. 当压杆的柔度________时，称为中长杆或中柔度杆。

4. 长度系数反映了杆端的________对临界力的影响。

5. 提高细长压杆稳定性的主要措施有____________、____________和____________。

二、判断题（每题 2 分，共 10 分）

1. 在其他条件相同的情况下，压杆随其长度系数 μ 越大越容易失稳；随柔度 λ 越大越容易失稳；随弹性模量 E 越大越容易失稳。（　）

2. 压杆的临界压力（或临界应力）与作用荷载的大小有关。（　）

3. 压杆的临界应力值与材料的弹性模量成正比。（　）

4. 两根材料、长度、惯性矩和约束条件都相同的压杆，则其临界应力也必定相同。（　）

5. 两根材料、长度、横截面面积和约束条件都相同的压杆，则其临界应力也必定相同。（　）

三、选择题（每题 3 分，共 30 分）

1. 图 5-10 所示压杆，材料相同、截面相同，支承方式不同，则柔度最大和柔度最小的压杆是（　）。

A. λ_a大，λ_b小　　B. λ_a大，λ_c小　　C. λ_a大，λ_d小　　D. λ_b大，λ_c小

2. 一细长压杆当抗弯刚度 EI、约束条件等均不变，而杆长 l 减小一半时，其临界荷载（　）。

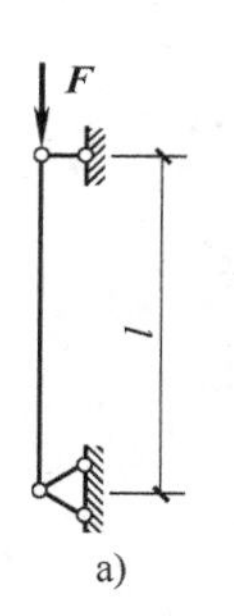

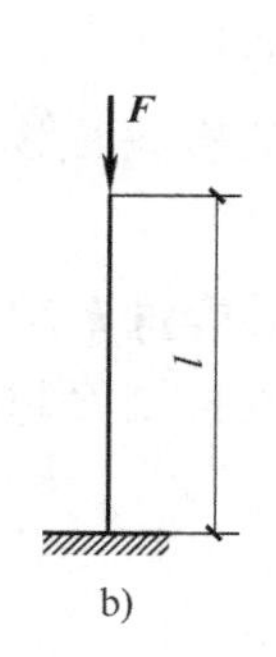

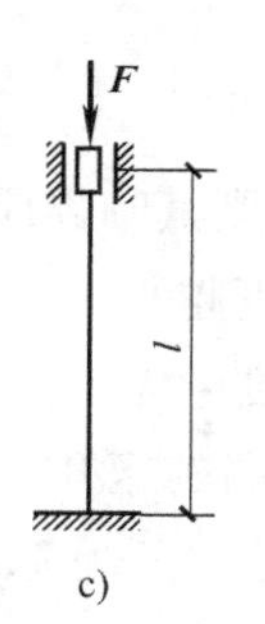

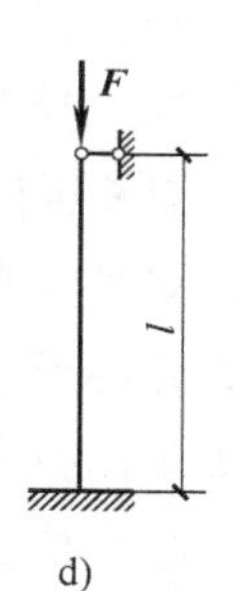

图 5-10

A. 增大1/4倍　　B. 减小1/4倍　　C. 减小4倍　　D. 增大4倍

3. 两端铰支的圆截面压杆，长1m，直径为50mm，其柔度为（　　）。

A. 80　　B. 66.7　　C. 60　　D. 50

4. 在横截面面积等其他条件均相同的条件下，压杆采用（　　）截面形状，其稳定性最好。

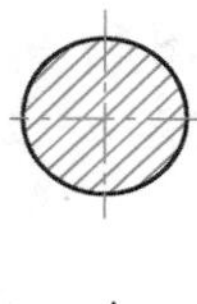

B
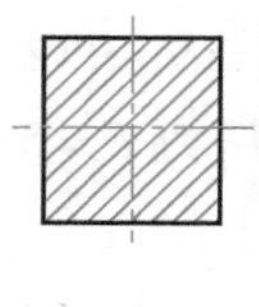

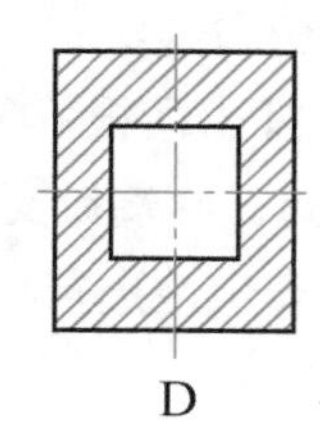

图 5-11

5. 各杆的材料和截面形状及尺寸均相同，各杆的长度如图5-12所示，当压力F从零开始以相同的速率逐渐增加时，首先失稳的是（　　）。

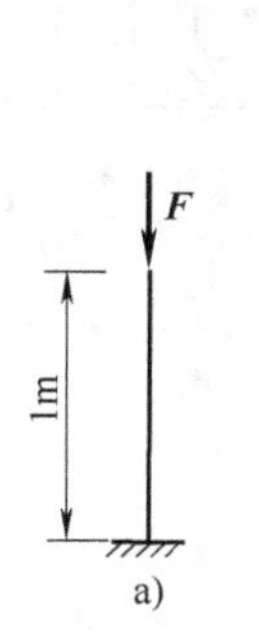

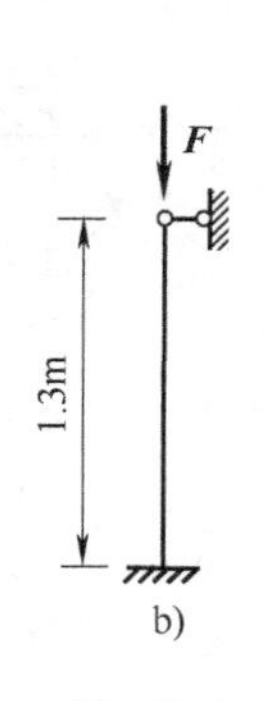

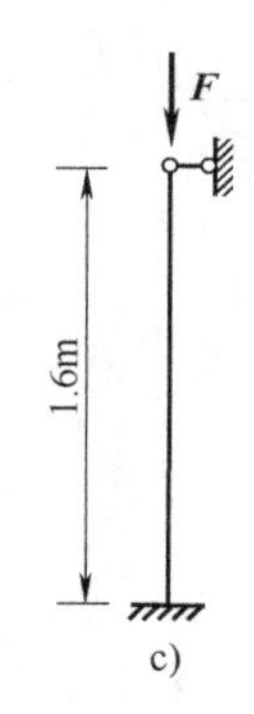

图 5-12

A. a图　　B. b图　　C. c图　　D. b图、c图都一样

6. 下列压杆属于细长杆的是（　　）。

A. $\lambda \leqslant \lambda_p$　　B. $\lambda \geqslant \lambda_p$　　C. $\lambda_s < \lambda < \lambda_p$　　D. $\lambda \leqslant \lambda_s$

7. 一端固定另一端铰支的压杆，其长度系数μ等于（　　）。

A. 1　　B. 2　　C. 0.5　　D. 0.7

8. 细长杆承受轴向压力$\boldsymbol{F}$的作用，其临界压力与（　　）无关。

A. 杆的材质　　B. 杆的长度

C. 杆承受压力的大小　　D. 杆的横截面形状和尺寸

9. 细长压杆的（　　），则其临界应力越大。

A. 弹性模量 E 越大或柔度越小　　B. 弹性模量 E 越大或柔度越大

C. 弹性模量 E 越小或柔度越大　　D. 弹性模量 E 越小或柔度越小

10. 两根材料和柔度都相同的压杆，（　　）。

A. 临界应力一定相等，临界压力不一定相等

B. 临界应力不一定相等，临界压力一定相等

C. 临界应力和临界压力一定相等

D. 临界应力和临界压力不一定相等

四、计算题（共40分）

1. 一根柱由4根80mm×80mm×6mm的角钢组成（图5-13），并符合规范中实腹式b类截面中心受压杆的要求。支柱的两端为铰支，柱长 $l=6\text{m}$，压力为450kN。若材料为Q235钢，强度许用应力 $[\sigma]=170\text{MPa}$，试求支柱横截面边长 a 的尺寸。（20分）

2. 压杆由两根不等边角钢140×90×12组成，材料为Q235钢，截面如图5-14所示，杆长 $l=2.4\text{m}$，两端铰支，承受轴向压力 $F=800\text{kN}$，$[\sigma]=160\text{MPa}$，铆钉孔直径 $d=23\text{mm}$，试对压杆的安全性进行校核。（20分）

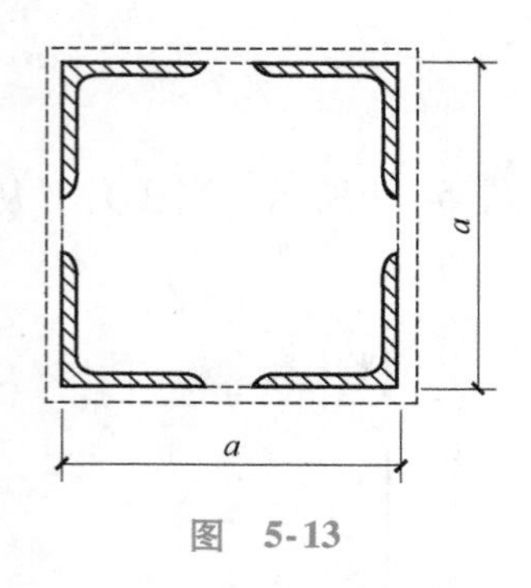

图　5-13

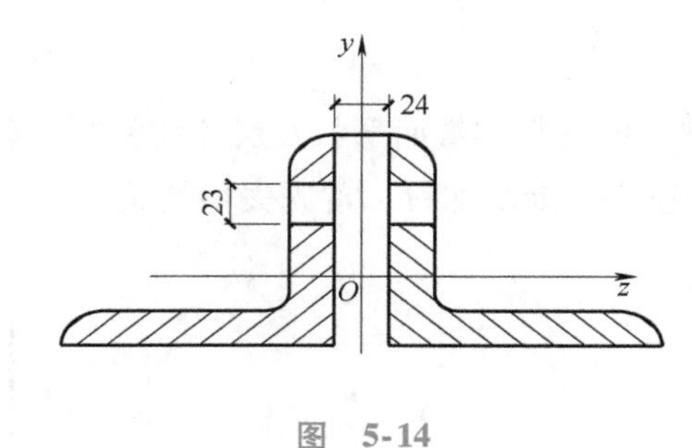

图　5-14

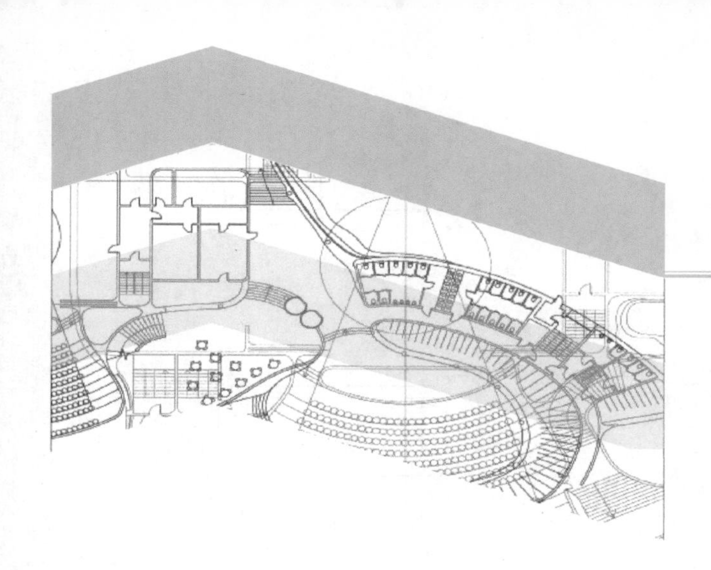

模块 6

平面杆件体系的几何组成分析

内容提要

本模块主要介绍了平面杆件体系的几何组成分析、几何不变体系的组成规则、几何组成分析的应用、静定结构和超静定结构的概念。

6.1 平面杆件体系的几何组成分析概述

平面杆件体系是若干杆件按一定规律互相联结而组成的，用来承受荷载作用的体系。在荷载作用下材料会发生应变，因而结构产生变形，这种变形与结构的尺寸相比是很微小的。研究变形时，一般把杆件看成变形体，把平面杆件体系看成由变形体组成的体系；研究受力时，把杆件看成刚体组成的体系；研究几何组成分析时，也是把杆件看成刚体组成的体系。

6.1.1 几何不变体系和几何可变体系

平面杆件体系分为几何可变体系和几何不变体系，能作为结构来使用的必须为几何不变体系。几何不变体系分为静定结构和超静定结构，计算时采用的计算方法不同。判断体系属于何种结构，与结构的几何组成有关。

1. 几何不变体系

在不考虑材料的应变条件下，任意荷载作用后，几何形状和位置保持不变的体系称为几何不变体系，如图 6-1 所示。

2. 几何可变体系

在不考虑材料的应变条件下，任意荷载作用后，几何形状和位置可以改变的体系称为几何可变体系，如图 6-2 所示。

6.1.2 几何组成分析的目的

结构是建筑物的骨架，这就要求在受力情况下结构必须为几何不变体系，因此，在结构设计和计算之前，需进行几何组成分析。

对体系进行几何组成分析的目的如下：

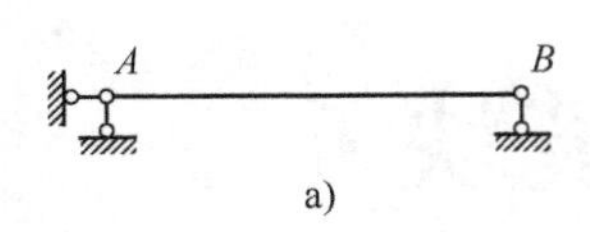

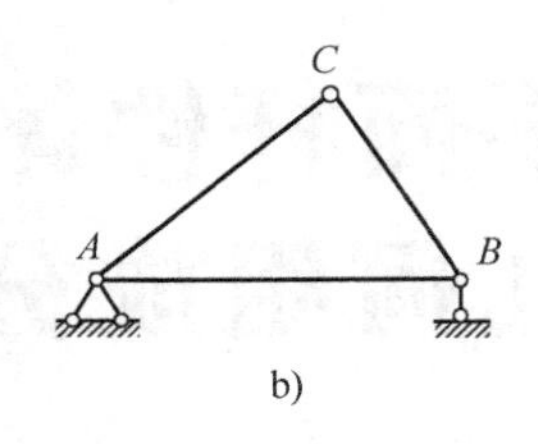

图 6-1

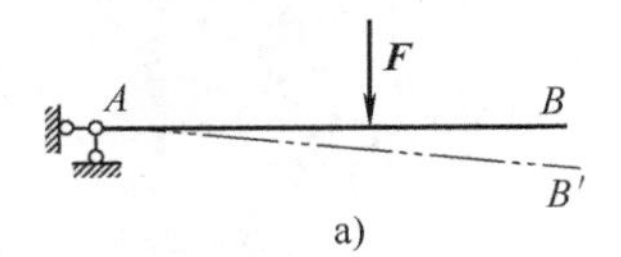

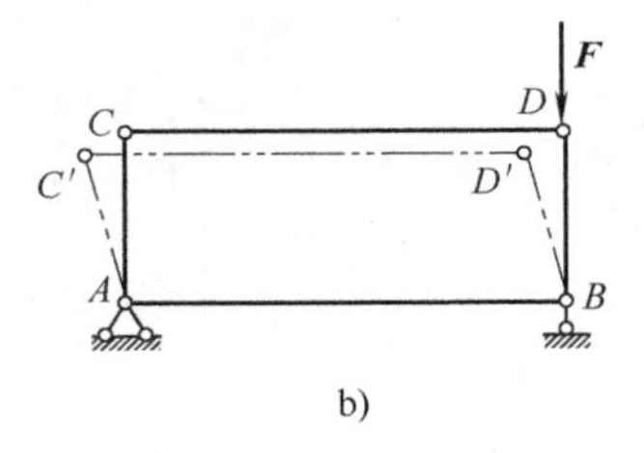

图 6-2

1）判别体系为几何可变体系还是几何不变体系，决定其能否作为结构使用。

2）区别静定结构和超静定结构，选定相应计算方法。

3）分析结构杆件的相互关系，决定合理的计算顺序。

4）研究几何不变体系的组成规则，保证结构的稳定。

6.1.3 刚片、自由度和约束

1. 刚片

在几何组成分析中，因为不考虑杆件的变形，所以可把体系中的每一杆件或几何不变的某一部分以及支撑结构的地基，视为一个刚片。

2. 自由度

确定体系的位置所需要的独立坐标的数目，称为自由度，即在该体系运动时，可以独立变化的几何参数的数目。

（1）点的自由度

图 6-3a 所示平面内的某一动点 A，其具体位置需要由两个坐标 x 和 y 来确定，因此平面内一个点的自由度等于 2。

（2）刚片的自由度

在平面内运动的刚片，其位置将由它上面的任一点 A 的坐标 x、y 和过 A 点的任一直线 AB 与 x 轴的夹角 φ 来确定，如图 6-3b所示。因此平面内一个刚片的自由度等于 3。

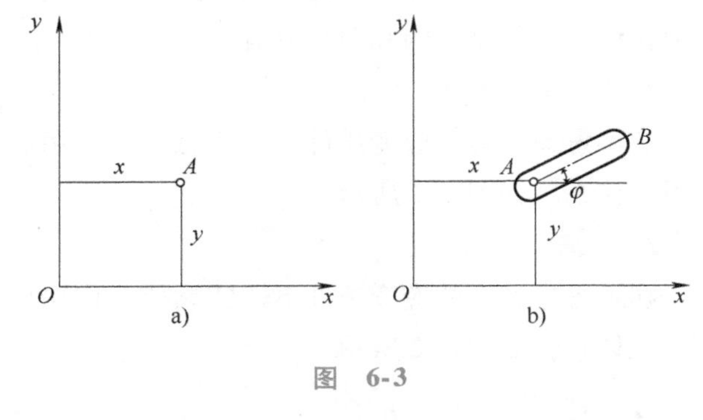

图 6-3

3. 约束

约束又称联系，在实际结构体系中，凡是能够减少体系自由度的装置都称为约束。约束使构件（刚片）之间的相对运动受到限制，因此约束的存在将会使体系的自由度减少。能使体系减少一个自由度的装置称为一个约束，如果一个装置能使体系减少 n 个自由度，则称为 n 个约束。工程上最常见的约束有链杆约束和铰约束。

（1）链杆约束

链杆是指一根两端铰结于两个刚片的杆件，如直杆、曲杆、折杆。如图6-4a所示，链杆*AB*将刚片*AC*联结起来，即限制了刚片*A*点在竖直方向的移动，则此刚片只能绕*A*转动，铰*A*可以绕*B*点转动，刚片的自由度由原来的三个变成两个，比没有链杆时减少了一个自由度。所以，一根链杆相当于一个约束。

（2）固定铰支座

如图6-4b所示，固定铰支座限制了*A*点在水平方向和竖直方向的移动，使刚片*AB*只能绕*A*转动，减少了两个自由度，相当于两个约束。

（3）固定端支座

如图6-4c所示，固定端支座*A*限制了*AB*杆任何可能的运动，使刚片的自由度减少为零，相当于三个约束。

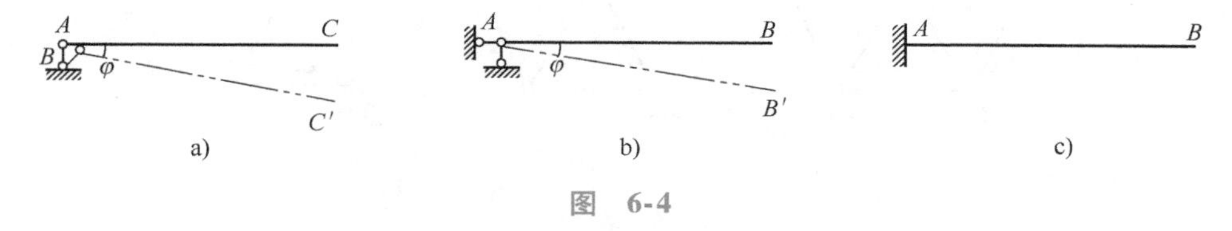

图 6-4

（4）单铰结点

联结两个刚片的铰称为单铰。如图6-5a所示，*AB*和*AC*两刚片共有6个自由度，用铰*A*将它们联结起来，如果用三个坐标x、y和α来确定刚片*AB*的位置，则只需要一个独立坐标β即可确定刚片*AC*的位置，减少了两个自由度，所以，一个单铰相当于两个约束。

（5）复铰结点

如图6-5b所示，联结三个或三个以上刚片的铰称为复铰。复铰的约束可用折算成单铰的办法来分析。其联结过程可以想象为：在刚片Ⅰ上添加一个铰*A*，不会改变其自由度，然后在铰*A*处依次添加刚片Ⅱ、刚片Ⅲ、…、刚片n，这样，每增加一个刚片，这个刚片的自由度就比用铰*A*联结前的情形减少了两个自由度。于是，可以得出：联结n个刚片的复铰相当于（n-1）个单铰，即相当于2（n-1）个约束。

（6）刚结点

如图6-6所示，*AB*和*AC*两个刚片用刚结点联结后，两刚片被连成一体没有相对运动，使互相之间减少了3个自由度。因此，一个刚结点相当于三个约束。

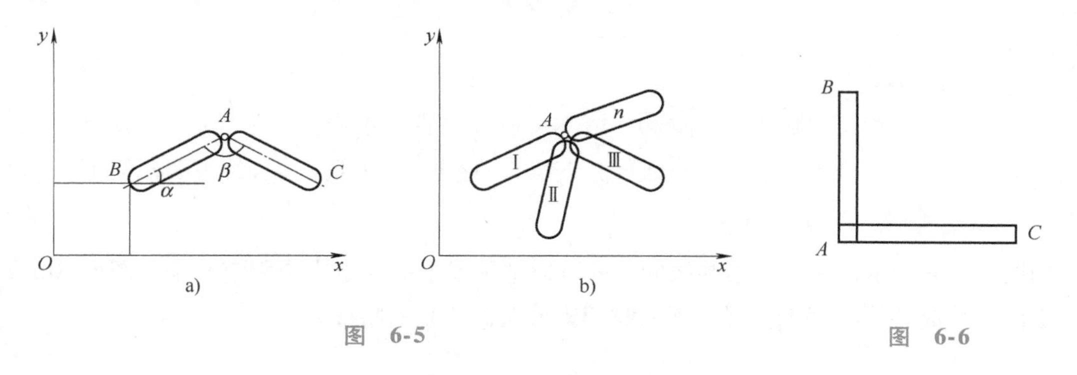

图 6-5

图 6-6

6.2 几何不变体系的组成规则

6.2.1 二元体规则

二元体是用两个不共线的链杆连接一个新结点所形成的构件。二元体规则是指在一个体系上增加（或拆除）若干个二元体，不会改变原体系的几何组成性质。图6-7a所示结构可看成是在地面上增加几个二元体构成的。在体系上增加一个点，新增两个自由度，同时又增加两个链杆将新增的自由度消除了，故增加二元体既不会增加自由度，也不会增加多余约束；同理，在体系上减少二元体也不会改变结构体系的可变性。图6-7b的结构是图6-7c的静定结构加二元体构成的，图6-7a的结构是在图6-7b的结构上加二元体构成的，仍为静定结构。

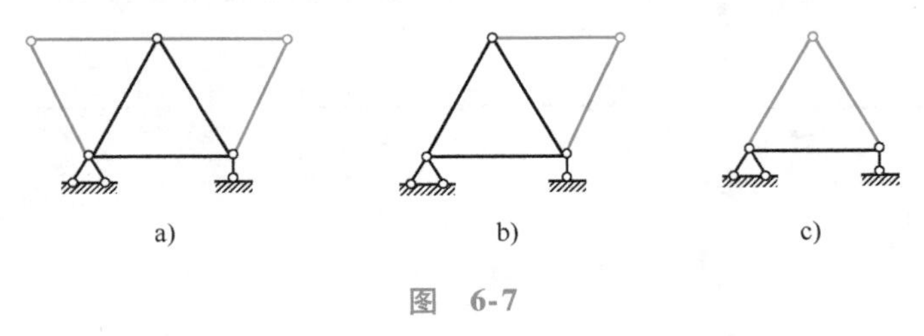

图 6-7

6.2.2 三刚片规则

三刚片规则是指三刚片用不在一条直线上的三个铰两两相连，组成无多余约束的几何不变体系。

图6-8所示体系都是静定结构，*AB*、*BC*为两刚片，大地是第三个刚片，三个刚片用不在一条直线上的三个铰连接而成。

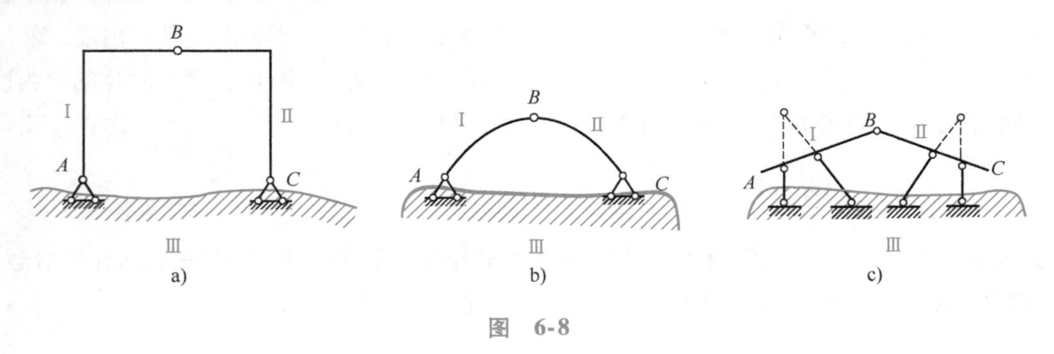

图 6-8

6.2.3 两刚片规则

两刚片规则是指两刚片用一个铰和一根不通过该铰的链杆相连（图6-9a），或两刚片用既不完全平行、也不全交于一点的三根链杆相连（图6-9b），组成无多余约束的几何不变体系。

6.2.4 瞬变体系

如图6-10a所示，用两根不共线的链杆可以把平面上的*A*点完全固定起来，图6-10b所示是两根链杆彼此共线的特殊情况，下面我们来分析此体系的特征。

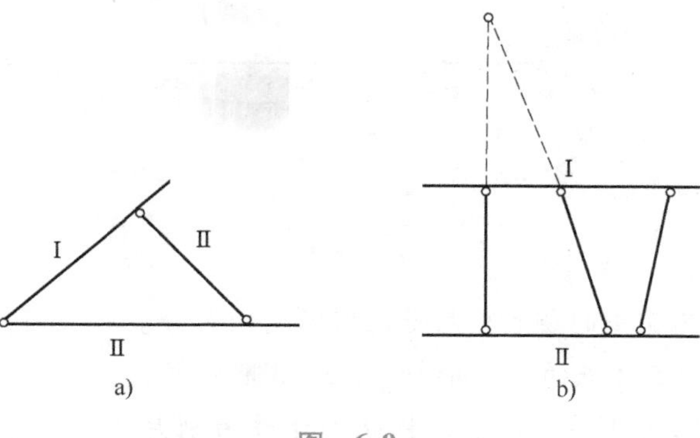

图 6-9

从微小运动角度看，图6-10b所示体系为可变体系。将图6-10a体系和图6-10b所示体系进行对比，在A点把链杆1与2分开，链杆1上的A点可绕B点沿圆弧Ⅰ运动，链杆2上的A点绕C点沿圆弧Ⅱ运动，然后，再将两个链杆在A点铰结在一起。在图6-10b中，由于两个圆弧在A点相切，故A点仍可沿公切线方向做微小运动。与此相反，在图6-10a中，由于两个圆弧在A点不是相切而是相交，因此A点既不能沿圆弧Ⅰ运动，也不能沿圆弧Ⅱ运动，这样，A点就被完全固定了。由此得出结论：图6-10a中的体系是几何不变的，图6-10b中的特殊体系是几何可变的。

在图6-10b中，当A点沿公切线发生微小位移后，两根链杆就不再彼此共线，因而体系就不再是可变体系。这种本来是可变体系、经微小位移后又成为几何不变的体系可称为瞬变体系。瞬变体系是可变体系的一种特殊情况。也就是说，可变体系分为了瞬变体系和常变体系。

图6-10b中，自由点A在平面内有两个自由度，增加两根共线链杆1、2把A点与基础相连以后，A点仍然具有一个自由度。可见，在链杆1、2这两个约束中有一个是多余约束。一般说来，在任一瞬变体系中必然存在多余约束。也就是说，瞬变体系既是可变体系，又是有多余约束的体系。

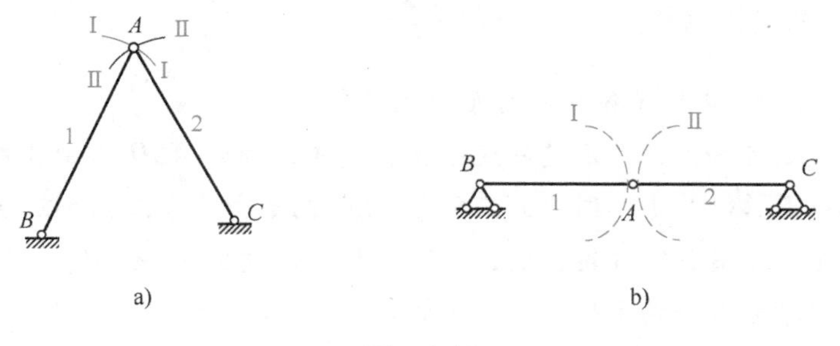

图 6-10

6.3 几何组成分析的应用

【例6-1】 试对图6-11所示体系进行几何组成分析。

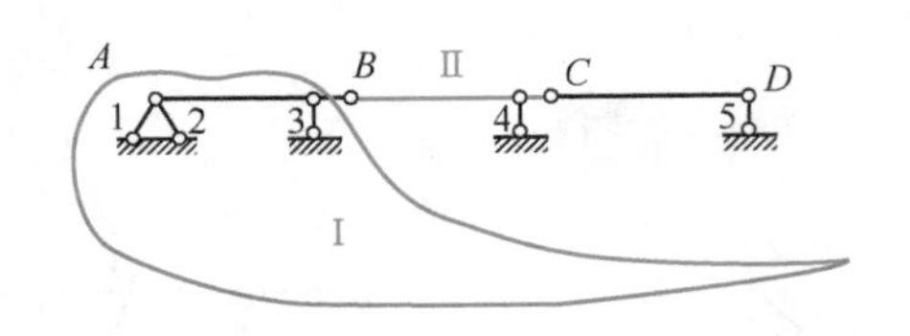

图 6-11

解：首先，找出该体系中的相对地基是几何不变的部分。刚片 *AB* 与地基之间是由不共点的三个链杆 1、2、3 联结的，故 *AB* 与地基为一几何不变体系。然后，将此整体作为刚片Ⅰ，*BC* 部分为刚片Ⅱ，它们之间由铰 *B* 和不通过铰心的支座链杆 4 联结，组成几何不变体系。*CD* 刚片的组成分析同上，因此，整个体系是几何不变的，并且没有多余约束。

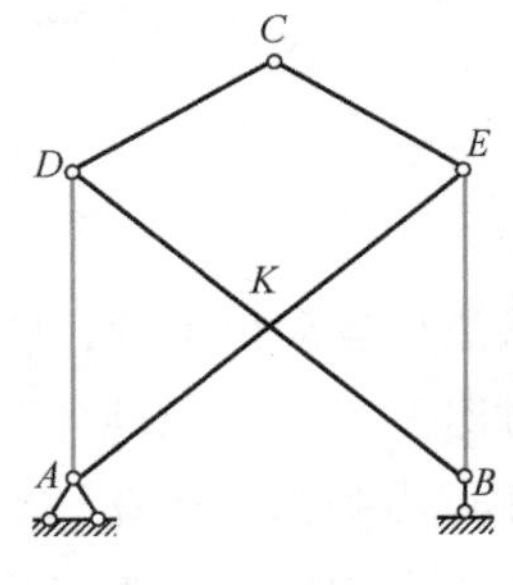

图 6-12

【例 6-2】 试对图 6-12 所示体系进行几何组成分析。

解：在此体系中，可以将二元体 *DCE* 拆除，剩下部分可看成为刚片 *AD* 和 *BE* 通过链杆 *AE* 和 *BD* 相联结而组成的体系，由于少一根链杆，不符合二刚片规则，因此，该体系为几何可变体系。

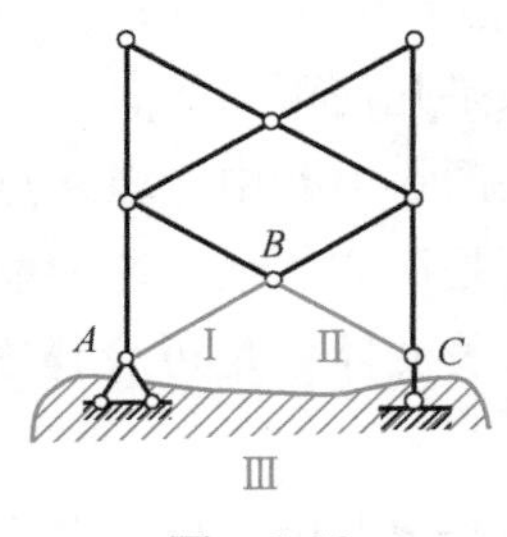

图 6-13

【例 6-3】 试对图 6-13 所示体系进行几何组成分析。

解：体系中的 *AB*、*BC* 杆件与大地为三个刚片，此三个刚片通过不共线的铰 *A*、铰 *B* 及铰 *C* 相联结，组成了一无多余约束的几何不变体系，在此基础上，增加了 5 个二元体，对体系没有影响，故此体系为无多余约束的几何不变体系。

【例题点评】 通过例题可得到以下规律：加减二元体对体系的几何组成分析没有影响，所以，解题时要学会化繁为简。

【例 6-4】 试对图 6-14 所示体系进行几何组成分析。

解：由三刚片规则可知，三角形是不变体系，图中三角形 *ABD* 是由基本三角形逐次加上二元体组成的，可以看作刚片Ⅰ；同理，三角形 *BEC* 也是由基本三角形逐次加上二元体组成的，看作刚片Ⅱ，把大地看作刚片Ⅲ，则三个刚片分别通过铰 *A*、铰 *B*、铰 *C* 这三个不共线的铰两两相联结，组成了无多余约束的几何不变体系。

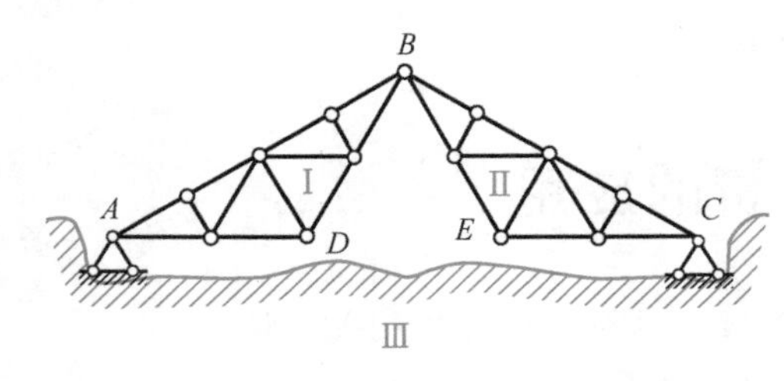

图 6-14

【例题点评】几何组成分析比较复杂，当不能化繁为简时，要先找稳定部分，比如三角形就是基本的几何不变体系，在此基础上，再来分析体系会更简单。

6.4 静定结构与超静定结构

用作结构的体系，必须是几何不变的。而几何不变体系可分为无多余约束和有多余约束两类。其中，没有多余约束的几何不变体系称为静定结构，有多余约束的几何不变体系称为超静定结构。

1. 静定结构

对一个平衡的体系来说，可以列出独立平衡方程的数目是确定的。如果平衡体系的全部未知量（包括需要求出和不需要求出的）数目，等于或少于体系独立的平衡方程数目，能用静力学平衡方程求解全部未知量，则所研究的平衡问题是静定问题，这类结构称为静定结构。

图6-15为无多余约束的结构，其未知的约束力数目均为三个，每个结构可列三个独立的静力学平衡方程，所有未知力都可由平衡方程确定，因此是静定结构。

图 6-15

2. 超静定结构

工程中为了减少结构的变形，增加其强度和刚度，常在静定结构上增加约束，形成有多余约束的几何不变体系，即有多余约束的结构，如图6-16所示。因为有多余约束，增加了未知约束力的数目，仅用平衡方程不能求解出全部未知量，这类问题是超静定问题，这类结构则称为超静定结构。

图 6-16

总之，有无多余约束是超静定结构区别于静定结构的基本特征。静定结构和超静定结构的解法将在本书后续章节中一一介绍。

小 结

一、几何组成分析的目的

1）判别体系为几何可变体系还是几何不变体系，决定能否作为结构使用。

2）区别静定结构和超静定结构，选定相应的计算方法。

3）分析结构杆件的相互关系，决定合理的计算顺序。

4）研究几何不变体系的组成规则，保证结构的稳定。

二、自由度

自由度是指确定体系的位置所需要的独立坐标的数目。平面上点的自由度等于2；刚片的自由度等于3。

三、约束

能减少体系自由度的装置称为约束。一根链杆相当于一个约束；一个单铰相当于两个约束；联结 n 个刚片的复铰相当于（n-1）个单铰，即相当于2（n-1）个约束；单刚结点相当于3个约束。

四、几何不变体系的组成规则

1）二元体规则——一个刚片与一个点用两根不共线的链杆相连。

2）两刚片规则——两个刚片用三根既不完全平行也不交于一点的链杆相连。

3）三刚片规则——三个刚片用不在同一直线上的三个铰两两相连。

五、结构的几何组成与静力特征之间的关系

1）几何不变，无多余约束——静定结构。

2）几何不变，有多余约束——超静定结构。

3）几何可变——不能用作结构。

习题

1. 下列说法正确的是（　　）。

A. 几何不变体系一定无多余约束　　B. 静定结构一定无多余约束

C. 结构的制造误差不会产生内力　　D. 有多余约束的体系是超静定结构

2. 图6-17所示体系中的复铰A相当于（　　）个单铰。

A. 1　　B. 2　　C. 3　　D. 4

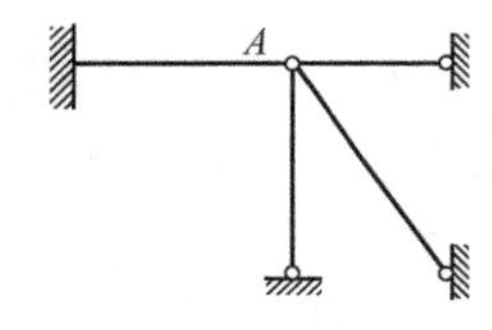

图　6-17

3. 图6-18所示体系中，静定结构有（　　）。

A. 图b、图d　　B. 图b、图c、图d

C. 图a、图b、图d　　D. 图b、图c

4. 图6-19所示体系中，超静定结构有（　　）。

A. 图b、图d　　B. 图b、图c、图d

C. 图a、图b、图d　　D. 图b、图c

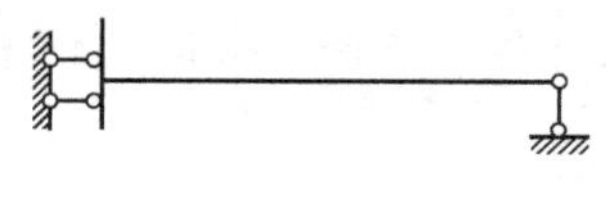

a)

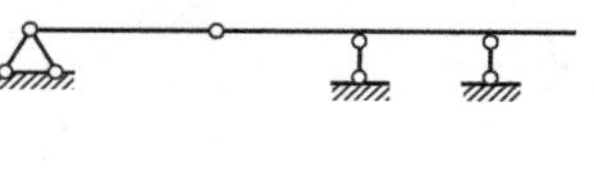

b)

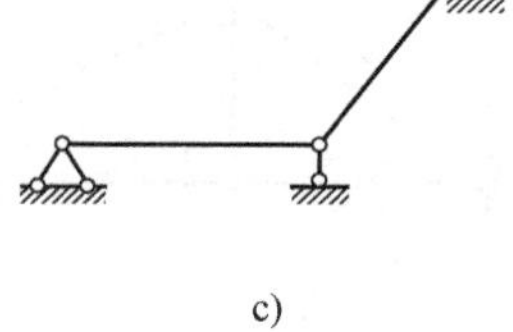
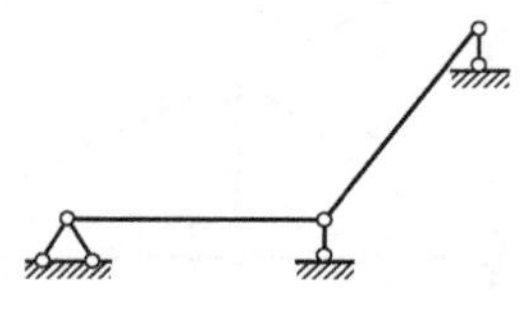

c)

d)

图 6-18

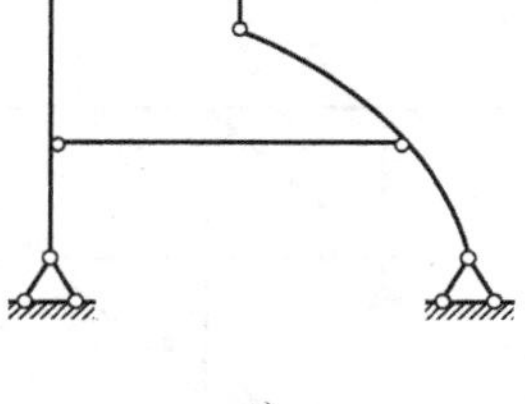
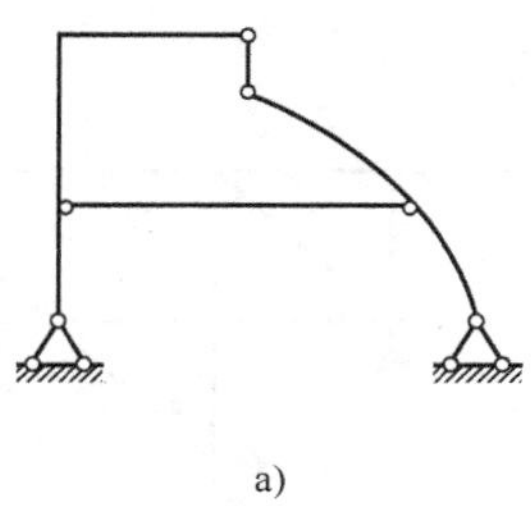

a)

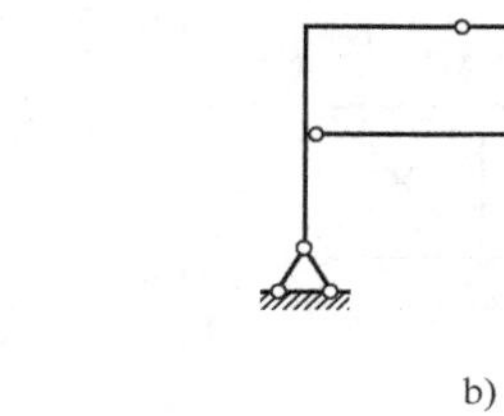

b)

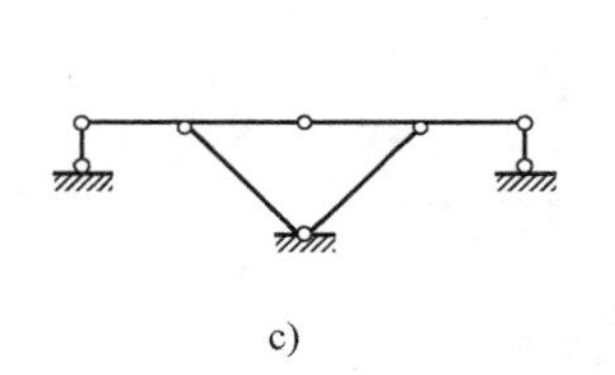

c)

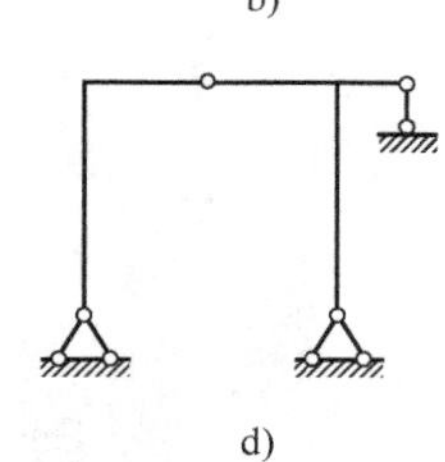

d)

图 6-19

5. 图6-20所示结构的超静定次数为（　　）。

A. 1　　B. 2　　C. 3　　D. 4

6. 图6-21所示体系中，不能作为结构的有（　　）。

A. 图b、图c　　B. 图b、图c、图d

C. 图a、图b、图d　　D. 图a、图b、图c

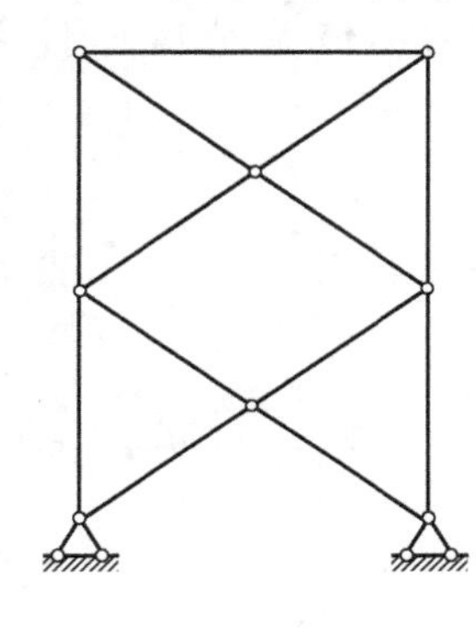

图 6-20

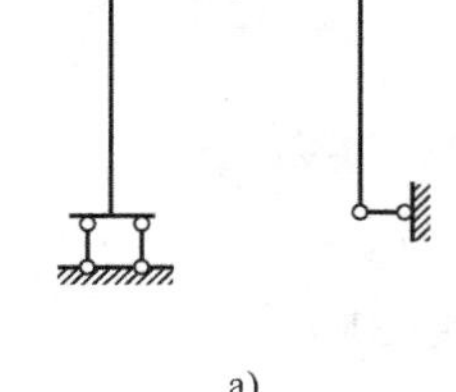

a)

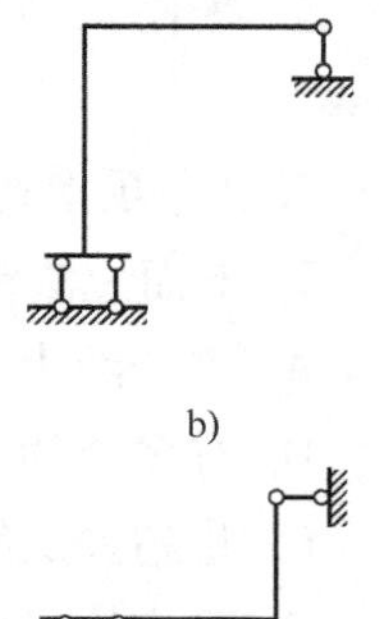

b)

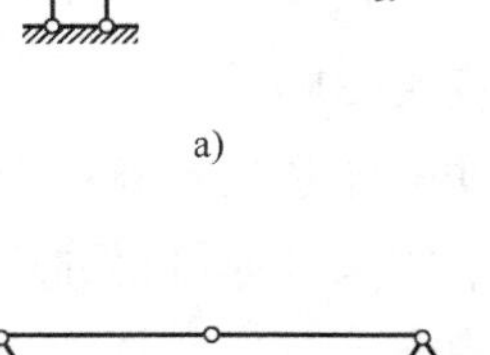
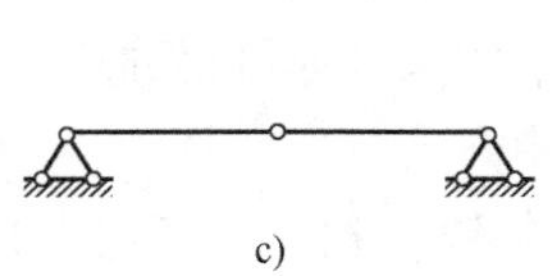

c)

d)

图 6-21

7. 试对图6-22所示结构进行几何组成分析。如果是具有多余约束的几何不变体系，则需指出其多余约束的数目。

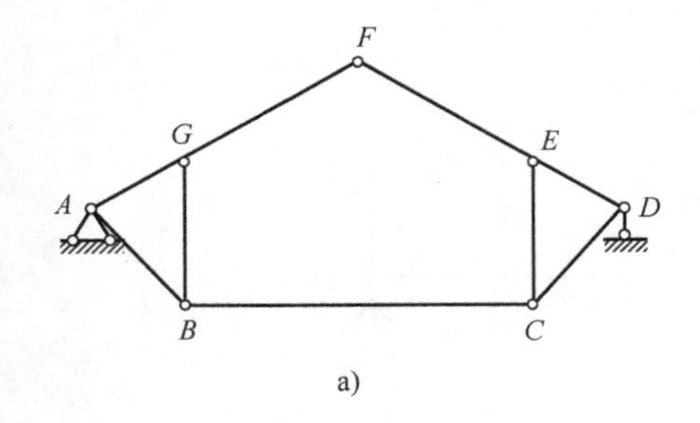

a)

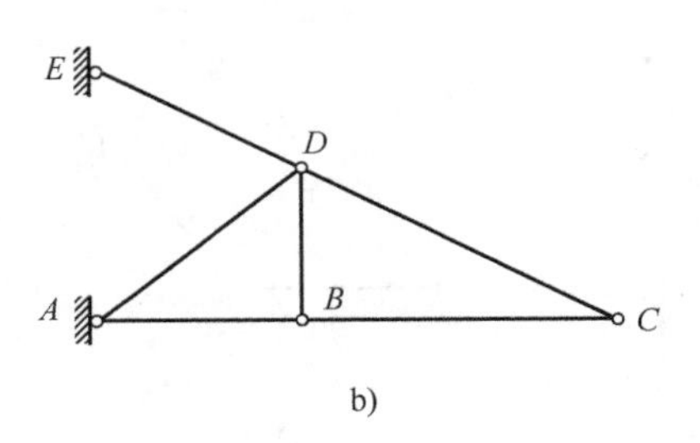

b)

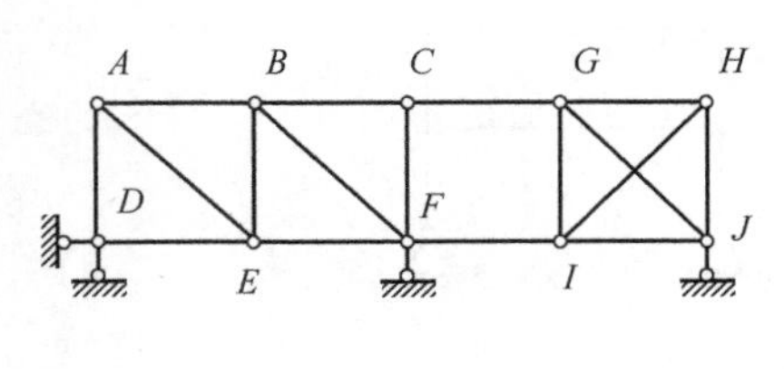

c)

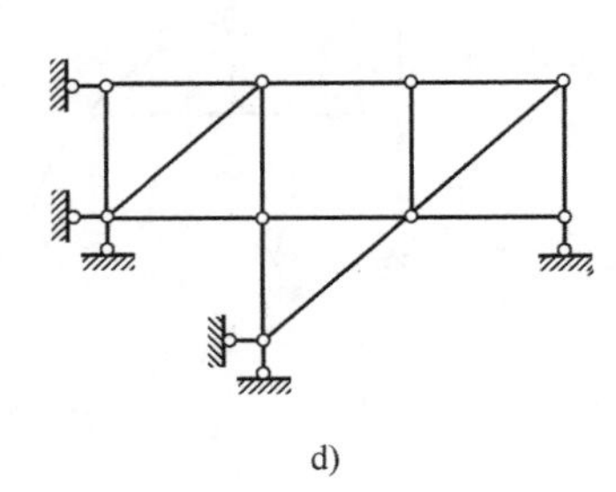
d)

图 6-22

自我测试

一、判断题（每题4分，共20分）

1. 无多余约束的几何不变体系一定是静定结构。（　　）
2. 平面几何不变体系的三个基本组成规则是可以互通的。（　　）
3. 几何可变体系在任何荷载作用下都不能平衡。（　　）
4. 三个刚片由三个铰相联的体系一定是静定结构。（　　）
5. 在任意荷载下，仅用静力平衡方程即可确定全部反力和内力的体系是几何不变体系。（　　）

二、单项选择题（每题4分，共20分）

1. 下面说法错误的是（　　）。

A. 多余约束对体系自由度无影响

B. 有多余约束且几何不变的体系是超静定结构

C. 将超静定结构中的多余约束去掉可得静定结构

D. 可变体系中无多余约束

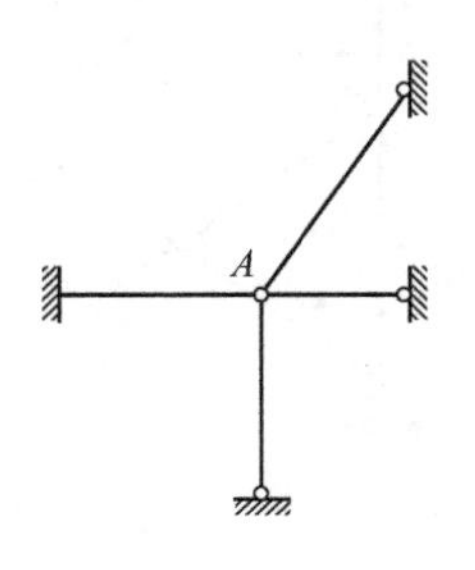

图 6-23

2. 图6-23所示体系中的复铰 A 相当于（　　）个约束。

A. 4　　B. 5　　C. 6　　D. 7

3. 图6-24所示中（　　）不是二元体（或二杆结点）。

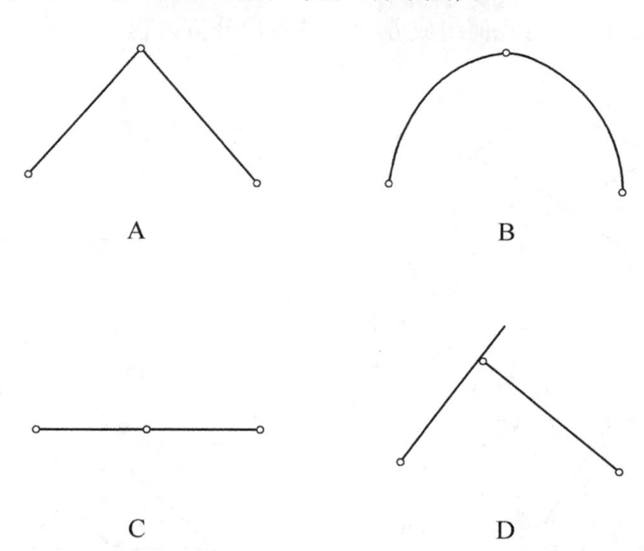

图 6-24

4. 图6-25a所示体系中可拆除的二元体数目为（　　），图6-25b所示体系中可拆除的二元体数目为（　　）。

A. 1　　B. 2　　C. 3　　D. 4

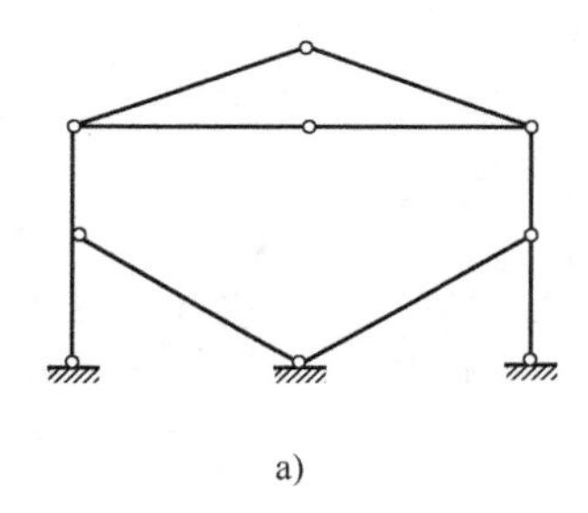

a)

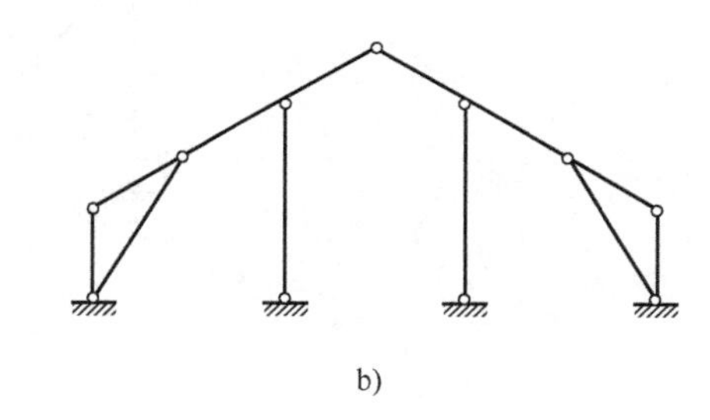

b)

图 6-25

5. 图6-26所示体系为（　　）。

A. 几何不变体系，无多余约束　　B. 几何不变体系，有多余约束

C. 瞬变体系　　D. 常变体系

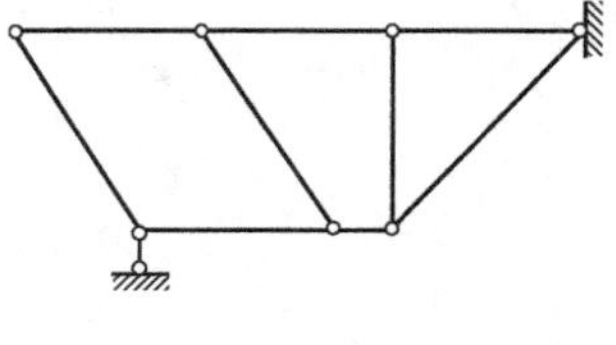

图 6-26

三、分析题

试对图 6-27 所示结构进行几何组成分析（请写出分析过程，每图 12 分，共 60 分）。

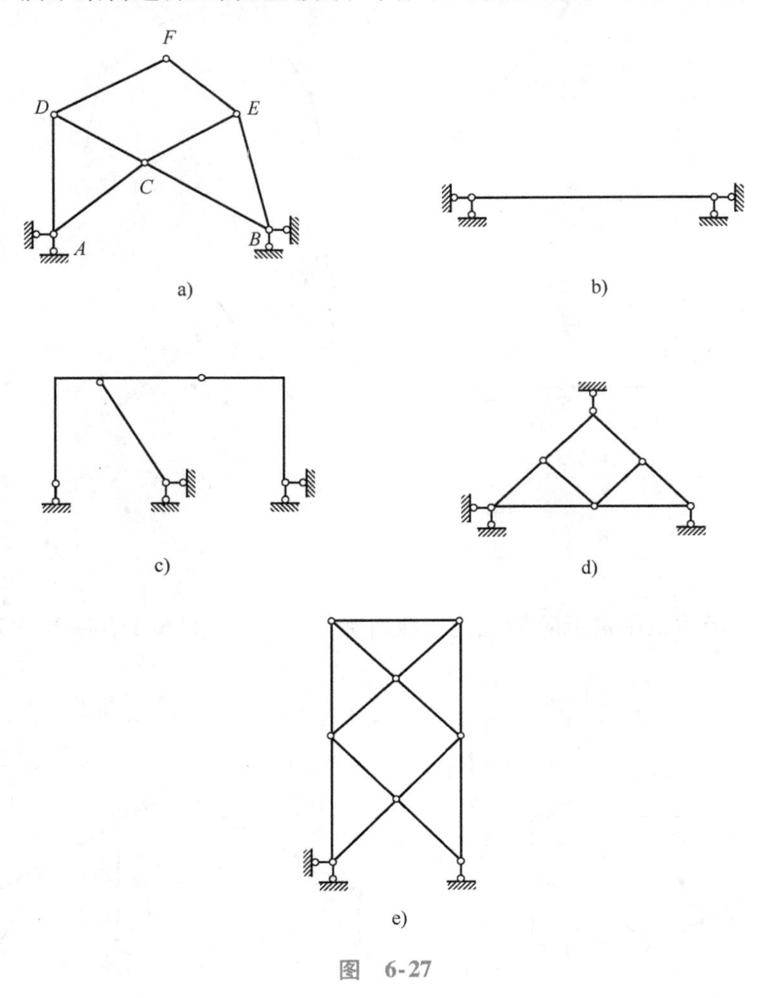

图 6-27

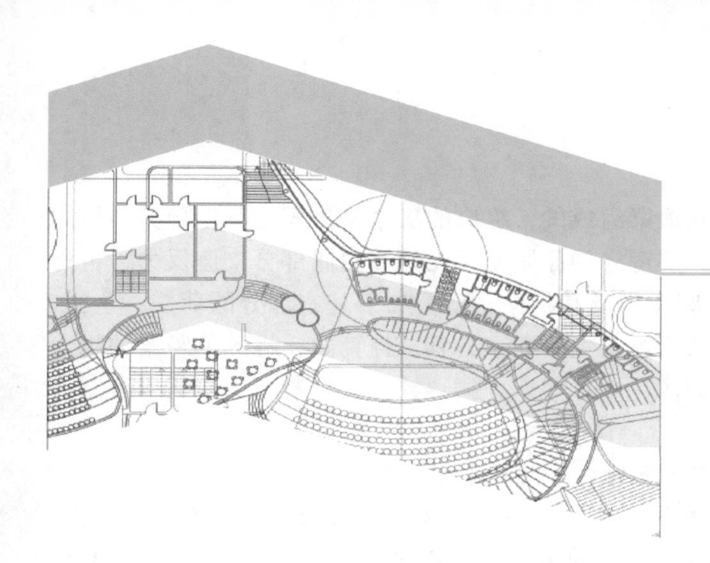

模块 7

静定结构的受力分析

内容提要

本模块主要介绍了多跨静定梁静定平面刚架、静定平面桁架和三铰拱等结构的内力分析与计算以及内力图的绘制。

7.1 多跨静定梁

7.1.1 多跨静定梁的组成及内力计算

多跨静定梁是由若干根梁彼此用铰相联，并用若干支座与基础相联而组成的静定结构。如图 7-1a 所示为公路桥使用的多跨静定梁，其计算简图如 7-1b 所示。

就几何组成分析来说，多跨静定梁的各个部分可分为基本部分和附属部分。基本部分是指能独立承受荷载的几何不变体系，附属部分是指必须依靠其他杆件的支撑才能承受荷载并维持平衡的部分。

如图 7-1b 所示，左边杆件和右边杆件均可看成是结构的基本部分，是几何不变体系，能独立承受荷载。中间杆件必须依靠左边杆件和右边杆件的支撑才能承受荷载并维持平衡，看成附属部分。图 7-1c清晰地反映了结构的基本部分和附属部分，这样的图形称为层次图。

a)

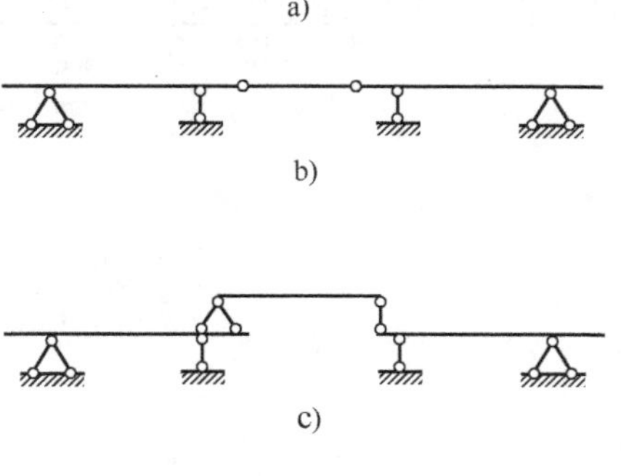

b)

c)

图 7-1

7.1.2 多跨静定梁的受力特征

从几何构造来看，多跨静定梁是由几根梁组成的，组成的次序是先固定基本部分，后固定附属部分。因此，计算多跨静定梁时，要遵守的原则是：先计算附属部分支座反力，再计算基本部分支座反力。将附属部分的支座反力反其指向，就是加于基本部分的荷载。这样，就把多跨梁拆成为单跨梁，逐个解决，从而可避免解联立方程。计算时，将各单跨梁的内力图连在一起，就是多跨梁的内力图。剪力的正负号规定，同单跨梁。绘制弯矩图时，绘制在受拉侧。

【例 7-1】 试计算图 7-2a 所示多跨静定梁的内力，并作内力图。

解： 经分析，AC 杆和 FG 杆为附属部分，CF 杆为基本部分。先计算附属部分支座反力，后计算基本部分支座反力，如图 7-2b 所示。作出的剪力图和弯矩图如图 7-2c、d 所示，其中

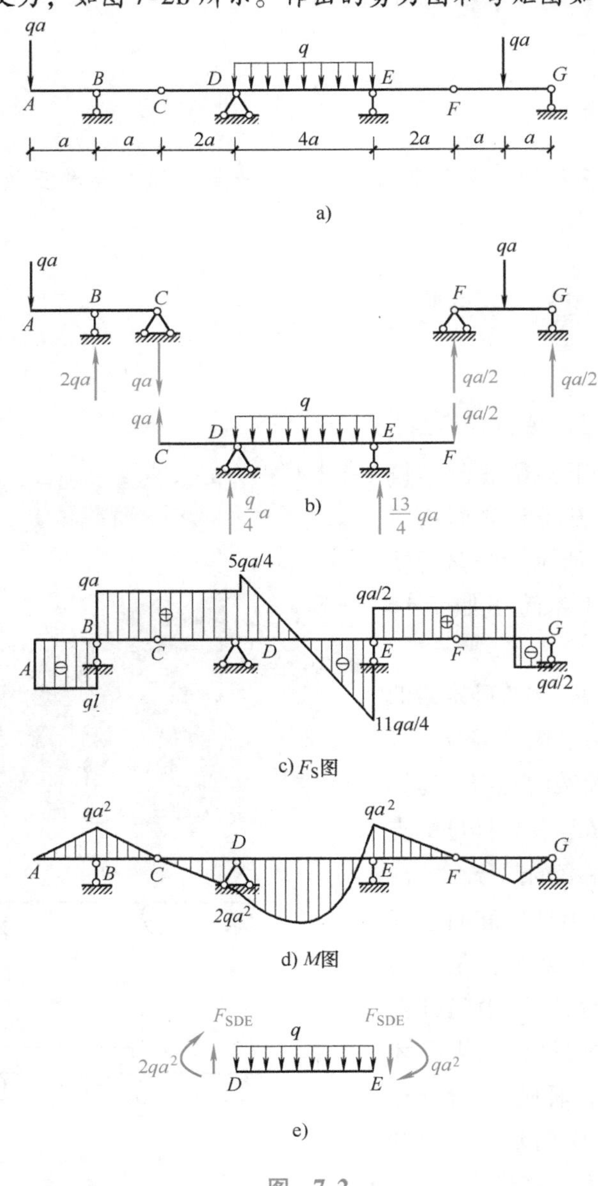

图 7-2

DE 杆弯矩图采用叠加法绘制；*DE* 杆两端的剪力可用截面法，通过 *DE* 杆的平衡方程计算。取 *DE* 为隔离体，如图 7-2e 所示，列平衡方程，得

$$\sum M_D(\boldsymbol{F})=0 \quad 2qa^2+4qa\cdot 2a+qa^2+4a\cdot F_{SED}=0 \quad F_{SED}=-\frac{11}{4}qa$$

$$\sum F_y=0 \quad F_{SED}-F_{SDE}-4qa=0 \quad F_{SDE}=\frac{5}{4}qa$$

【例 7-2】 试计算图 7-3a 所示多跨静定梁的内力，并作内力图。

解： 经分析，*FD* 杆和 *DB* 杆为附属部分，*AB* 杆为基本部分。先计算附属部分支座反力，后计算基本部分支座反力，如图 7-3b、c 所示。作出的剪力图和弯矩图如图 7-3d、e 所示。

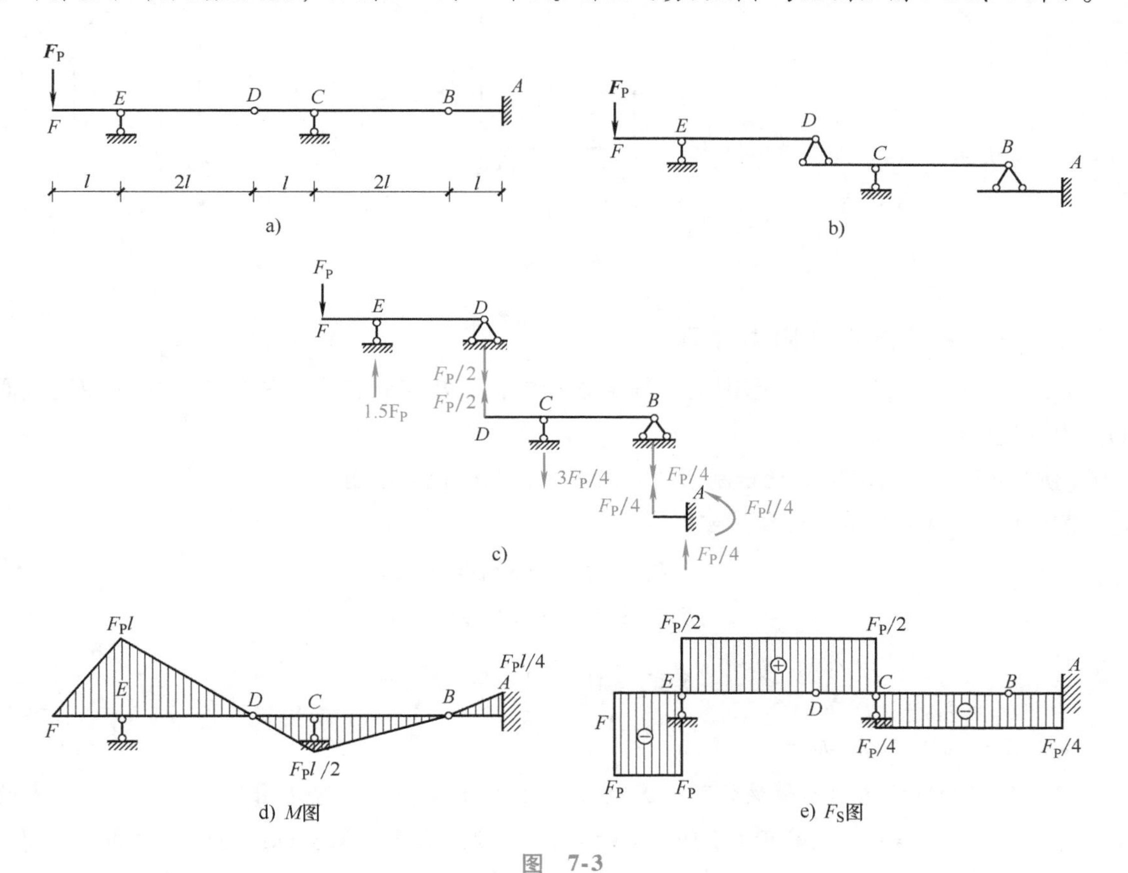

图 7-3

7.2 静定平面刚架

7.2.1 概述

刚架是由直杆组成的具有刚结点的结构。静定平面刚架是建筑工程中常见的结构之一，主要特点是组成平面刚架的各个杆件之间的连接一般为刚结点连接。静定平面刚架常见的形式有悬臂刚架（图 7-4a）、简支刚架（图 7-4b）和三铰刚架（图 7-4c）等。

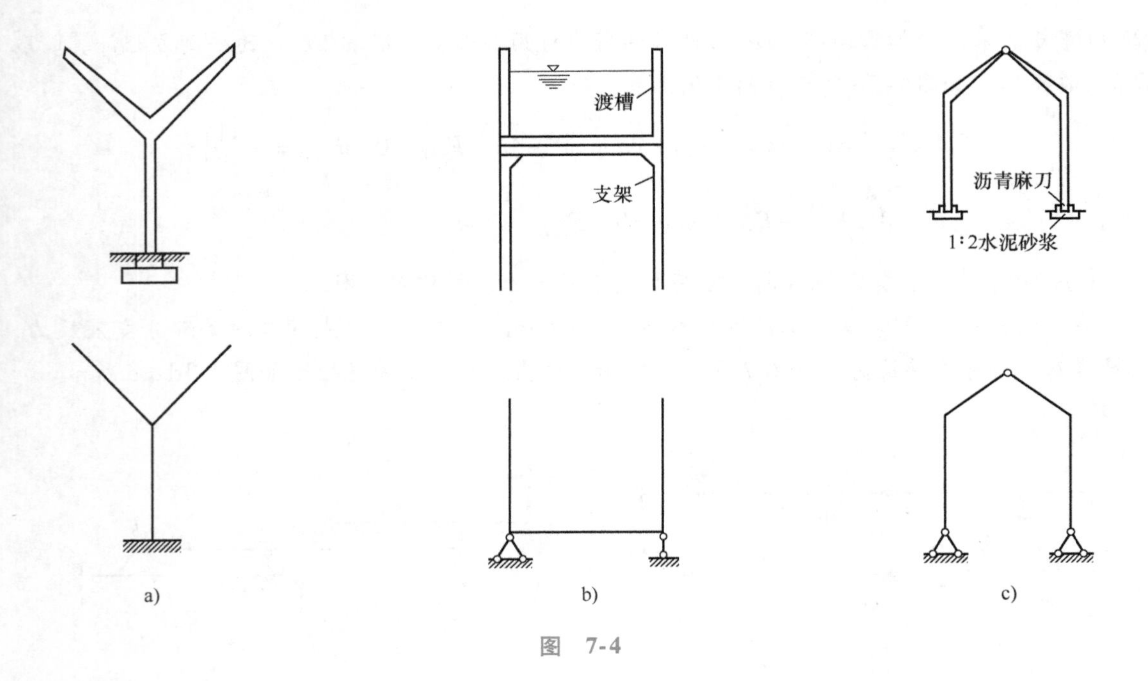

图 7-4

7.2.2 静定平面刚架的内力计算

静定刚架的内力计算方法原则上与静定梁相同，通常需先求出支座反力，再求控制截面的内力，最后作内力图。

【例 7-3】 试求图 7-5a 所示刚架的支座反力，并作出弯矩图。

解： 1）以整体为研究对象，可得

$$\sum F_x = F_{Ax} = 0 \Rightarrow F_{Ax} = 0$$

$$\sum F_y = F_{Ay} - ql = 0 \Rightarrow F_{Ay} = ql\ (\uparrow)$$

$$\sum M_A = M_A - ql \cdot \frac{l}{2} = 0 \Rightarrow M_A = \frac{ql^2}{2}$$

支座反力如图 7-5b 所示。

2）BC 杆的弯矩图与悬臂梁的弯矩图相同。AB 杆上无外力，弯矩图为直线。由 B 结点的平衡可知 AB 杆上端的弯矩等于 BC 杆左端的弯矩 $ql^2/2$，均使外侧受拉；由整体平衡可求得 A

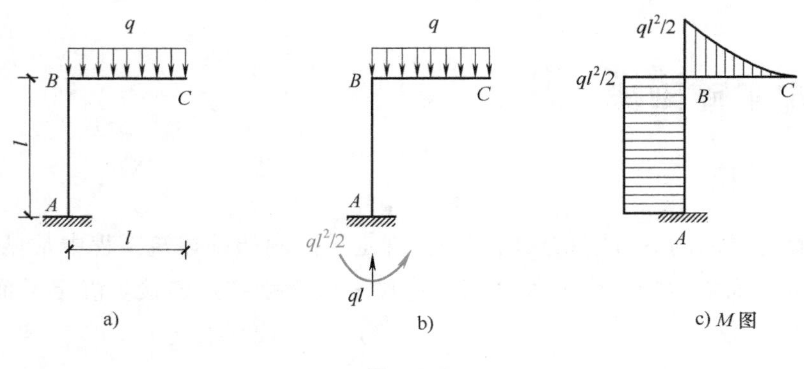

图 7-5

端弯矩也为 $ql^2/2$，使左侧受拉。将 A、B 两端弯矩以直线相连即为 AB 杆弯矩图。最终弯矩图如 7-5c 所示。

【例 7-4】 试求图 7-6a 所示刚架的支座反力，并作出弯矩图。

解：1）以整体为研究对象，可得

$$\sum F_x = F_{Ax} - F_{\mathrm{P}} = 0 \Rightarrow F_{Ax} = F_{\mathrm{P}}$$

$$\sum F_y = F_{Ay} + F_{By} = 0 \Rightarrow F_{Ay} = \frac{F_{\mathrm{P}}}{2}\ (\uparrow)$$

$$\sum M_A = F_{\mathrm{P}} \cdot \frac{l}{2} + F_B \cdot l = 0 \Rightarrow F_{By} = \frac{F_{\mathrm{P}}}{2}\ (\downarrow)$$

支座反力如图 7-6b 所示。

2）分三段作弯矩图，先作 AC、BE 杆，如图 7-6c 所示，A 点水平反力由整体平衡条件已求出。由 C、E 结点的力矩平衡条件可求出 CE 杆两端的截面弯矩，CE 杆上无外力，两端弯矩连线即为 CE 杆弯矩图。最终弯矩图如 7-6d 所示。

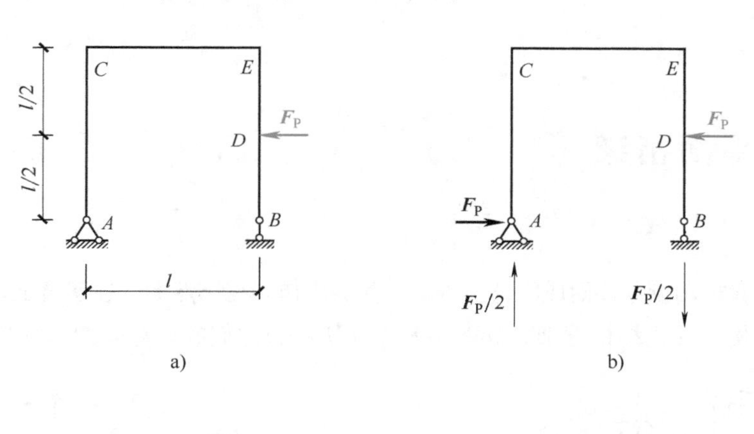

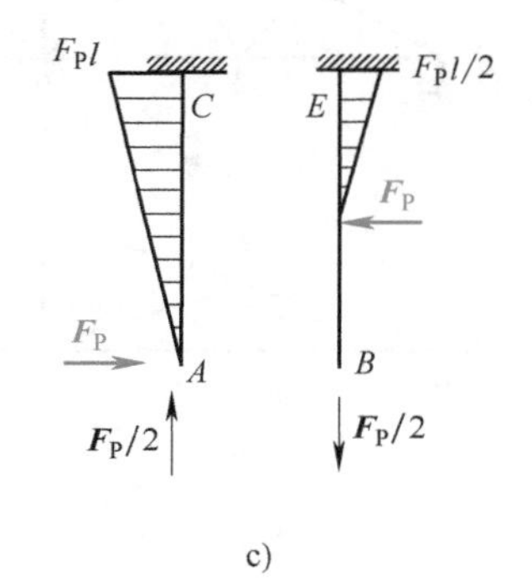

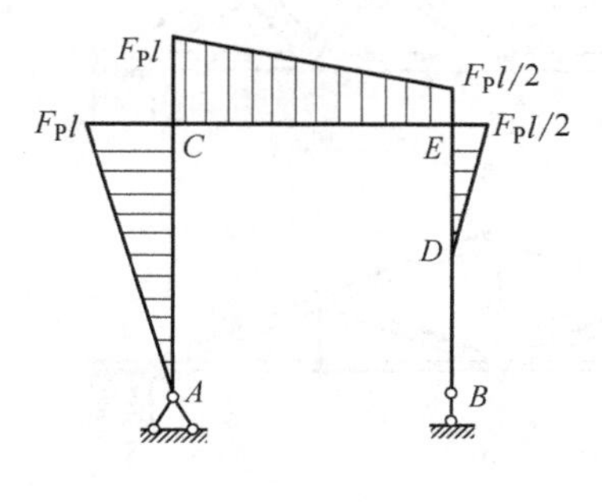

图 7-6

【例 7-5】 试求图 7-7a 所示刚架的支座反力，并作出弯矩图。

解：1）以整体为研究对象，可得

$$\sum F_x = F_{Ax} - ql = 0 \Rightarrow F_{Ax} = ql\ (\rightarrow)$$

$$\sum F_y = F_{Ay} - ql = 0 \Rightarrow F_{Ay} = ql\ (\uparrow)$$

$$\sum M_A = -ql \cdot \frac{l}{2} + ql \cdot \frac{l}{2} + F_{By} \cdot l = 0 \Rightarrow F_{By} = 0$$

支座反力如图 7-7b 所示。

2）作 AC、BD 杆弯矩图，做法同前。用叠加法作 CD 杆弯矩图，由 C、D 结点平衡求出 CD 杆两端弯矩，将两端弯矩连以直线，再将该直线作基线叠加上抛物线，最终弯矩图如图 7-7c 所示。

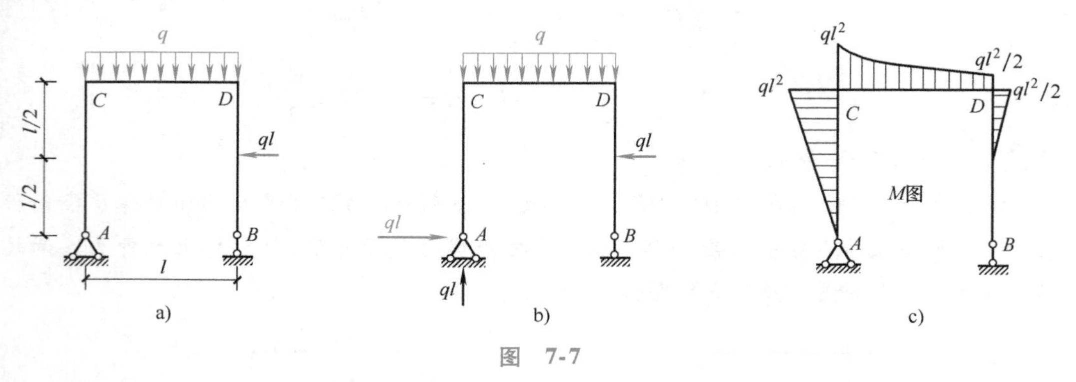

图 7-7

7.3 静定平面桁架

7.3.1 概述

桁架是由若干直杆用铰连接而成的杆件结构，荷载均作用在结点上。在建筑工程中，桁架一般用于跨度较大的结构，如钢结构屋架，如图 7-8a、b 所示，它们的计算简图如图 7-8c、d 所示。

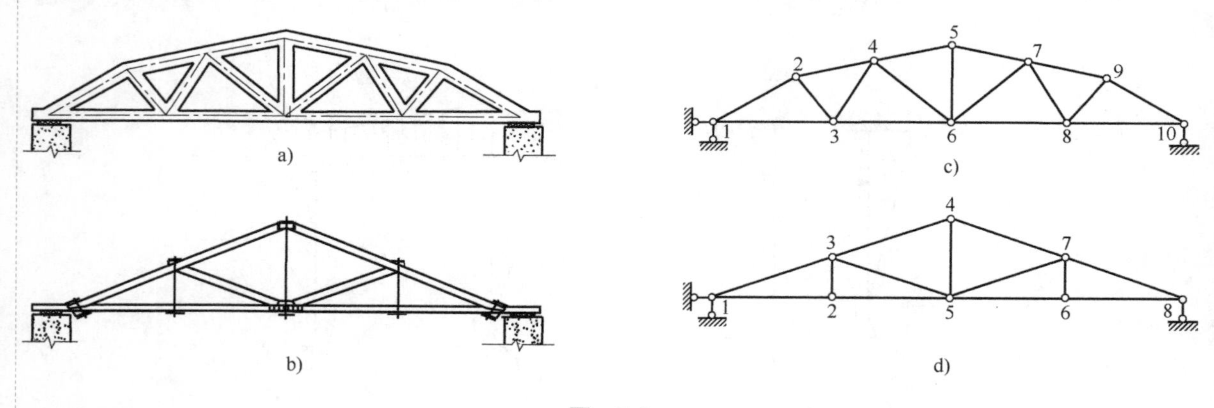

图 7-8

工程中桁架的受力情况比较复杂，因此，在分析桁架时必须选取既能反映桁架受力特点又便于计算的简图。计算时需对平面桁架做以下三点假定：

1）各杆的两端用绝对光滑且无摩擦的理想铰连接。

2）各杆均为直线，在同一截面内通过铰的中心。

3）荷载作用在桁架结点上。

桁架的杆件，依其所在位置不同，可分为弦杆和腹杆两类。弦杆分为上弦杆和下弦杆；

腹杆分为斜腹杆和竖腹杆。弦杆上相邻两结点间的区间称为节间，其间距 d 称为节间长度。两支座间距离称为跨度 l，支座连线至桁架最高点的距离为桁高 h，如图 7-9 所示。

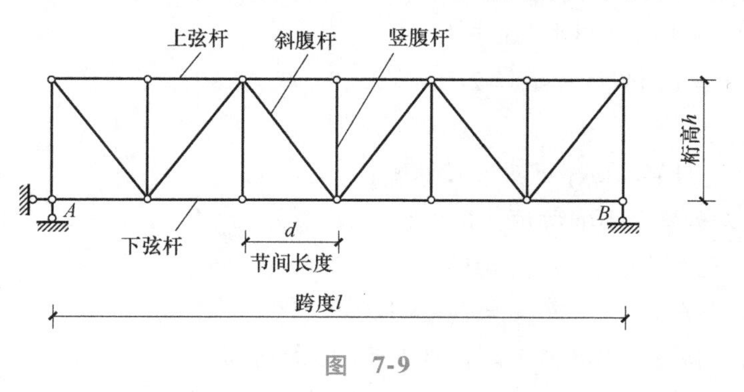

图 7-9

7.3.2 静定平面桁架的内力计算

基于上述三点假定，可知各个杆件中无外力，铰结点处无弯矩，因而也无剪力，只有轴力。杆件的内力计算方法分为结点法和截面法。

1. 结点法

结点法是取铰结点为分离体，由分离体的平衡条件计算所求桁架内力的方法。适用于求解静定桁架结构所有杆件的内力。但结点法求解过程中需注意以下几个问题：

1）首先，同其他静定梁、静定刚架或三铰拱结构一样先求出所有支座反力。

2）注意铰结点选取的顺序。从桁架的假定可知：桁架各杆的轴线汇交于各个铰结点，且桁架各杆只受轴力，因此作用于任一结点的各力（荷载、反力、杆件轴力）组成一个平面汇交力系，存在两个独立的平衡方程，每个结点最多两个未知力可解。因此一般从未知力不超过两个的结点开始依次计算。

3）未知杆的轴力。在求解前，一律都假设未知杆的轴力为拉力，背离结点，由平衡方程求得的结果为正，则杆件实际受力为拉力；若为负，则和假设相反，杆件实际受力为压力。

【例 7-6】 试用结点法求图 7-10a 所示桁架的内力。

解： 先求出支座反力，如图 7-10a 所示。这是一个简单桁架，可以认为是从铰结三角形 BGH 上逐渐加二元体构成，最后加上去的是 CAD，故先从 A 点开始截取结点作为隔离体，然后按 $C \rightarrow D \rightarrow E \rightarrow F \rightarrow H \rightarrow G$ 次序取结点作隔离体。

1）取 A 结点，作出受力分析图，未知轴力一律假设为拉力，背离结点，如图 7-10b

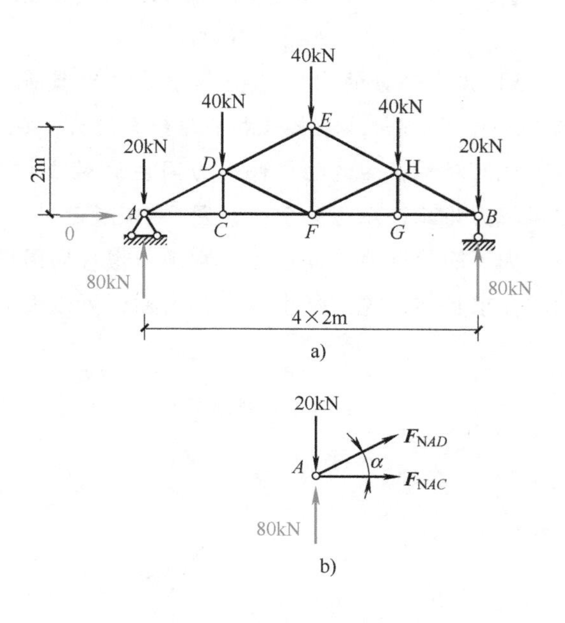

图 7-10

所示。列投影方程，得

$$\sum F_y = 0 \qquad 80\text{kN} - 20\text{kN} + F_{NAD}\sin\alpha = 0$$

$$\sum F_x = 0 \qquad F_{NAD}\cos\alpha + F_{NAC} = 0$$

将 $\sin\alpha = 1/\sqrt{5} = 0.447$、$\cos\alpha = 2/\sqrt{5} = 0.894$ 代入，求得

$$F_{NAD} = -134.2\text{kN},\ F_{NAC} = 120\text{kN}$$

2）取 C 结点，如图 7-10c 所示，列投影方程，得

$$\sum F_y = 0 \qquad F_{NCD} = 0$$

$$\sum F_x = 0 \qquad F_{NCF} = F_{NCA} = 120\text{kN}$$

3）取 D 结点，如图 7-10d 所示。设垂直于 DE 杆的 m 轴，对 m 轴列投影方程，得

$$\sum F_m = 0$$

$$F_{NDF}\cos(90° - 2\alpha) + 40\text{kN}\cdot\cos\alpha + F_{NDC}\cos\alpha = 0$$

将 $F_{NCD} = 0$，$\cos(90° - 2\alpha) = \sin 2\alpha = 2\sin\alpha\cos\alpha$ 代入，得 $F_{NDF} = -44.7\text{kN}$

$$\sum F_x = 0 \qquad F_{NDE}\cos\alpha + F_{NDF}\cos\alpha - F_{NDA}\cos\alpha = 0$$

$$F_{NDE} = -F_{NDF} + F_{NDA} = -(-44.7\text{kN}) + (-134.2\text{kN}) = -89.5\text{kN}$$

4）取 E 结点，如图 7-10e 所示，列投影方程，得

$$\sum F_x = 0 \qquad -F_{NED}\cos\alpha + F_{NEH}\cos\alpha = 0$$

$$F_{NEH} = F_{NED} = -89.5\text{kN}$$

$$\sum F_y = 0 \qquad 40\text{kN} + F_{NED}\sin\alpha + F_{NEH}\sin\alpha + F_{NEF} = 0$$

$$F_{NEF} = 40\text{kN}$$

c)

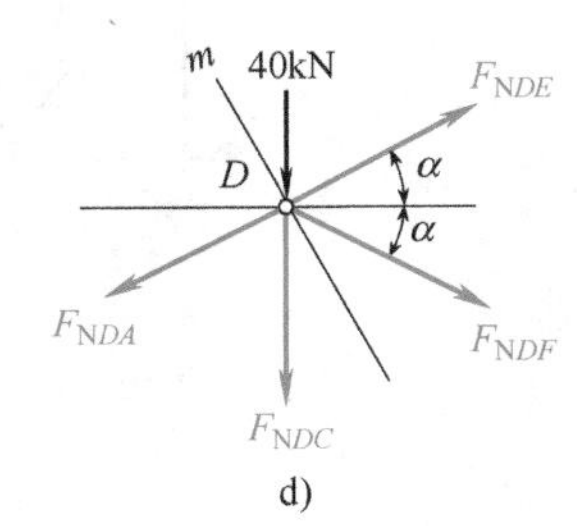

d)

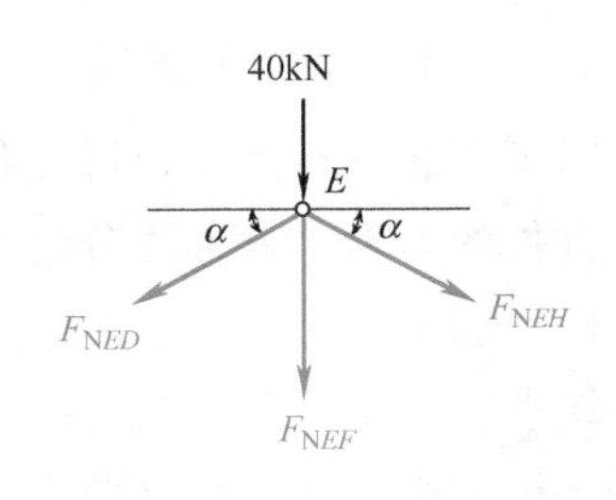

e)

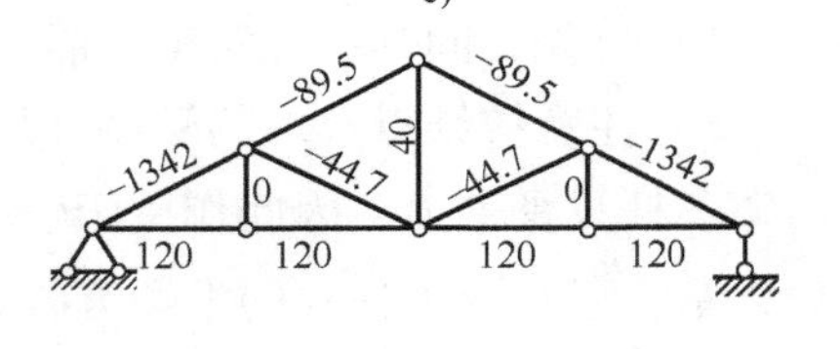

f) F_N图(kN)

图 7-10（续）

5）左半部分的内力已全部求出，继续采用结点法截取 F、H、G 结点，可求出右半部分的内力。也可利用结构的对称性得到荷载是对称的，因此内力也应对称，右边的杆件内力同左边对应相等，不需计算。最后，将杆件的轴力标在杆件上，拉力为正，压力为负，如图 7-10f所示。

为了简化计算，通过简单判断，很容易得出某些杆件的内力为零，即零杆，如图 7-11 所示。在求解前，先判断出零杆并去除，可以大大降低计算的工作量。

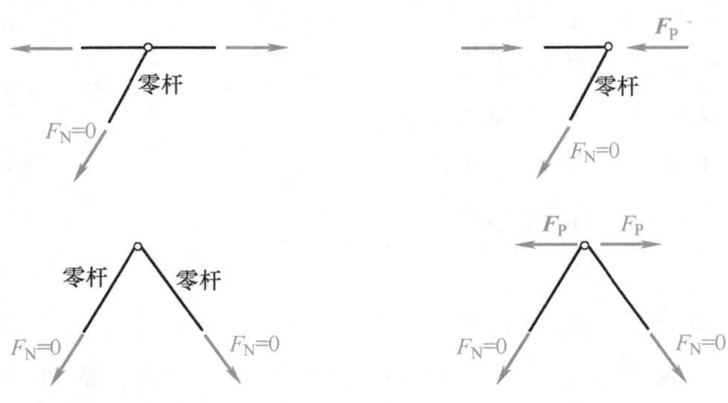

图 7-11

【例7-7】 已知桁架高度为d，跨度为$4d$，试计算图7-12a所示桁架的各杆轴力。

解： CD、HG、EF杆分别是D、H、E结点的杆件，这些结点上无外力，很容易判断为零杆，去除后如图7-12b所示。继续判断CB、GJ为零杆，去除后如图7-12c所示。图7-12c中，又可判断AB、BD、DF、FH、HJ、IJ均为零杆，去除后如图7-12d所示。先求出支座反力，I支座反力为$F_P/2$。由I结点平衡可得

$$F_{NIF}=-\sqrt{5}F_P/2 \qquad F_{NIA}=F_P$$

根据对称性，得 $$F_{NAF}=F_{NIF}=-\sqrt{5}F_P/2$$

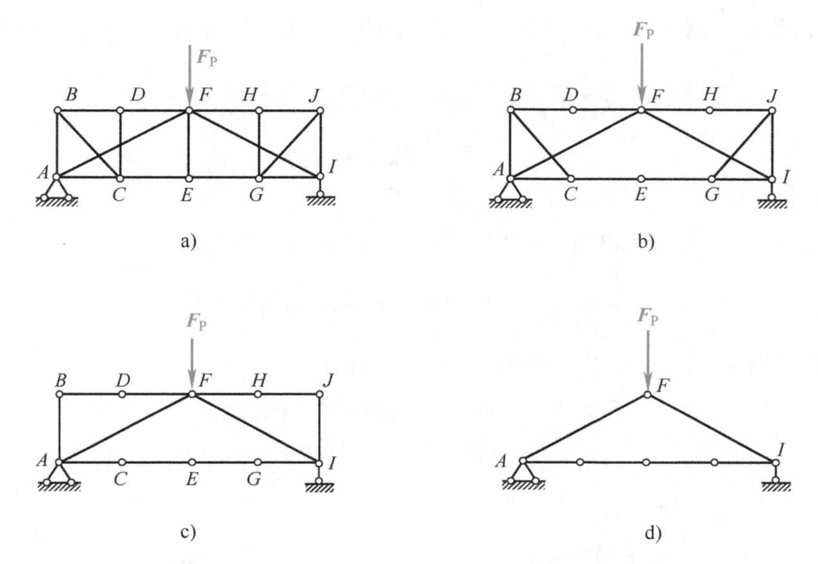

图 7-12

【例题点评】 受力分析过程中，学会利用对称性可以让解题事半功倍。

用结点法计算桁架的步骤为：

1）计算支座反力。

2）找出零杆并去除。

3）依次截取未知量少的结点，由结点平衡条件求轴力。

4）校核。

2. 截面法

用结点法计算桁架的内力时，是按一定顺序逐一取结点计算，但在桁架分析中，有时仅需要求桁架中的某几根杆件的轴力，用结点法求解显得繁琐，这时用截面法比较方便。

截面法是用一个截面截断若干根杆件将整个桁架分为两个部分，取其中一部分作为隔离体，建立平衡方程求出所截断杆件的内力。作用在隔离体上的力系，通常为平面一般力系，因此，只要该隔离体上的未知力数目不多于3个，就可利用平面一般力系的三个平衡方程，把截面上的全部未知力求出。

【例7-8】 求图7-13a所示桁架1、2、3杆的内力F_{N1}、F_{N2}、F_{N3}。

解：（1）求支座反力

$$\sum F_x = 0 \quad F_{Ax} = -3\text{kN}(\leftarrow)$$

$$\sum M_B(\boldsymbol{F}) = 0 \quad F_{Ay} = \frac{1}{24}(4\times20+8\times16+2\times4-3\times3)\text{kN} = 8.625\text{kN}(\uparrow)$$

$$\sum M_A(\boldsymbol{F}) = 0 \quad F_{By} = \frac{1}{24}(4\times4+8\times8+2\times20+3\times3)\text{kN} = 5.375\text{kN}(\uparrow)$$

（2）求内力

利用Ⅰ-Ⅰ截面将桁架截断，以右段为研究对象，受力图如图7-13b所示。由$\sum M_D(\boldsymbol{F}) = 0$得

$$5.375\times12\text{kN}\cdot\text{m} - 2\times8\text{kN}\cdot\text{m} - 3\times3\text{kN}\cdot\text{m} + (F_{\text{N1}}\cos\alpha)\times5\text{kN}\cdot\text{m} = 0$$

$$\cos\alpha = \frac{4}{\sqrt{4^2+1^2}} = \frac{4}{\sqrt{17}} \qquad \sin\alpha = \frac{1}{\sqrt{4^2+1^2}} = \frac{1}{\sqrt{17}}$$

故

$$F_{\text{N1}} = -8.143\text{kN}\ （压力）$$

由$\sum F_y = 0$得

$$5.375\text{kN} - 2\text{kN} - F_{\text{N1}}\sin\alpha + F_{\text{N2}}\cos45° = 0$$

故

$$F_{\text{N2}} = -\frac{1}{\cos45°}\times5.350\text{kN} = -7.567\text{kN}\ （压力）$$

求F_{N3}仍利用图7-13b所示的受力图。由$\sum F_x = 0$得

$$3\text{kN} - F_{\text{N1}}\cos\alpha - F_{\text{N2}}\sin45° - F_{\text{N3}} = 0$$

$$F_{\text{N3}} = 16.25\text{kN}\ （拉力）$$

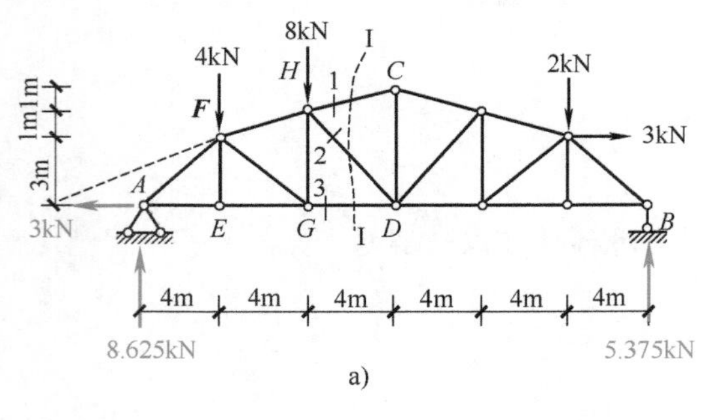

a)　　　　b)

图　7-13

（3）校核

用图7-13b中未用过的力矩方程$\sum M_C(\boldsymbol{F}) = 0$进行校核。

$$\sum M_C = (-16.25\times5+7.567\times5\times\cos45° - 2\times8+3\times2+5.375\times12)\text{kN}\cdot\text{m} = 0$$

则计算正确。

【例题点评】 在桁架计算中，有时联合应用结点法和截面法更方便。

【例7-9】 试求图7-14a所示桁架中杆a和杆b的内力。

解：（1）求支座反力

根据桁架整体的平衡条件可求得$F_{Ax} = 0$，$F_{Ay} = \dfrac{F_{\text{P}}}{3}$（↑），$F_{By} = \dfrac{2F_{\text{P}}}{3}$（↑）。

(2) 求杆的内力

如图 7-14a 所示，求杆 a 的内力时，作截面Ⅰ—Ⅰ并取其以左部分为隔离体。由于此截面截断了四根杆件，不能仅通过此隔离体将全部未知力求出，为此取结点 K 为隔离体，如图 7-14b所示。

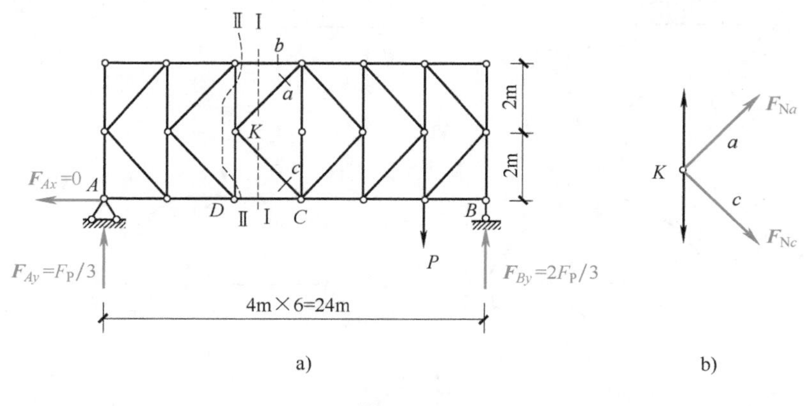

图 7-14

由 $\sum F_{ix}=0$，得 $F_{ax}=-F_{cx}$

故 $F_{Na}=-F_{Nc}$，$F_{ay}=-F_{cy}$

再考虑截面Ⅰ—Ⅰ左边部分的平衡，列投影方程，

则有 $\sum F_{iy}=\dfrac{F_P}{3}-F_{cy}+F_{ay}=0$，即$\dfrac{F_P}{3}+2F_{ay}=0$，得 $F_{ay}=-\dfrac{F_P}{6}$

由数学关系，得 $F_{Na}=-\dfrac{F_P}{6}\times\dfrac{5}{3}=-\dfrac{5}{18}F_P$

再以截面Ⅱ—Ⅱ所截出的左半部分为隔离体，除杆 b 之外，其余三杆都通过 D 点，由 $\sum M_D(\boldsymbol{F})=0$ 可得 $F_{Nb}=-\dfrac{F_P}{3}\times 8\times\dfrac{1}{6}=-\dfrac{4}{9}F_P$

7.4 三铰拱

7.4.1 概述

在竖向荷载作用下，除了产生竖向反力外，还产生水平推力的曲杆结构称为拱。拱结构由于在竖向荷载下存在水平推力，其弯矩比梁小，以压力为主，压弯联合的截面应力分布比梁均匀，如图 7-15 所示。特别当按主要荷载情况设计为合理拱轴时，结构中弯矩很小，截面主要承受压应力，从而可使拉压强度不等的脆性材料更好地发挥作用。但推力对支座的要求提高，用作屋架时或当地基很软弱难以承担很大推力时，可改用拉杆承受“推力”。

图 7-15 是超静定拱，在其上增加一个铰则成为静定拱，如图 7-16a 所示，称为三铰拱。有时用拉杆代替支座的推力，如图 7-16b 所示，受力特点和计算方法相同。

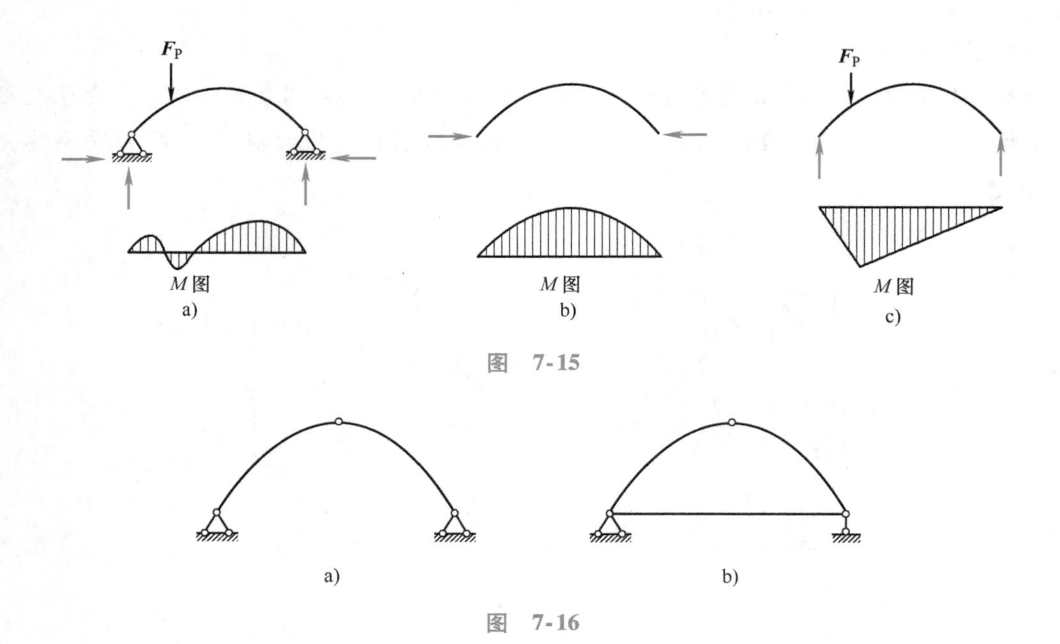

图 7-15

图 7-16

7.4.2 三铰拱的内力计算

三铰拱属于三刚片体系，需截取两个隔离体求刚片之间的约束力。三铰拱为静定结构，其全部约束反力和内力求解与静定梁或三铰刚架的求解方法完全相同，都是利用平衡条件。现以拱趾在同一水平线上的三铰拱为例（图 7-17a），推导其支座反力和内力的计算公式。同时为了与梁比较，图 7-17b 给出了同跨度、同荷载的相应简支梁的计算简图。

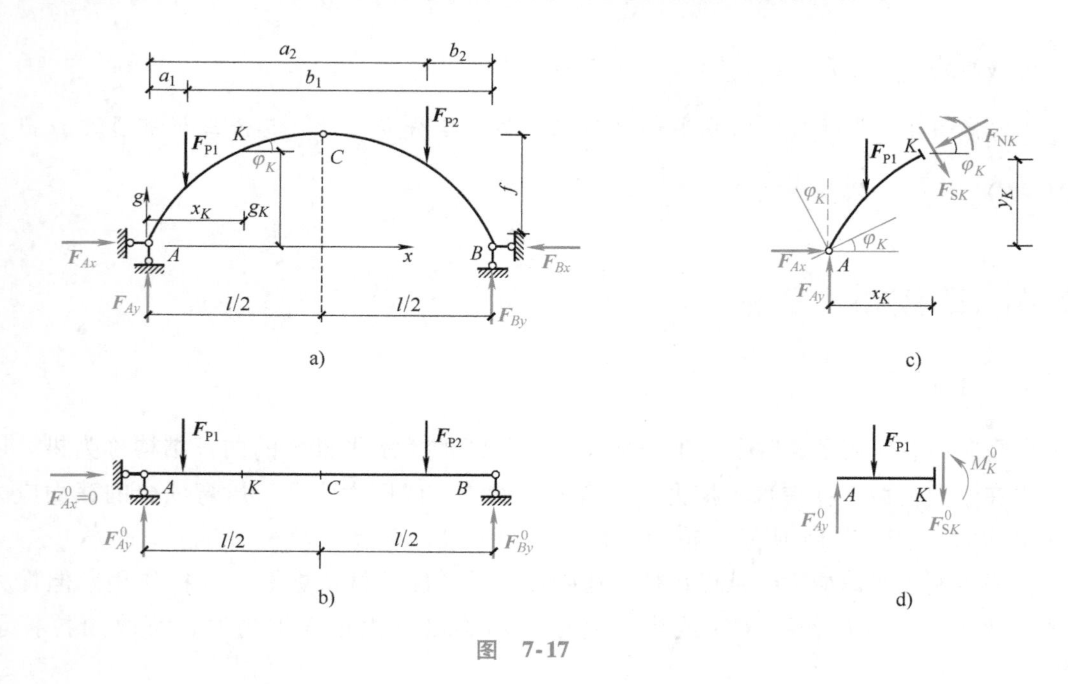

图 7-17

1. 支座反力的计算公式

三铰拱两端是固定铰支座，其支座反力共有四个，其全部反力的求解共需列四个平衡方程。与三铰刚架类似，一般需取两次分离体，除取整体列出三个平衡方程外，还需取左半个拱（或右半个拱）为分离体，再列一个平衡方程［通常列对中间铰的力矩式平衡方程$\sum M_C(\boldsymbol{F})=0$］，方可求出全部反力。注意尽量做到列一个方程解一个未知量，避免解联立方程。

首先，取整体为分离体，如图7-17a所示，列$\sum M_A(\boldsymbol{F})=0$与$\sum M_B(\boldsymbol{F})=0$两个力矩式平衡方程以及水平方向投影平衡方程$\sum F_x=0$，可得

$$F_{Ay}=\frac{F_{P1}b_1+F_{P2}b_2}{l}=\frac{\sum F_{Pi}b_i}{l} \tag{7-1a}$$

$$F_{By}=\frac{F_{P1}a_1+F_{P2}a_2}{l}=\frac{\sum F_{Pi}a_i}{l} \tag{7-1b}$$

$$F_{Ax}=F_{Bx}=F_H \tag{7-1c}$$

式中，F_H为铰支座对拱结构的水平推力。

下面再考虑左半个拱AC的平衡，列平衡方程$\sum M_C(\boldsymbol{F})=0$有

$$F_{Ax}\times\frac{l}{2}+F_{P1}\times\left(\frac{l}{2}-a_1\right)-F_H\times f=0$$

整理可得

$$F_H=\frac{F_{Ax}\times\frac{l}{2}+F_{P1}\times\left(\frac{l}{2}-a_1\right)}{f} \tag{7-1d}$$

将拱与图7-17b所示的同跨度、同荷载的水平简支梁比较，式（7-1a）与（7-1b）恰好与相应简支梁的支座反力F_{Ay}^0和F_{By}^0相等。而式（7-1d）中水平推力F_H的分子等于简支梁截面C的弯矩M_C^0。故三铰拱的支座反力分别为

$$\begin{cases}F_{Ay}=F_{Ay}^0 & (7\text{-}2a)\\ F_{By}=F_{By}^0 & (7\text{-}2b)\\ F_H=\dfrac{M_C^0}{f} & (7\text{-}2c)\end{cases}$$

由式（7-2c）可知，水平推力F_H等于相应简支梁的截面C的弯矩M_C^0除以拱高f。其值只与三个铰的位置有关，而与各铰间的拱轴线无关，即F_H只与拱的高跨比f/l有关。当荷载和拱的跨度不变时，推力F_H将与拱高f成反比，即f越大则F_H越小，反之，f越小则F_H越大。

2. 内力的计算公式

由于拱轴为曲线的特点，计算拱的内力时要求截面应与拱轴线正交，即与拱轴线的切线垂直，如图7-17所示。拱的内力计算依然用截面法，下面计算图7-17a中任一截面K的内力，设拱的轴线方程为$y=y(x)$，则K截面的坐标为（x_K，y_K），该处拱轴线的切线与水平方向夹角为φ_K。取出三铰拱的AK为分离体，受力图如图7-17c所示，截面K的内力可分解为弯矩M_K、剪力F_{SK}、轴力F_{NK}。F_{SK}沿横截面方向，即沿拱轴的法线方向作用；F_{NK}与横截面垂直，即沿横截面的切线方向作用。

（1）弯矩的计算公式

M_K以使拱内侧受拉为正，反之为负。由图7-17c所示的分离体的受力图，列力矩式的平衡方程$\sum M_K(\boldsymbol{F})=0$，有

$$F_{Ay}x_K-F_{P1}\times(x_K-a_1)-F_H\times y_K-M_K=0$$

则K截面的弯矩为

$$M_K=[F_{Ay}x_K-F_{P1}(x_K-a_1)]-F_Hy_K \tag{7-3}$$

根据式（7-2a）以及图7-17d所示简支梁在K截面的弯矩$M_K^0=F_{Ay}^0x_K-F_{P1}(x_K-a_1)$，式（7-3)可改写为

$$M=M_K^0-F_Hy_K \tag{7-4}$$

即拱内任一截面的弯矩，等于相应简支梁对应截面的弯矩减去由于拱的推力F_H所引起的弯矩F_Hy_K。可见，由于推力的存在，拱的弯矩比相应简支梁的小。

（2）剪力的计算公式

剪力的符号规定，以使截面两侧的分离体有顺时针方向转动趋势为正，反之为负。如图7-17c所示，将作用在AK上的所有各力对横截面K投影，由平衡条件得

$$\begin{aligned}&F_{SK}+F_{P1}\cos\varphi_K+F_H\sin\varphi_K-F_{Ay}\cos\varphi_K=0\\&F_{SK}=(F_{Ay}-F_{P1})\cos\varphi_K-F_H\sin\varphi_K\end{aligned} \tag{7-5}$$

在图7-17d相应简支梁的截面K处的剪力$F_{SK}^0=F_{Ay}^0-F_{P1}$，于是式（7-5）可改写为

$$F_{SK}=F_{SK}^0\cos\varphi_K-F_H\sin\varphi_K \tag{7-6}$$

（3）轴力的计算公式

因拱轴向主要受压力，故规定轴力以压力为正，反之为负。如图7-17c所示，将作用在AK上的所有各力向垂直于截面K的拱轴切线方向投影，由平衡条件得

$$F_{NK}+F_{P1}\sin\varphi_K-F_H\cos\varphi_K-F_{Ay}\sin\varphi_K=0$$

得

$$F_{NK}=(F_{Ay}-F_{P1})\sin\varphi_K+F_H\cos\varphi_K \tag{7-7}$$

即

$$F_{NK}=F_{SK}^0\sin\varphi_K+F_H\cos\varphi_K \tag{7-8}$$

综上所述，三铰平拱在任意竖向荷载作用下的内力计算公式总结为

$$\begin{cases}M=M_K^0-F_Hy_K\\F_{SK}=F_{SK}^0\cos\varphi_K-F_H\sin\varphi_K\\F_{NK}=F_{SK}^0\sin\varphi_K+F_H\cos\varphi_K\end{cases} \tag{7-9}$$

由式（7-9）可知，三铰拱的内力值不但与荷载及三个铰的位置有关，而且与各铰间拱轴线的形状有关。计算中左半拱φ_K的符号为正，右半拱φ_K的符号为负。同时可知：因推力关系，拱内弯矩、剪力较之相应的简支梁都小。因此拱结构可比梁跨越更大的跨度；但拱结构的支承要比梁的支承多承受上部结构作用的水平方向作用压力，因此支承部位拱不及梁经济；拱内以轴力（压力）为主要内力。

3. 三铰拱内力图的绘制

采用描点法绘制，规定内力图画在水平基线上，M图画在受拉侧；正值剪力画在轴上侧；受压的轴力画在轴上侧。绘图步骤如下：

1）将拱跨度l（或拱轴）等分为8~12段，取每一等分截面为控制截面。

2）由公式计算各控制截面的弯矩、剪力、轴力值。

3）绘内力图。

4. 三铰拱的合理拱轴

拱中的弯矩计算公式为

$$M = M^0 - F_H y \tag{7-10}$$

当荷载和拱的高度确定后，F_H是与拱轴方程无关的常数，M^0是与拱轴方程无关的截面位置的函数，而M是与拱轴方程有关的截面位置的函数。若调整拱轴方程中的y，使得上式等于0，即各截面弯矩均为0，此时，截面上只有轴力，应力是均匀分布的，材料得到充分利用，最经济最理想，这种使拱处于无弯矩状态的拱轴称为合理拱轴。

由式（7-10）可得合理拱轴线的方程为

$$y(x) = \frac{M^0(x)}{F_H} \tag{7-11}$$

式中，M^0是相应简支梁的弯矩方程，F_H是拱的水平推力。

【例7-10】 已知三铰拱的高度为f，跨度为l，试求在满跨竖向均布荷载作用下的合理轴线方程（荷载分布集度为q）。

解：

$$M^0(x) = \frac{1}{2}q(lx - x^2)$$

跨中点截面弯矩为$ql^2/8$，由式（7-2c）可得水平推力

$$F_H = \frac{ql^2}{8f}$$

代入式（7-11），得合理轴线方程为

$$y(x) = \frac{4f}{l^2}(lx - x^2)$$

这是一条二次抛物线，这里需要指出，一种合理轴线只对应一种荷载，荷载发生变化，合理轴线也将随之改变。

小　　结

一、多跨静定梁的内力计算步骤

1）作层次图，计算约束反力及支座反力。

2）分别计算附属部分和基本部分的内力。

3）作内力图。

二、静定平面刚架的内力计算步骤

1）求支座反力。

2）选取控制截面，根据截面法求出控制截面的弯矩值。

3）作刚架内力图。

三、静定平面桁架的计算方法

1. 结点法

结点法是以铰结点为分离体，由分离体的平衡条件计算所求桁架的内力的方法。

2. 截面法

截面法是用一个截面截断若干根杆件将整个桁架分为两个部分，并取其中一部分作为隔

离体，建立平衡方程求出所截断杆件的内力。

四、三铰拱

1. 三铰拱的基本概念

在竖向荷载作用下，除了产生竖向反力外，还产生水平推力的曲杆结构称为拱。由三个铰组成的无多余约束的静定拱结构为三铰拱。

2. 三铰拱的合理拱轴线方程

$$M = M^{0} - F_{H}y$$

习题

1. 试作图 7-18 所示多跨静定梁的 M 图。

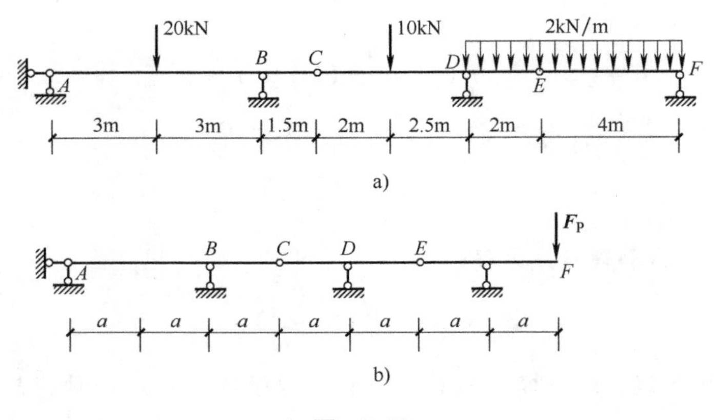

图 7-18

2. 试作图 7-19 所示刚架的内力图。

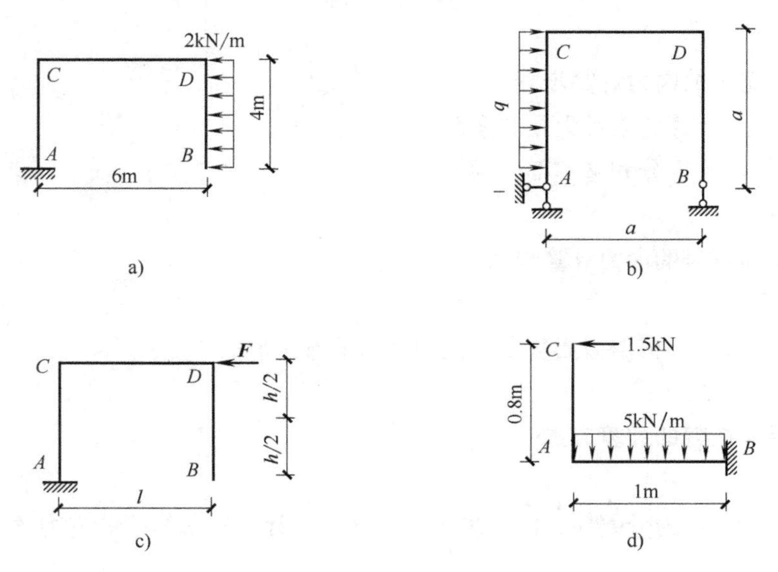

图 7-19

3. 计算图7-20所示结构，作弯矩图、剪力图和轴力图。

4. 计算图7-21所示桁架杆1的轴力。

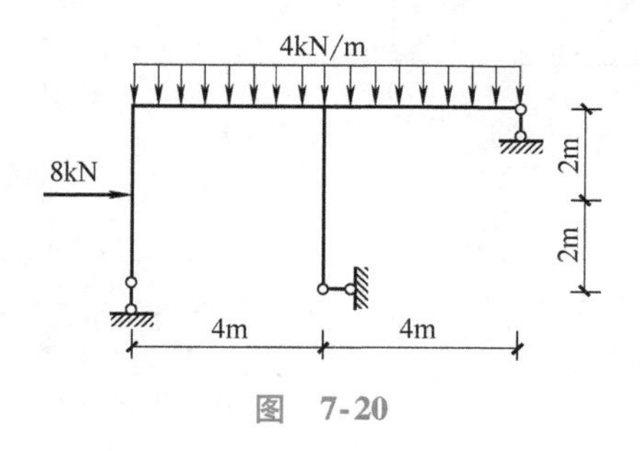

图 7-20

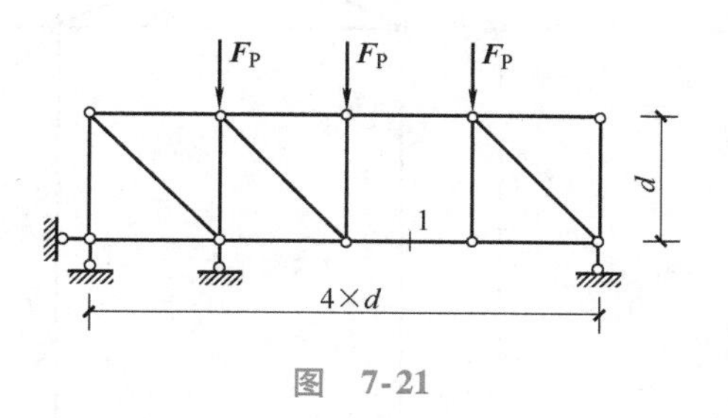

图 7-21

自我测试

一、计算题

1. 绘制图7-22所示多跨静定梁的弯矩图（每图10分，共20分）

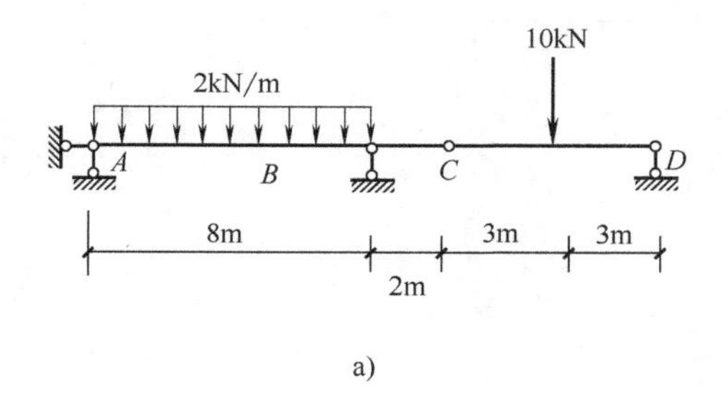

a)

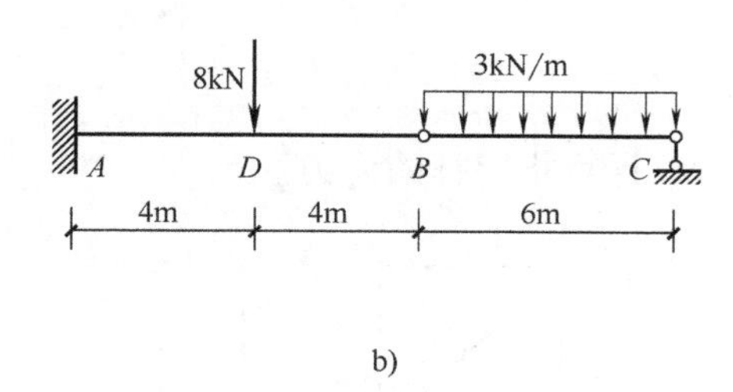

b)

图 7-22

2. 绘制图7-23所示静定刚架的弯矩图（每图10分，共20分）

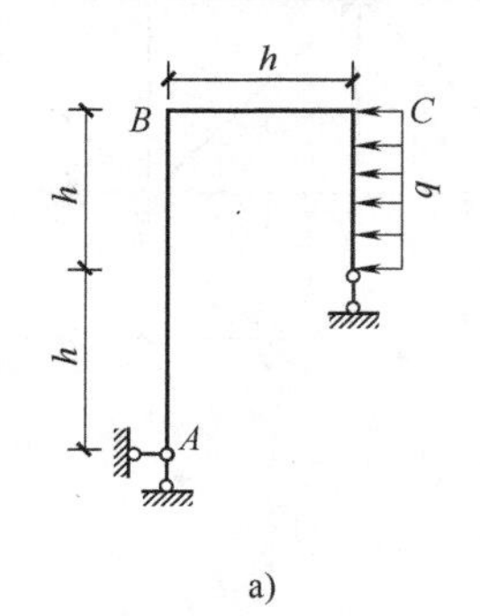

a)

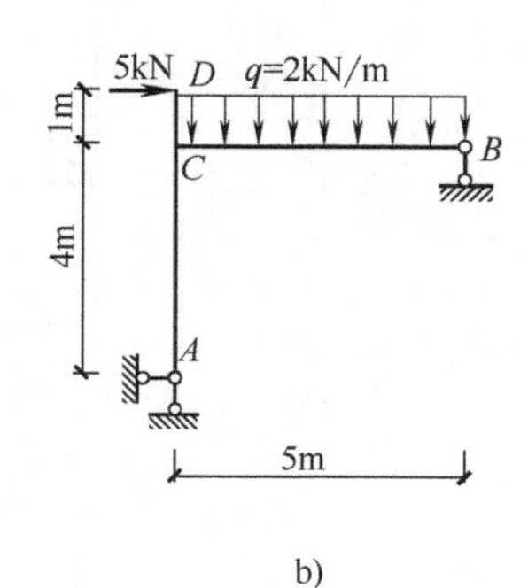

b)

图 7-23

3. 求图7-24所示静定桁架杆中1、2杆的内力（每题20分，共20分）

二、分析题

分析图7-25所示桁架（每图20分，共40分）。

1）判断零杆。

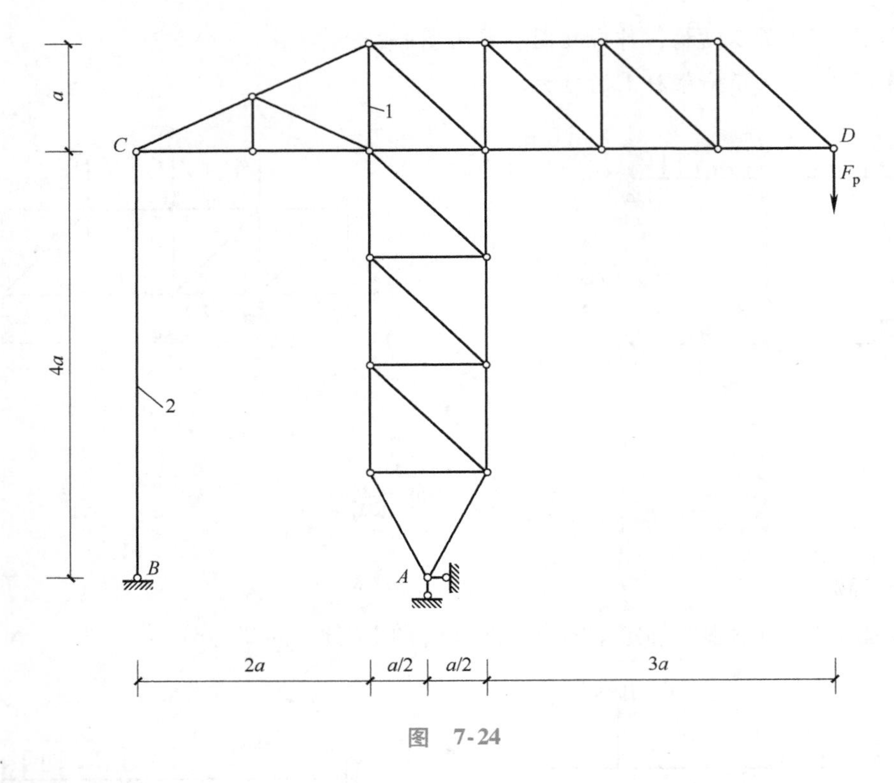

图 7-24

2）计算指定杆的内力。

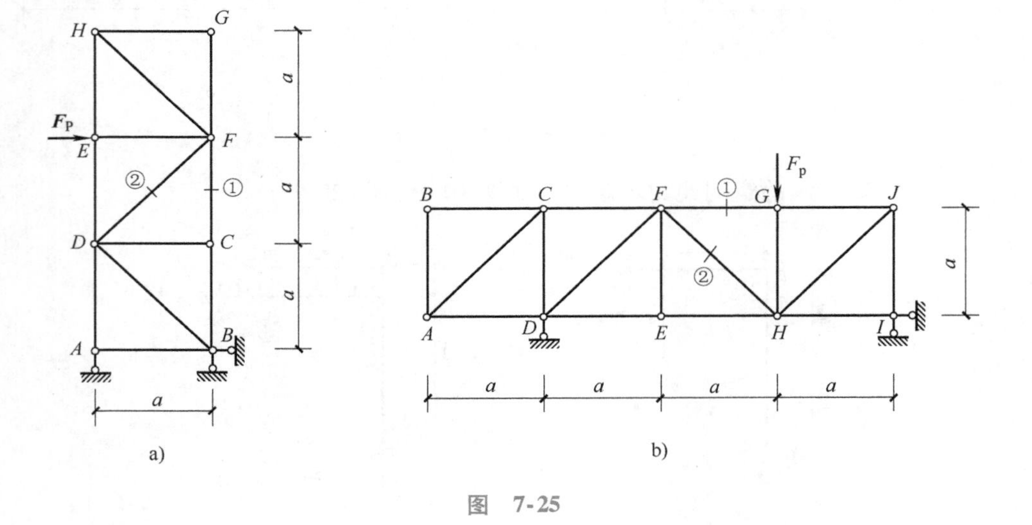

图 7-25

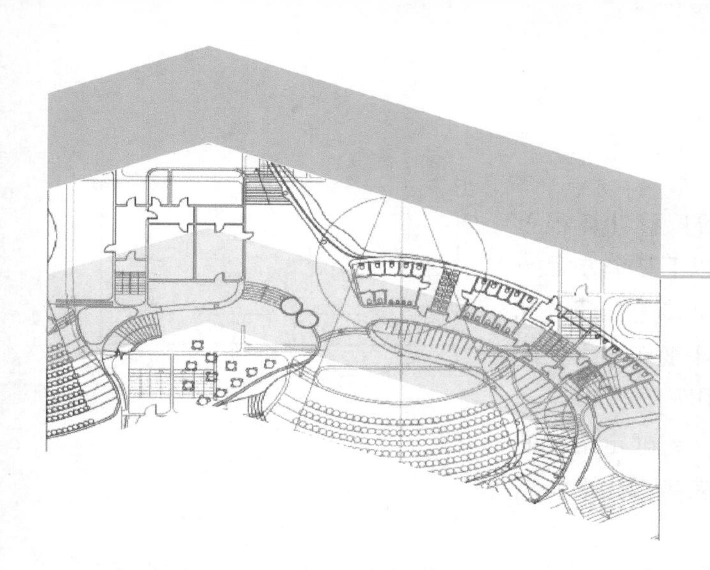

模块 8

静定结构的位移计算

内容提要

本模块主要介绍了结构位移的概念、位移计算的一般公式，静定结构在荷载作用下的位移计算、图乘法及适用条件、非荷载因素作用下静定结构的位移计算及线弹性结构的互等定理。

8.1 位移的概念和计算目的

8.1.1 结构的位移

杆件结构在荷载和非荷载因素（如温度变化、支座位移、材料收缩、制造误差等）作用下，会发生变形。由于变形，结构上各点的位置将会移动，杆件的横截面会转动，结构上各点的位置的改变称为结构的位移。

结构的位移分为两类：线位移和角位移。截面形心的直线移动称为线位移，用符号 Δ 表示，线位移沿水平和竖向可分解为水平线位移和竖向线位移；截面的转动称为角位移，用符号 φ 表示。如图 8-1 所示刚架，在荷载作用下发生变形，使截面 A 的形心 A 点移到 A' 点，线段 AA' 称为 A 点的线位移，用 Δ_A 表示。若将 Δ_A 沿水平和竖向分解，可得到水平线位移 Δ_{Ax} 和竖向线位移 Δ_{Ay}。同时，截面 A 还转动了一个角度，称为截面 A 的角位移，记为 φ_A。

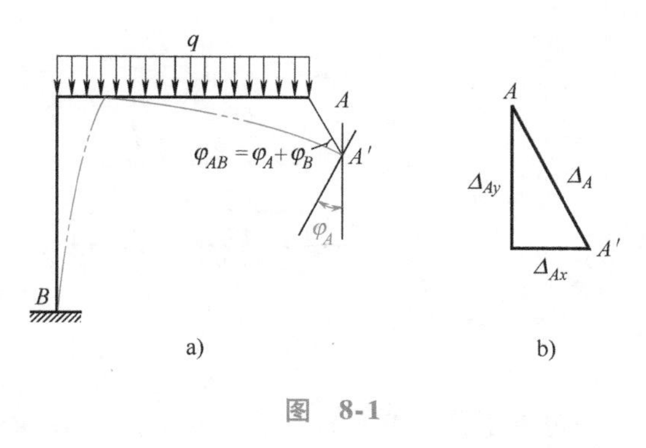

图 8-1

广义位移包括绝对位移和相对位移，线位移和角位移称为绝对位移。任意两点间距离的改变量称为相对线位移，图 8-2 中 $\Delta_{CD}=\Delta_C+\Delta_D$ 称为 C、D 两点的水平相对线位移。任意两个截面的相对转动量称为相对角位移，图 8-2 中 $\varphi_{AB}=\varphi_A+\varphi_B$ 称为 A、B 两个截面的相对角位移。

8.1.2 计算位移的目的

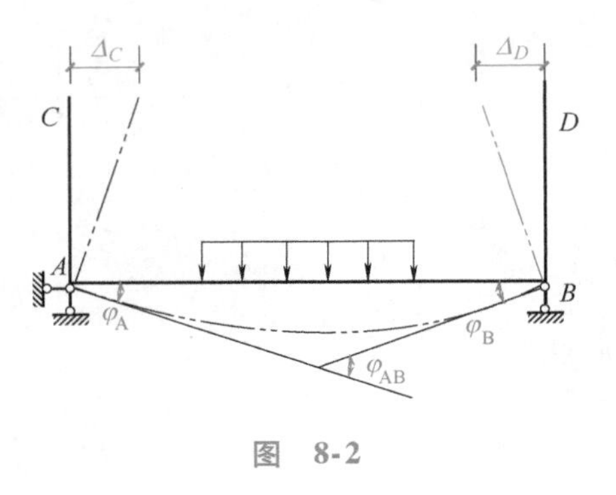

图 8-2

在工程设计和施工过程中，结构的位移计算很重要，概括地说，计算位移的目的主要有以下三个方面：

1）验算结构刚度，即验算结构的位移是否超过允许的位移限制值。结构在荷载作用下如果变形过大，即刚度不足时，即使不破坏也不能正常使用。

2）为超静定结构的计算奠定基础。超静定结构的内力仅由平衡条件不能完全确定，还需要考虑变形协调条件，因此需要计算结构的位移。

3）在结构制作、架设、养护等施工过程中，有时需要预先知道结构的位移，以便采取一定的技术措施，确保施工安全和拼装就位，因而需要进行位移计算。如钢桁架桥梁拼装为悬臂拼接，当竖向位移过大时起重机易滚走，同时梁也不能按设计要求就位。

结构的位移计算以虚功原理为基础，本模块主要讨论静定结构在荷载、温度变化和支座移动等作用下的位移计算。超静定结构的位移计算方法与静定结构相同。

8.2 虚功原理

8.2.1 虚功的概念

一个不变的力所做的功等于该力的大小与其作用点沿力的作用方向产生的位移的乘积。如图 8-3 所示，大小和方向都不变的力 $\boldsymbol{F}$ 所做的功为

$$W = F\Delta$$

又如图 8-4 所示，力偶 M 作用在圆盘上，当圆盘转动一角度 φ 时，力偶所做的功为

$$W = M\varphi$$

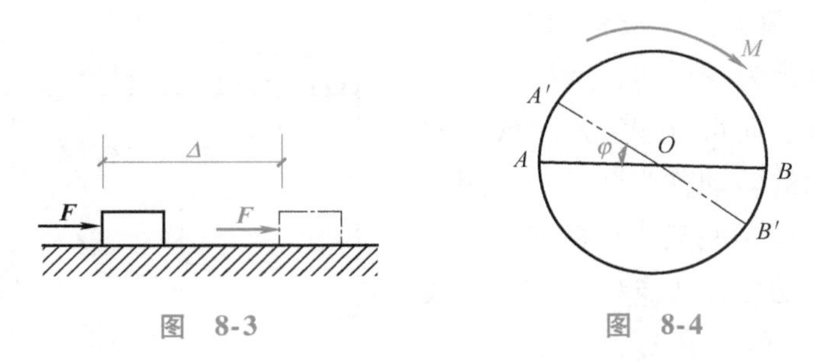

图 8-3　　　图 8-4

功包含了两个要素：力和位移。力在自身引起的位移上做的功为实功。图 8-3 中 $\boldsymbol{F}$ 所做的功、图 8-4 中 M 所做的功均为实功。

力沿由其他因素所引起的位移上所做的功为虚功。如图 8-5a 所示，简支梁受力 $\boldsymbol{F}_1$ 作用，待其达到实曲线所示的弹性平衡位置后，如果由于某种外因（其他荷载或支座移动等）使梁继续发生微小变形而达到双点画线所示的位置，力 $\boldsymbol{F}_1$ 对位移 Δ_2 所做的功就是虚功。

在虚功中，力与位移彼此独立，因此，可将两者看成是分别属于同一体系的两种彼此无

关的状态，其中力所属的状态称为力状态或第一状态（图8-5b），位移所属的状态称为位移状态或第二状态（图8-5c）。如W_{12}表示第一状态的力在第二状态的位移上所做的虚功。虚功的下标有两个：第一个下标表示力的作用位置和方向；第二个下标表示产生位移的原因。

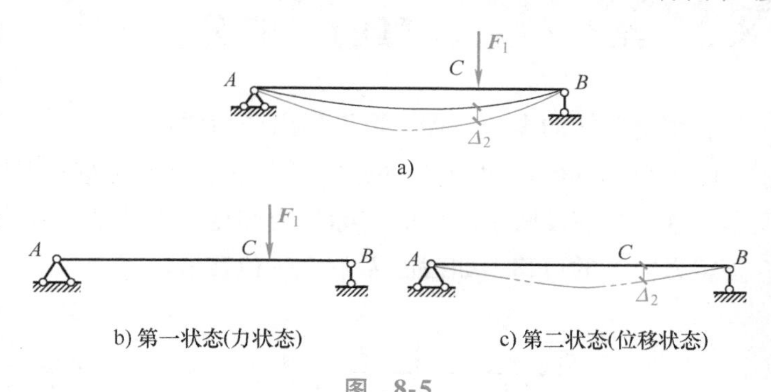

b) 第一状态(力状态)　c) 第二状态(位移状态)

图 8-5

具体应用时，可以把位移状态看作虚设的，也可以把力状态看作是虚设的。虚功并非不存在，只是强调做功过程中位移与力相互独立无关。由于是其他因素产生的位移，故该位移可能与力的方向一致，也可能相反。力与位移方向一致时，虚功为正，反之为负，也可能为零。

8.2.2 虚功原理

若质点的位移是约束条件所允许的任意微小位移，与质点上原有作用力无关，而且在位移过程中，作用在质点上的各个力的大小及方向保持不变，这种位移通常称为虚位移或可能位移。

工程实际中组成结构的构件都是变形体，结构在荷载作用下不仅要发生变形，同时还产生相应的内力。虚功原理应用于变形体时，不仅要考虑外力虚功，还要考虑内力虚功。

变形体的虚功原理可表述为：处于平衡状态的变形体，当发生任意微小虚位移时，外力所做虚功的总和等于各微段上的内力在变形上所做虚功的总和。即外力虚功等于变形虚功，可表示为

$$W_{外} = W_{变} \tag{8-1}$$

式（8-1）即为变形体的虚功方程。

对于整个结构

$$W_{变} = \sum \int F_N \mathrm{d}u + \sum \int M \mathrm{d}\varphi + \sum \int F_S \gamma \mathrm{d}s \tag{8-2}$$

将式（8-2）代入式（8-1）中，有

$$W_{外} = \sum \int F_N \mathrm{d}u + \sum \int M \mathrm{d}\varphi + \sum \int F_S \gamma \mathrm{d}s \tag{8-3}$$

式中，F_N、M、F_S为微段的内力；$\mathrm{d}u$、$\mathrm{d}\varphi$、$\gamma\mathrm{d}s$为微段的变形。

式（8-3）称为平面杆件结构的虚功方程。

虚功原理的应用有两种方式：一种是虚位移原理，即对于给定的力状态，虚设一个位移状态，利用虚功原理求力状态中的未知力；另一种是虚力原理，即对于给定的位移状态，虚设一个力状态，利用虚功原理求解位移状态中的未知位移。本模块讨论的是如何应用虚功原理的第二种方式——虚力原理进行结构位移计算。

8.3 结构位移计算的一般公式

利用变形体的虚功原理，可推导出结构位移计算的一般公式。

图 8-6a 所示结构由于某种原因（荷载、支座位移、温度改变等）而发生双点画线所示的变形，这一状态反映了结构的实际受力和变形，称为实际状态。现在求结构上任一截面沿任一指定方向上的位移，如截面 K 的水平位移 Δ_K。

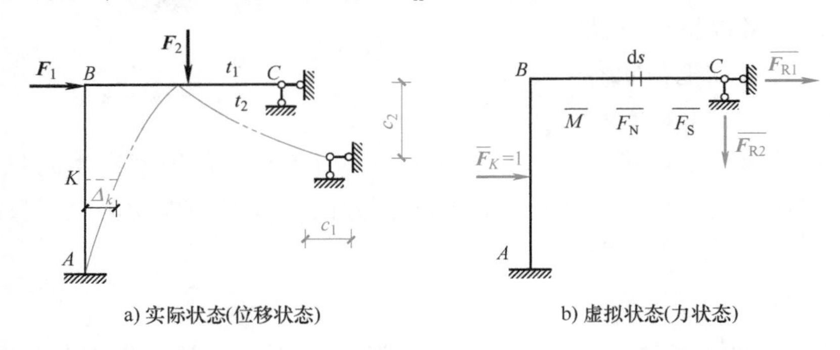

a) 实际状态(位移状态)　　b) 虚拟状态(力状态)

图 8-6

应用虚功原理计算 Δ_K时，取图 8-6a 所示的实际状态作为位移状态。在欲求位移 K 处沿要求的位移方向虚设一单位荷载$\overline{F_K}=1$ 作为力状态，如图 8-6b 所示，由于力状态是虚设的，故此状态又称为虚拟状态。C 支座产生的支座反力分别用$\overline{F_{R1}}$、$\overline{F_{R2}}$表示，微段 ds 的内力分别用$\overline{M}$、$\overline{F_N}$、$\overline{F_S}$表示。

虚拟状态的外力在实际状态的相应位移上所做的外力虚功为

$$W_{外}=\overline{F_K}\cdot\Delta_K+\overline{F_{R1}}\cdot c_1+\overline{F_{R2}}\cdot c_2=1\cdot\Delta_K+\sum\overline{F_{Ri}}\cdot c_i$$

虚拟状态微段的内力$\overline{M}$、$\overline{F_N}$、$\overline{F_S}$在实际状态的相应变形 du、dφ、γds 上所做的变形虚功为

$$W_{变}=\sum\int\overline{F_N}\mathrm{d}u+\sum\int\overline{M}\mathrm{d}\varphi+\sum\int\overline{F_S}\gamma\mathrm{d}s$$

根据虚功原理 $W_{外}=W_{变}$，有

$$1\cdot\Delta_K+\sum\overline{F_{Ri}}\cdot c_i=\sum\int\overline{F_N}\mathrm{d}u+\sum\int\overline{M}\mathrm{d}\varphi+\sum\int\overline{F_S}\gamma\mathrm{d}s$$

则

$$\Delta_K=\sum\int\overline{F_N}\mathrm{d}u+\sum\int\overline{M}\mathrm{d}\varphi+\sum\int\overline{F_S}\gamma\mathrm{d}s-\sum\overline{F_{Ri}}c_i \tag{8-4}$$

式中，$\overline{M}$、$\overline{F_N}$、$\overline{F_S}$为虚拟状态中单位荷载引起的内力；du、dφ、γds 为实际状态中微段的变形；$\overline{F_{Ri}}$为虚拟状态中的支座反力；c_i为实际状态中的支座位移。

式（8-4）即为平面杆件结构位移计算的一般公式，它既适用于静定结构，也适用于超静定结构。

这种利用虚功原理沿所求位移方向虚设单位荷载求结构位移的方法称为单位荷载法。应用单位荷载法，每次可求出一个位移。在计算时，虚设的单位荷载的指向是假设的，若计算

结果为正值，表明实际位移方向与虚设的单位荷载方向一致；反之，则相反。

单位荷载法既可以用于计算结构的线位移，也可以计算任何形式的广义位移（如角位移、相对线位移等），只要所虚设的单位荷载与所求的位移相对应即可。单位荷载的选择方法如下：

1）若求结构上某一点沿某个方向的线位移，可在该点所求位移方向施加一单位力。如图 8-7a所示为求 A 点的水平线位移，在 A 点处施加一单位力。

2）若求结构上某一截面的角位移，可在该截面施加一单位力偶。如图 8-7b 所示为求 B 截面的角位移，在 B 截面施加一单位力偶。

3）若求桁架某杆的角位移，可在该杆两端施加一对与杆轴垂直的反向平行力，使其形成一单位力偶，每个平行力的大小为 $1/l$。如图 8-7c 所示为求 AB 杆的角位移，在 AB 杆两端施加一对与杆轴垂直的反向平行力 $1/l$。

4）若求结构上某两点 A、B 沿其连线方向的相对线位移，可在该两点沿其连线施加一对方向相反的单位力，如图 8-7d 所示。

5）若求结构上某两个截面的相对角位移，可在这两个截面上施加一对方向相反的单位力偶。如图 8-7e 所示为求铰 C 处左右两侧截面的相对角位移，在两侧截面施加一对方向相反的单位力偶。

6）若求桁架某两杆的相对角位移，可在该两杆上施加两个方向相反的单位力偶，如图 8-7f 所示。

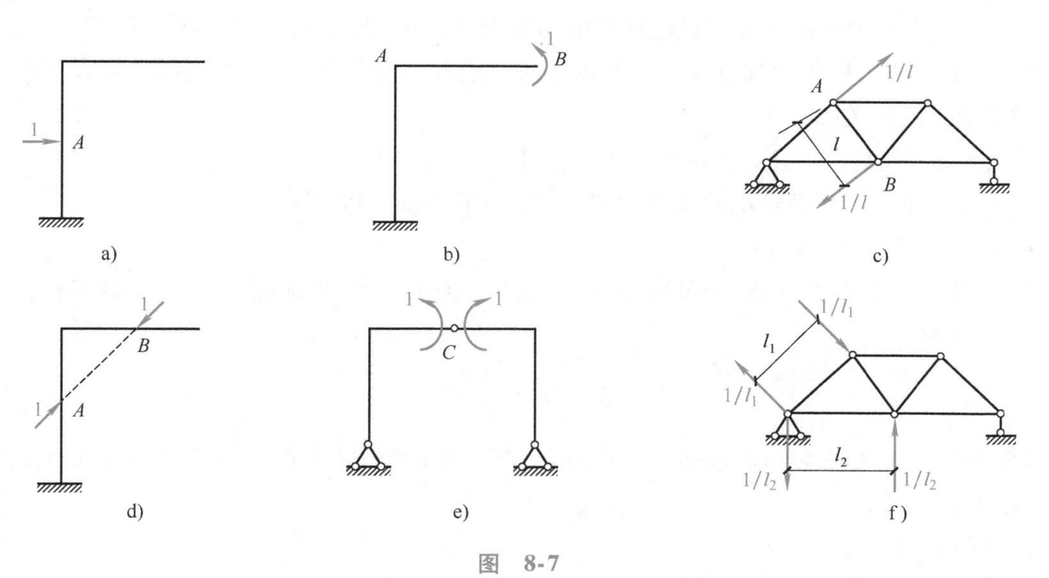

图 8-7

8.4 静定结构在荷载作用下的位移计算

当结构仅受荷载作用时（$c_i=0$），位移计算的一般公式可简化为

$$\Delta = \sum\int \overline{F_{\mathrm{N}}}\mathrm{d}u + \sum\int \overline{M}\mathrm{d}\varphi + \sum\int \overline{F_{\mathrm{S}}}\gamma\mathrm{d}s \tag{8-5}$$

在实际状态中，由荷载 F 引起的微段 ds 上的内力用 F_N、M、F_S表示，如图 8-8 所示。F_N、M、F_S引起的微段变形为 du、$d\varphi$ 和 γds。

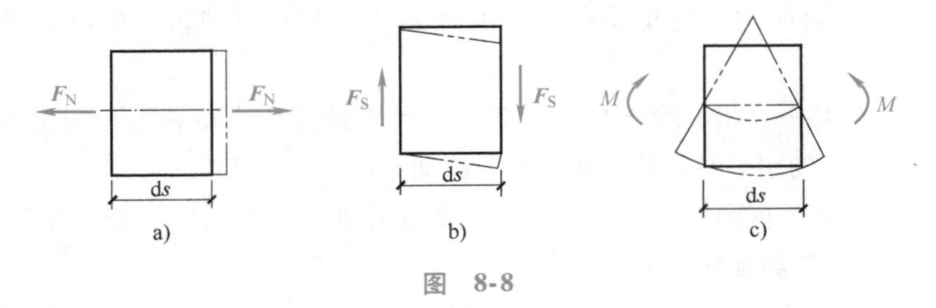

图 8-8

对于线弹性结构，有

$$du=\frac{F_N}{EA}ds$$

$$d\varphi=\frac{M}{EI}ds$$

$$\gamma ds=K\frac{F_S}{GA}ds$$

将上述三个关系式代入式（8-5），得

$$\Delta=\sum\int\frac{\overline{F_N}F_N}{EA}ds+\sum\int\frac{\overline{M}M}{EI}ds+\sum\int K\frac{\overline{F_S}F_S}{GA}ds \tag{8-6}$$

式中，$\overline{M}$、$\overline{F_N}$、$\overline{F_S}$为虚拟状态中单位荷载引起的内力；M、F_N、F_S为实际状态中荷载引起的内力；EA、EI、GA 为杆件的抗拉（压）刚度、抗弯刚度、抗剪刚度；K 为剪应力不均匀分布系数，与截面形状有关。

式（8-6）就是结构在荷载作用下的位移计算公式。

在实际计算中，根据结构的不同类型，位移计算公式可以进一步简化。

1. 梁和刚架的位移计算

梁和刚架的变形主要是由弯矩引起的，轴力和剪力的影响很小，可忽略不计，因此式（8-6）可简化为

$$\Delta=\sum\int\frac{\overline{M}M}{EI}ds \tag{8-7}$$

【例 8-1】 已知各杆材料相同，截面的 I、A 均为常数，试求图 8-9a 所示刚架 C 点的竖向位移 Δ_{Cy}和角位移 φ_C。

解：（1）计算 Δ_{Cy}

在 C 点施加一竖向单位力作为虚拟状态，如图 8-9b 所示，分别设各杆的坐标如图 8-9 所示，则各杆的弯矩方程为

BC 段：　$\overline{M}=-x$（上侧受拉）　$M=-\frac{qx^2}{2}$（上侧受拉）

AB 段：　$\overline{M}=-a$（左侧受拉）　$M=-\frac{qa^2}{2}$（左侧受拉）

代入式（8-7），得

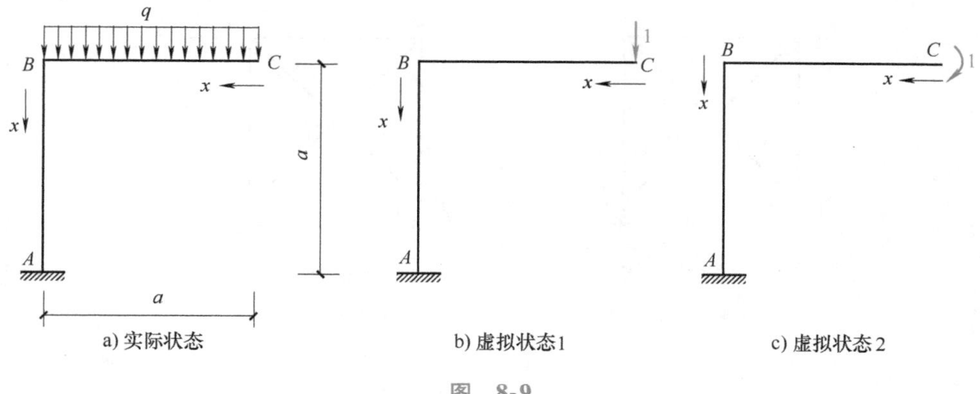

a) 实际状态　　b) 虚拟状态1　　c) 虚拟状态2

图　8-9

$$\Delta_{Cy}=\sum\int\frac{\overline{M}M}{EI}\mathrm{d}s=\frac{1}{EI}\int_0^a(-x)\left(-\frac{qx^2}{2}\right)\mathrm{d}x+\frac{1}{EI}\int_0^a(-a)\left(-\frac{qa^2}{2}\right)\mathrm{d}x=\frac{5}{8EI}qa^4(\downarrow)$$

(2) 计算 φ_C

在 C 点施加一单位力偶，虚拟状态如图 8-9c 所示，各杆的坐标如图 8-9 所示，则各杆的弯矩方程为

BC 段：$\overline{M}=-1$（上侧受拉）　　$M=-\dfrac{qx^2}{2}$（上侧受拉）

AB 段：$\overline{M}=-1$（左侧受拉）　　$M=-\dfrac{qa^2}{2}$（左侧受拉）

代入式 (8-7)，得

$$\varphi_C=\sum\int\frac{\overline{M}M}{EI}\mathrm{d}s=\frac{1}{EI}\int_0^a(-1)\left(-\frac{qx^2}{2}\right)\mathrm{d}x+\frac{1}{EI}\int_0^a(-1)\left(-\frac{qa^2}{2}\right)\mathrm{d}x=\frac{2}{3EI}qa^3(\curvearrowright)$$

【例题点评】这种直接运用式 (8-7) 计算结构位移的方法称为积分法。注意坐标原点的选取应使内力方程简单，便于积分。两个状态中的内力正负号规定应一致。计算结果若为正值，则实际位移方向与单位荷载的假设方向一致；若计算结果为负值，则实际位移方向与单位荷载的假设方向相反。

2. 桁架的位移计算

理想的桁架在结点荷载作用下，桁架的各杆只有轴向变形，若同一杆件的轴力 $\overline{F_N}$、F_N 及 EA 沿杆长 l 均为常数，式 (8-6) 可简化为

$$\Delta=\sum\int\frac{\overline{F_N}F_N}{EA}\mathrm{d}s=\sum\frac{\overline{F_N}F_N}{EA}l \tag{8-8}$$

【例 8-2】 求图 8-10a 所示桁架结点 C 的水平位移 Δ_{Cx}（假设各杆 EA 相等）。

解：欲求 C 点的水平位移，在 C 点施加一水平单位力，虚拟状态如图 8-10b 所示，计算实际状态和虚拟状态下各杆的轴力并分别标示在图 8-10a、b 中。

将各杆轴力 $\overline{F_N}$、F_N 及其长度列入表 8-1 中，再运用位移计算公式 (8-8) 进行计算。

$$\Delta_{Cx}=\sum\int\frac{\overline{F_N}F_N}{EA}\mathrm{d}s=\frac{1}{EA}(2\sqrt{2}Fa+Fa)=\frac{(2\sqrt{2}+1)}{EA}Fa=\frac{3.828}{EA}Fa(\rightarrow)$$

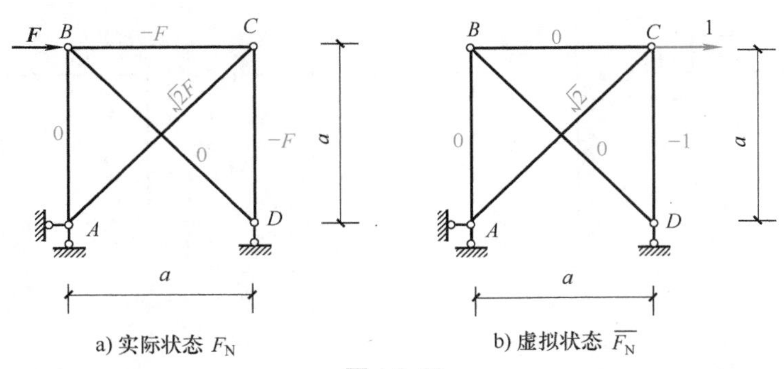

a) 实际状态 F_N　　b) 虚拟状态 $\overline{F_N}$

图　8-10

表 8-1　桁架位移计算

杆　件	$\overline{F_N}$	F_N	l	$\overline{F_N}Fl$
AB	0	0	a	0
AC	$\sqrt{2}$	$\sqrt{2}F$	$\sqrt{2}a$	$2\sqrt{2}Fa$
BC	0	$-F$	a	0
BD	0	0	$\sqrt{2}a$	0
CD	-1	$-F$	a	Fa

【例题点评】 应用式（8-8）时，轴力受拉为正，受压为负。计算结果为正，说明 C 点的水平位移与假设的单位力方向一致。如果桁架中有较多杆件轴力为零，计算较为简单时，可不列表，直接代入公式计算。

3. 组合结构

在组合结构中，受弯构件主要承受弯矩，链杆则只受轴力，其位移计算公式可简化为

$$\Delta = \sum\int\frac{\overline{F_N}F_N}{EA}\mathrm{d}s + \sum\int\frac{\overline{M}M}{EI}\mathrm{d}s \tag{8-9}$$

8.5　图乘法

采用积分法计算梁和刚架在荷载作用下的位移时，先要列出实际状态和虚拟状态的弯矩方程，然后代入式（8-7）进行积分运算。在杆件数目较多、荷载较复杂的情况下，积分式的计算工作比较繁琐。但是，当结构的各杆段符合下列条件时：①杆轴为直线；②EI = 常数；③$\overline{M}$和 M 两个弯矩图中至少有一个直线图形，则可用图乘法代替积分运算，从而简化计算工作。

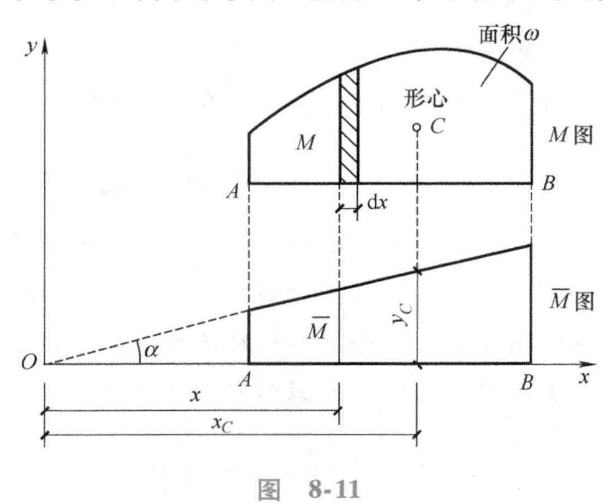

图　8-11

设等截面直杆 AB 段的两个弯矩图中，$\overline{M}$图为直线图形，M 图为任意图形，如图 8-11 所示。以 AB 杆轴为 x 轴，以$\overline{M}$图的延长线与 x 轴的交点 O 为原点并设置 y 轴，则积分式中的 $\mathrm{d}s$ 可用 $\mathrm{d}x$ 代替，EI 可以提到积分号外面。因$\overline{M}$为直线变化，故有$\overline{M} = x\cdot\tan\alpha$，且 $\tan\alpha$ 为常数，则有

$$\Delta = \int \frac{\overline{M}M}{EI}\mathrm{d}s = \frac{\tan\alpha}{EI}\int xM\mathrm{d}x = \frac{\tan\alpha}{EI}\int x\mathrm{d}\omega \tag{8-10a}$$

式中，$\mathrm{d}\omega = M\mathrm{d}x$ 为 M 图中有阴影线的微面积，故 $x\mathrm{d}\omega$ 为微面积对 y 轴的静矩。$\int x\mathrm{d}\omega$ 即为整个 M 图的面积对 y 轴的静矩，根据合力矩定理，它应等于 M 图的面积乘以其形心 C 到 y 轴的距离 x_C，即

$$\int x\mathrm{d}\omega = \omega \cdot x_C \tag{8-10b}$$

将式（8-10b）代入式（8-10a），得

$$\int \frac{\overline{M}M}{EI}\mathrm{d}s = \frac{\tan\alpha}{EI} \cdot \omega \cdot x_C = \frac{\omega y_C}{EI} \tag{8-11}$$

式中，$y_C = x_C\tan\alpha$ 是 M 图的形心 C 处所对应的 $\overline{M}$ 图的竖标。

可见，式（8-11）等于一个弯矩图的面积 ω 乘以其形心处所对应的另一个直线图形上的竖标 y_C，再除以 EI，这就是图乘法。

如果结构上所有各杆段均可图乘，则式（8-11）可表示为

$$\Delta = \sum \int \frac{\overline{M}M}{EI}\mathrm{d}s = \sum \frac{\omega y_C}{EI} \tag{8-12}$$

图 8-12 给出了常用的简单图形的面积及形心位置，在应用抛物线图形的公式时，必须注意顶点处的切线应与基线平行。

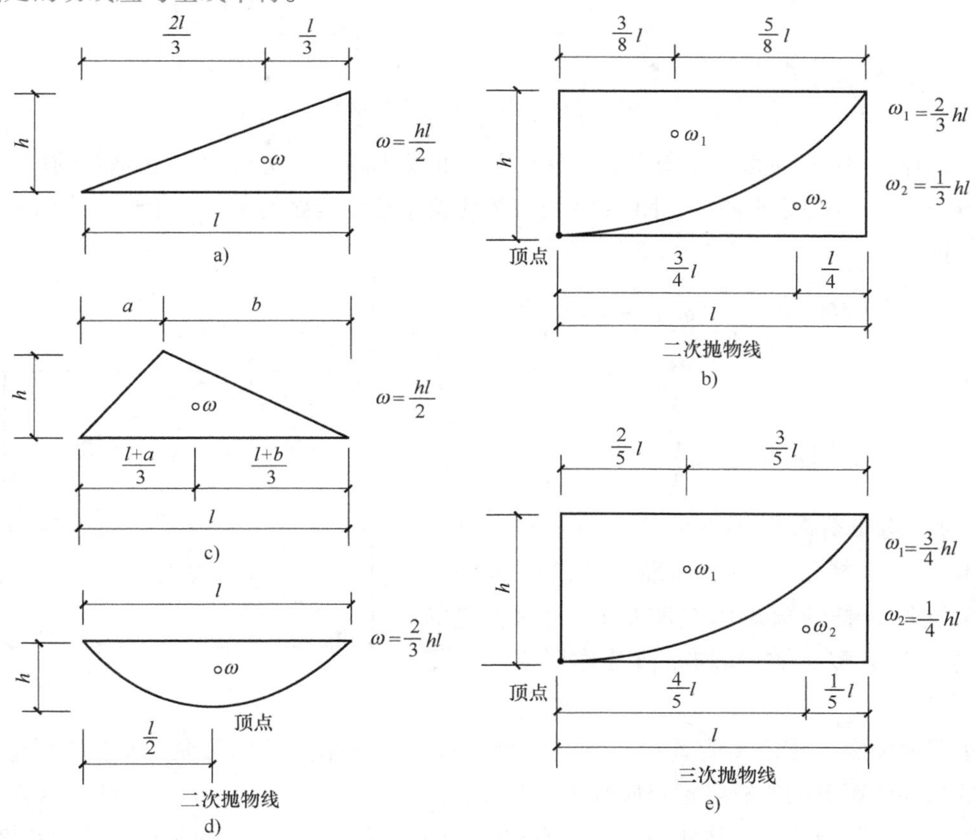

图 8-12

图乘法是梁和刚架位移计算的一种简便计算方法，应用该方法时应注意：

1）必须符合前面所述的前提条件；

2）ω、y_C是分别取自两个弯矩图的量，不能取在同一个图上，竖标 y_C只能取自直线图形；

3）ω 与 y_C若在杆件的同侧则乘积为正，异侧则乘积为负。

现将图乘法应用中的有关问题说明如下：

在应用图乘法时，当图形的面积或形心位置不便确定时，可以将它分解为几个简单图形，将这些简单图形与另一图形分别相图乘，然后把所得结果叠加。主要情形有：

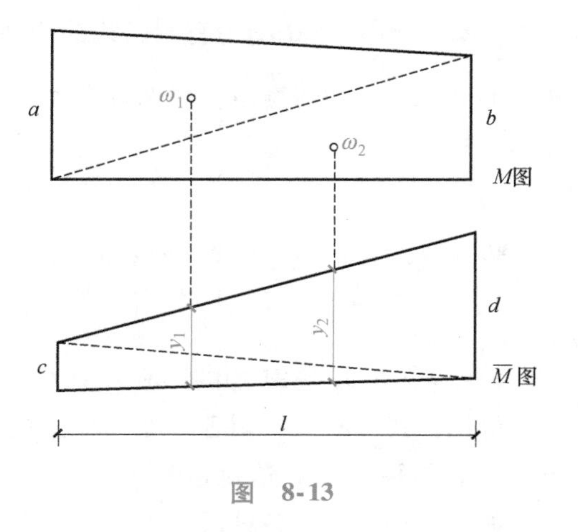

图　8-13

1）当$\overline{M}$图、M 图都是梯形时（图 8-13），可将梯形分解为两个三角形（或一个矩形和一个三角形），

分别图乘然后再叠加，即

$$\Delta = \frac{1}{EI}\int \overline{M}M\mathrm{d}x = \frac{1}{EI}(\omega_1 y_1 + \omega_2 y_2)$$

其中

$$\omega_1 = \frac{1}{2}al \qquad y_1 = \frac{2}{3}c + \frac{1}{3}d$$

$$\omega_2 = \frac{1}{2}bl \qquad y_2 = \frac{1}{3}c + \frac{2}{3}d$$

2）当$\overline{M}$图、M 图均为直线图形，且$\overline{M}$或 M 图的竖标 a、b 或 c、d 不在基线的同一侧时，如图 8-14 所示，处理原则同上，图 8-14 可分解为位于基线两侧的两个三角形，分别图乘，然后叠加，即

$$\Delta = \frac{1}{EI}\int \overline{M}M\mathrm{d}x = \frac{1}{EI}(\omega_1 y_1 + \omega_2 y_2)$$

其中 $$\omega_1 = \frac{1}{2}al \qquad y_1 = \frac{2}{3}c - \frac{1}{3}d$$

$$\omega_2 = \frac{1}{2}bl \qquad y_2 = \frac{1}{3}c - \frac{2}{3}d$$

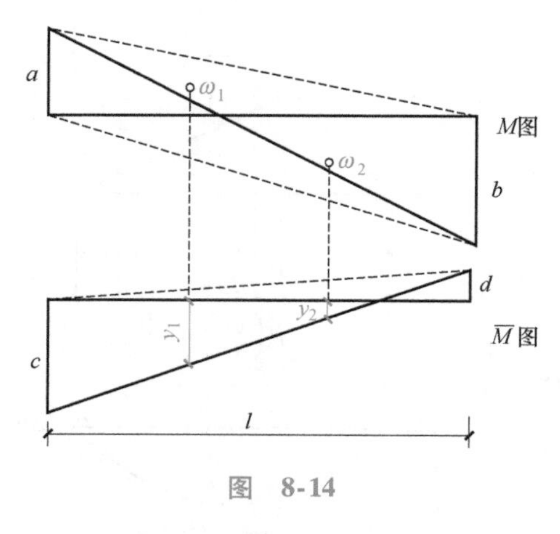

图　8-14

3）对于均布荷载作用下的任一直杆段，其弯矩图可看作一个梯形与一个标准抛物线图形的叠加。因为这段直杆的弯矩图与图 8-15 所示相应简支梁在两端弯矩 M_A、M_B和均布荷载作用下的弯矩图是相同的。

这里需要注意，弯矩图的叠加是指其竖标的叠加，而不是原图形状的剪贴拼合。因此，叠加后的抛物线图形的所有竖标仍应垂直于基线，而不是垂直于 M_A、M_B的连线。这样，叠加后的抛物线图形与原标准抛物线的形状并不相同，但两者任一处对应的竖标和微段长度 dx 仍相等，因而对应的每一窄条微面积仍相等。由此可知，两个图形总的面积大小和形心位置仍然是相同的。

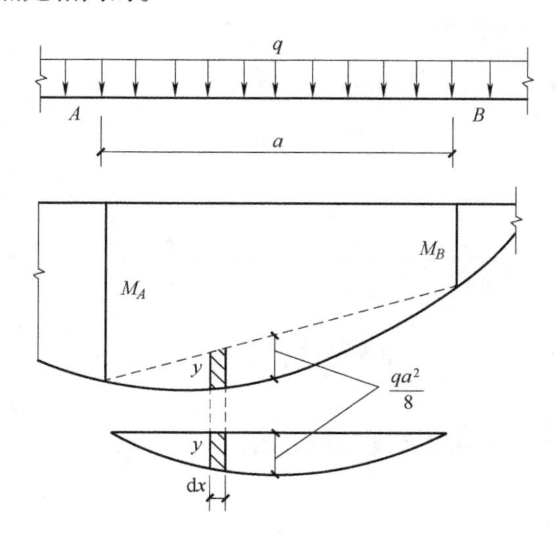

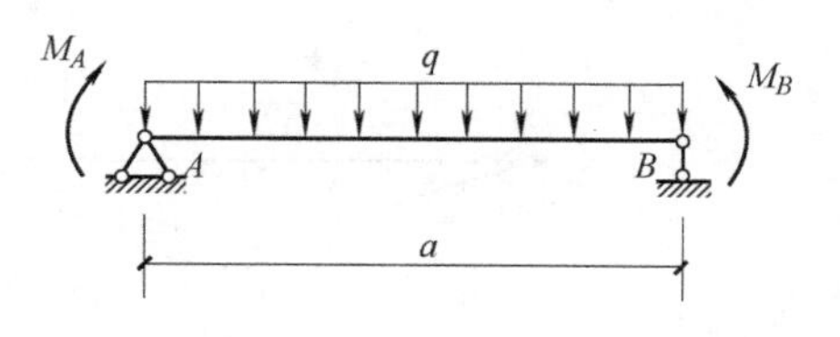

图 8-15

4）当 y_C所属图形不是一段直线，而是由若干段直线组成时，或当各杆段的截面积不相等时，均应分段图乘，再进行叠加。

图 8-16a 所示的图乘结果为

$$\Delta = \frac{1}{EI}(\omega_1 y_1 + \omega_2 y_2 + \omega_3 y_3)$$

图 8-16b 所示的图乘结果为

$$\Delta = \frac{1}{EI_1}\omega_1 y_1 + \frac{1}{EI_2}\omega_2 y_2 + \frac{1}{EI_3}\omega_3 y_3$$

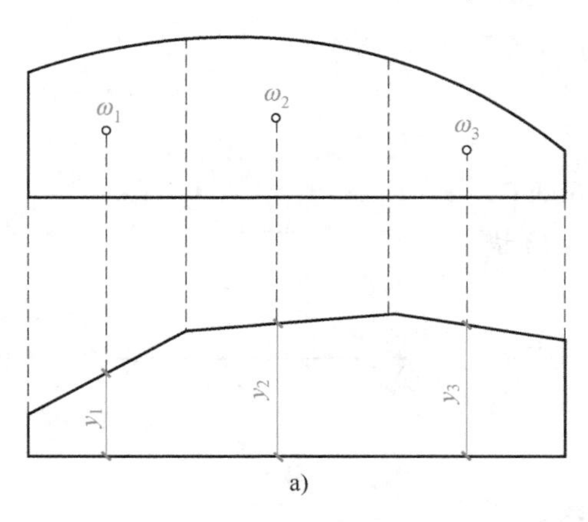

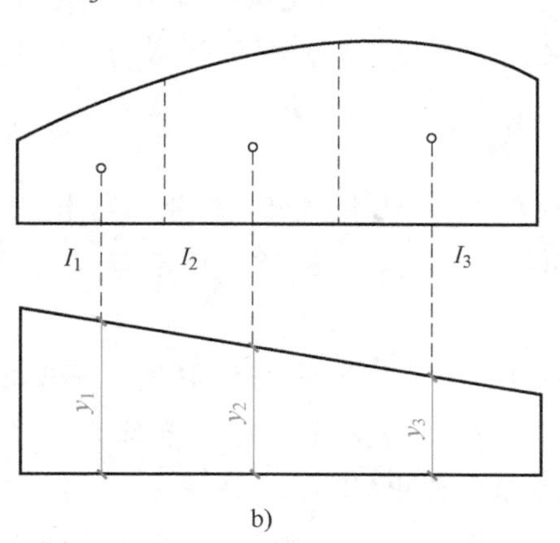

图 8-16

【例 8-3】 试求图 8-17a 所示简支梁跨中截面 C 处的竖向位移 Δ_{Cy}和 A 端的转角 φ_A（EI 为常数）。

解： 1）作出荷载弯矩图 M 图，如图 8-17b 所示。

2）计算 Δ_{Cy}。在 C 处施加一竖向单位力，虚拟状态如图 8-17c 所示，作出$\overline{M}$图。M 图为标准二次抛物线，$\overline{M}$图是由两条对称直线段组成的折线图形。根据图乘法规则，需将 M 图从

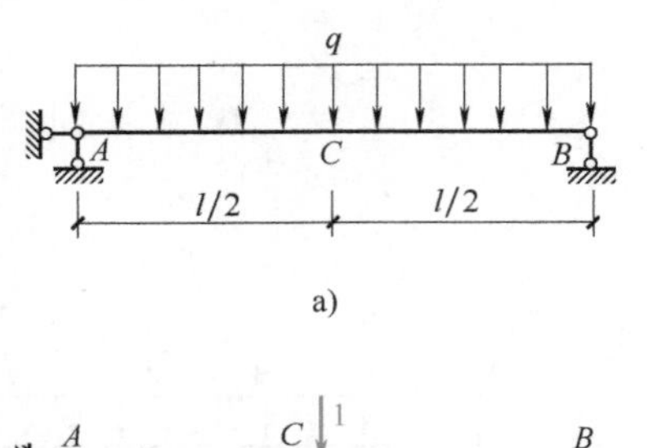

a)

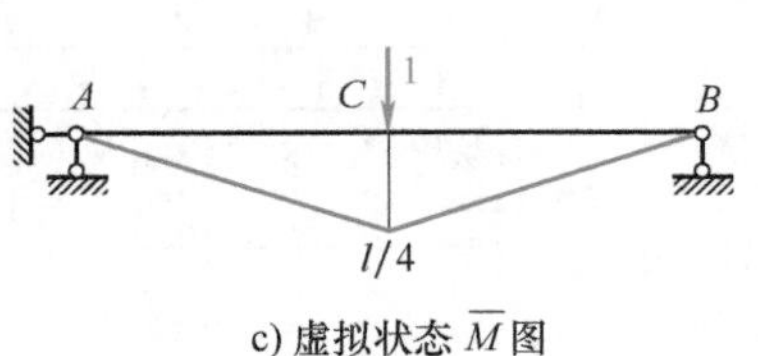

b) 实际状态 M 图

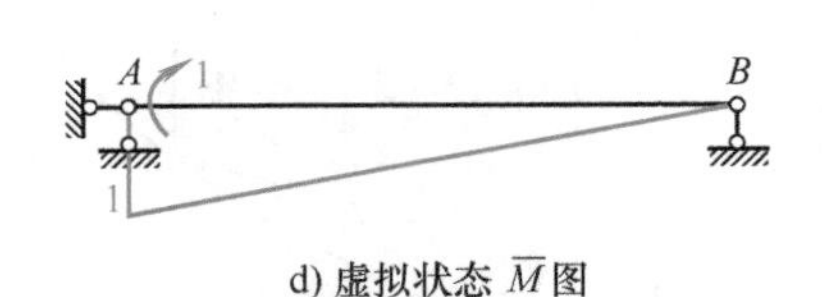

c) 虚拟状态 $\overline{M}$ 图

d) 虚拟状态 $\overline{M}$ 图

图 8-17

跨中分解成两个对称的抛物线图形，然后分别与对应的$\overline{M}$图直线段相图乘。

由式（8-12），得

$$\Delta_{Cy} = \sum \frac{\omega y_C}{EI} = 2 \times \frac{1}{EI}\left(\frac{2}{3} \times \frac{1}{8}ql^2 \times \frac{l}{2}\right) \times \left(\frac{5}{8} \times \frac{l}{4}\right) = \frac{5ql^4}{384EI}(\downarrow)$$

3）计算 φ_A。在 A 端施加一单位力偶，虚拟状态如图 8-17d 所示，作出$\overline{M}$图。

由式（8-12），得

$$\varphi_A = \sum \frac{\omega y_C}{EI} = \frac{1}{EI}\left(\frac{2}{3} \times \frac{1}{8}ql^2 \times l\right) \times \frac{1}{2} = \frac{ql^3}{24EI}(\curvearrowright)$$

【例题点评】 y_C只能取自直线图形。当 y_C所属图形不是一段直线，而是由若干段直线组成时，应分段图乘，再进行叠加，如计算 Δ_{Cy}时，简支梁分为两段进行图乘。

【例 8-4】 已知梁为 18 号工字钢，$I = 1660\text{cm}^4$，$E = 210\text{GPa}$，计算图 8-18a 所示静定梁 C 截面的挠度 Δ_{Cy}。

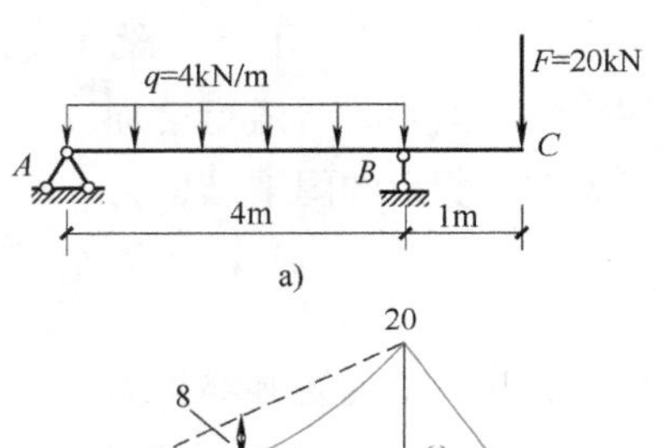

a)

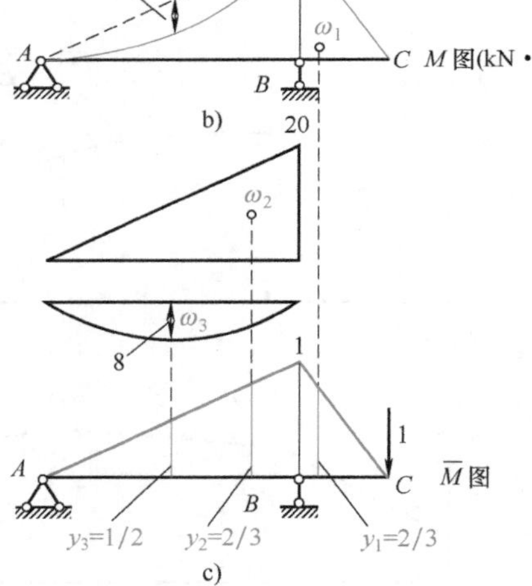

b)

c)

图 8-18

解： 1）作出实际状态的 M 图，如图 8-18b 所示。

2）在 C 截面虚设一竖向单位力，虚拟状态如图 8-18c 所示，作出$\overline{M}$图。

3）计算 Δ_{Cy}。AB 段的 M 图不是标准抛物线，可将其分解为一个三角形和一个标准二次抛物线，由式（8-12），得

$$\Delta_{Cy} = \frac{1}{EI}(\omega_1 y_1 + \omega_2 y_2 + \omega_3 y_3)$$

$$= \frac{1}{1660 \times 10^{-8} \times 210 \times 10^6}\left(\frac{1}{2} \times 20 \times 1 \times \frac{2}{3} + \frac{1}{2} \times 20 \times 4 \times \frac{2}{3} - \frac{2}{3} \times 8 \times 4 \times \frac{1}{2}\right)\text{m}$$

$$= 0.0065\text{m} = 6.5\text{mm}\ (\downarrow)$$

【例题点评】ω_3与y_3在杆轴的异侧，所以二者的乘积为负值。任意的二次抛物线图形均可按区段叠加法的原理将其分解为一个直线图形和一个标准的二次抛物线图形。图乘时须注意y_3只能取自直线图形。

【例8-5】 试求图8-19a所示刚架C、D两点间的距离改变Δ_{CD}（设EI为常数）。

解： 1）作出实际状态的M图，如图8-19b所示。

2）在C、D两点沿其连线方向虚设一对指向相反的单位力，虚拟状态如图8-19c所示，作出$\overline{M}$图。

3）计算Δ_{CD}。图乘时，应分为AC、AB、BD三段计算，但其中AC、BD段的$M=0$，故图乘结果为零，可不必计算。AB段的M图为一标准抛物线，$\overline{M}$图为一水平直线，故y_C应取自$\overline{M}$图。由式（8-12），得

$$\Delta_{CD}=\sum\frac{\omega y_C}{EI}=\frac{1}{EI}\left(\frac{2}{3}\times\frac{1}{8}ql^2\times l\right)\times h=\frac{qhl^3}{12EI}\ (\rightarrow\leftarrow)$$

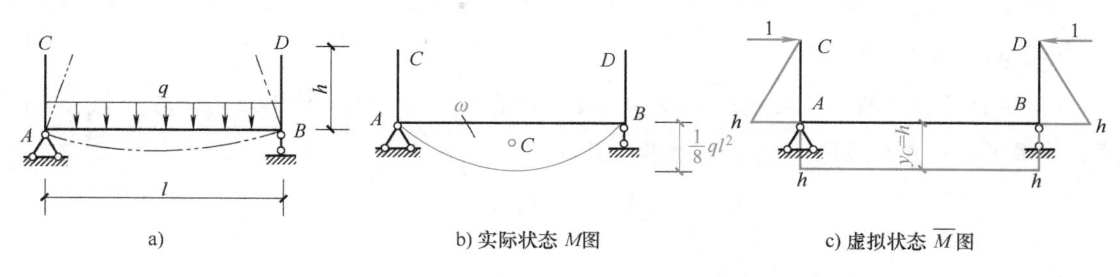

图 8-19

8.6 静定结构由于支座位移、温度改变所引起的位移

8.6.1 由于支座位移所引起的位移

对于静定结构，支座发生移动并不引起内力，也不发生变形，此时结构的位移为刚体位移。

设实际状态为位移状态，应用虚功原理计算由于支座位移所引起的位移时，由位移计算一般公式，得

$$\Delta=\sum\int\overline{F_N}\mathrm{d}u+\sum\int\overline{M}\mathrm{d}\varphi+\sum\int\overline{F_S}\gamma\mathrm{d}s-\sum\overline{F_{Ri}}c_i$$

由于实际状态中的微段ds的变形du、dφ、γds均为零，故上式可简化为

$$\Delta=-\sum\overline{F_{Ri}}c_i \tag{8-13}$$

式中，$\overline{F_{Ri}}$为虚拟状态的支座反力；c_i为实际状态的支座位移。

式（8-13）就是静定结构在支座位移时的位移计算公式。$\overline{F_{Ri}}$与c_i方向一致时其乘积为正，反之则为负。

【例8-6】 图8-20a所示刚架中，支座B有竖向沉陷b，试求C点的水平位移Δ_{Cx}。

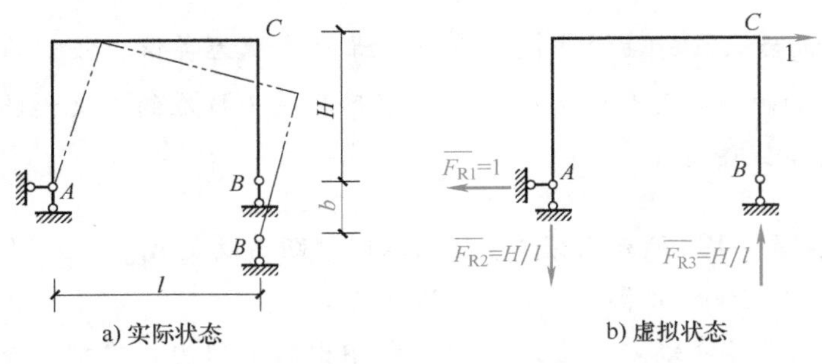

a) 实际状态　　b) 虚拟状态

图　8-20

解：在 C 点虚设一水平单位力，求出支座反力，虚拟状态如图 8-20b 所示。

由式（8-13），得

$$\Delta_{Cx} = -\sum \overline{F_{\mathrm{R}i}} c_i = -\left(-\frac{H}{l} \times b\right) = \frac{Hb}{l}(\rightarrow)$$

【例题点评】 1）本例中虚拟状态的支座反力 $\dfrac{H}{l}$ 与实际状态的相应支座位移 b 方向相反，故乘积为负。

2）位移计算步骤：①沿拟求位移方向虚设相应的单位荷载，作出虚拟状态；②求单位荷载作用下的支座反力 $F_{\mathrm{R}i}$；③求解位移，计算式为

$$\Delta = -\sum F_{\mathrm{R}i} c_i$$

8.6.2　由于温度改变所引起的位移

不考虑支座位移的影响，温度改变时，静定结构不会产生内力，但由于材料热胀冷缩，会使结构发生变形和位移，如图 8-21 所示。下面介绍由于温度改变而引起的结构位移的计算方法。

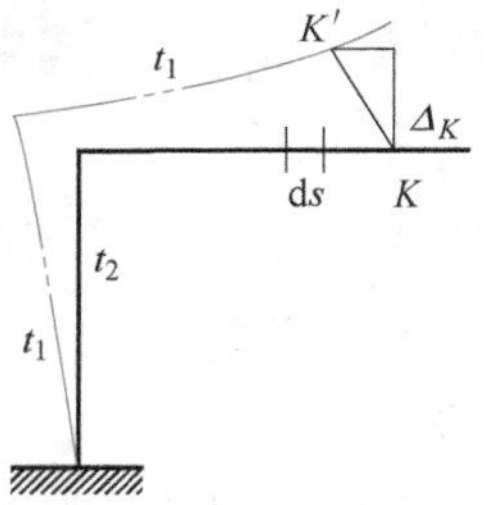

设温度变化沿杆件截面高度 h 为线性分布，并以 α 表示材料的线膨胀系数。由虚功原理可得温度改变时静定结构位移的计算公式（推导过程略）为

$$\Delta = \sum (\pm) \int \overline{F_{\mathrm{N}}} \alpha t_0 \mathrm{d}s + \sum (\pm) \int \overline{M} \frac{\alpha \Delta t}{h} \mathrm{d}s \tag{8-14}$$

图　8-21

若杆件沿其全长温度变化相同，且截面高度 h 不变，则有

$$\Delta = \sum (\pm) \alpha t_0 \omega_{\overline{\mathrm{N}}} + \sum (\pm) \frac{\alpha \Delta t}{h} \omega_{\overline{\mathrm{M}}} \tag{8-15}$$

式中，$t_0 = \left(\dfrac{h_2}{h} t_1 + \dfrac{h_1}{h} t_2\right)$ 为形心轴处的温度变化；t_1 为结构外侧温度升高值，t_2 为结构内侧温度升高值，h_1、h_2 分别为形心轴至横截面上、下边缘距离。若杆件的截面对称于形心轴，即 $h_1 = h_2 = \dfrac{h}{2}$，则有 $t_0 = \dfrac{t_1 + t_2}{2}$，$\Delta t = t_2 - t_1$；$\omega_{\overline{\mathrm{N}}} = \int \overline{F_{\mathrm{N}}} \mathrm{d}s = \overline{F_{\mathrm{N}}} l$ 为 $\overline{F_{\mathrm{N}}}$ 图的面积；$\omega_{\overline{\mathrm{M}}} = \int \overline{M} \mathrm{d}s$ 为 $\overline{M}$ 图的面积。

式（8-14）和式（8-15）中正负号（±）的选取规定如下：如果虚拟状态中虚内力产生的变形与实际状态中温度变化引起的变形方向一致时，取正号；反之则取负号。此时，式中t_0及Δt均只取绝对值。

特别提示：对于初学者，判断虚内力变形与温度变化变形方向是否一致有困难时，可按以下简便方法确定正负号：

1）若规定升温为正，降温为负，则$\overline{F_N}$以拉为正，压为负。

2）$\overline{M}$规定使结构内侧受拉为正，外侧受拉为负。

3）t_0及Δt不能取绝对值，按计算值代入。

【例8-7】 图8-22a所示刚架施工时温度为20℃，已知$\alpha=10^{-5}$，$l=4\text{m}$，各杆均为矩形截面，高度$h=40\text{cm}$，试求冬季外侧温度为-10℃，内侧温度为0℃时，C点的竖向位移Δ_{Cy}。

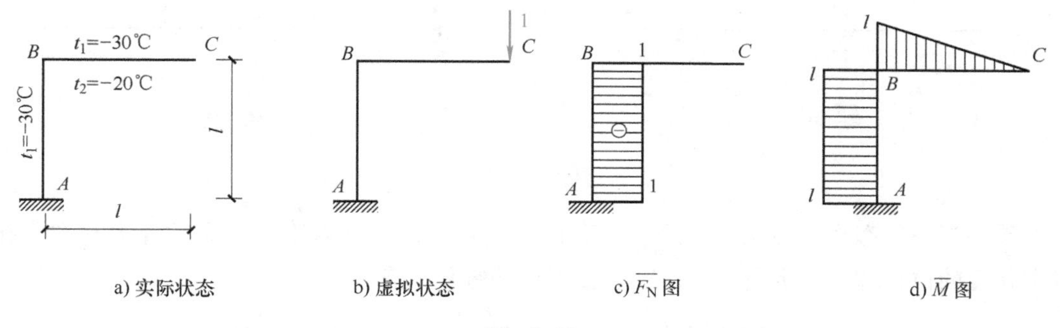

a) 实际状态　b) 虚拟状态　c) $\overline{F_N}$图　d) $\overline{M}$图

图 8-22

解： 外侧温度变化为$t_1=-10℃-20℃=-30℃$，内侧温度变化为$t_2=0℃-20℃=-20℃$，则有

$$t_0=\frac{t_1+t_2}{2}=\frac{-30℃+(-20℃)}{2}=-25℃$$

$$\Delta t=t_2-t_1=-20℃-(-30℃)=10℃$$

在C点虚设一单位力，虚拟状态如图8-22b所示，作出$\overline{F_N}$、$\overline{M}$图，如图8-22c、d所示，由式（8-15）得

$$\Delta_{Cy}=\sum(\pm)\alpha t_0\omega_{\overline{N}}+\sum(\pm)\frac{\alpha\Delta t}{h}\omega_{\overline{M}}=\alpha\times(-25)\times(-1)\times l+\alpha\frac{10}{h}\left(-\frac{l\times l}{2}-l\times l\right)$$

$$=25\alpha l-\alpha\frac{15}{h}\times l^2=\left(25\times10^{-5}\times4-10^{-5}\frac{15}{40\times10^{-2}}\times4^2\right)\text{m}=-0.005\text{m}=-5\text{mm}(\uparrow)$$

【例题点评】 对于矩形截面，$t_0=\frac{t_1+t_2}{2}$，$\Delta t=t_2-t_1$。采用简便方法判别式（8-15）中的正负号时，刚架的$\overline{M}$图中各杆均为外侧受拉，故$\omega_{\overline{M}}$为负值；$\overline{F_N}$图中AB杆受压，故$\omega_{\overline{N}}$为负值；注意t_0和Δt按计算值代入。求得的位移为负，说明位移方向与假定的方向相反。

8.7 线弹性结构的互等定理

线弹性结构有四个互等定理：功的互等定理、位移互等定理、反力互等定理及反力位移互等定理。其中最基本的是功的互等定理，其他三个互等定理可由功的互等定理推导得到。这些定理可应用在超静定结构的分析计算中。

8.7.1 功的互等定理

设有两组外力 F_1 和 F_2 分别作用于同一线弹性结构上，如图 8-23a、b 所示，分别称为第一状态和第二状态。位移 Δ 有两个下标，第一个下标表示位移发生的位置和方向，第二个下标表示引起位移的原因。

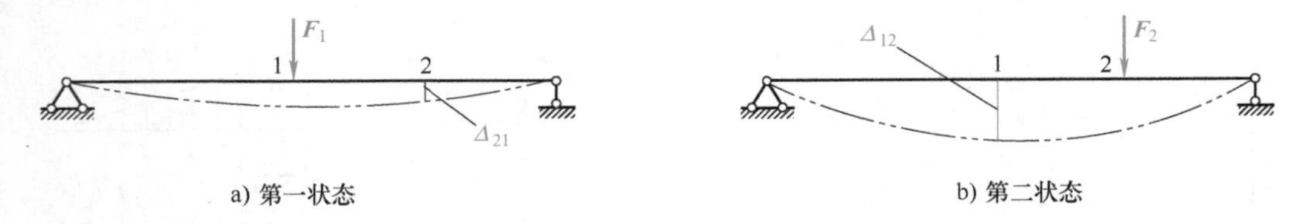

a) 第一状态　　b) 第二状态

图 8-23

如果将第一状态作为力状态，第二状态作为位移状态，计算第一状态的外力和内力在第二状态相应的位移和变形上所做的虚功。根据虚功方程，有

$$F_1\Delta_{12} = \sum\int\frac{F_{N1}F_{N2}}{EA}ds + \sum\int\frac{M_1M_2}{EI}ds + \sum\int K\frac{F_{S1}F_{S2}}{GA}ds \tag{8-16}$$

如果将第二状态作为力状态，第一状态作为位移状态，计算第二状态的外力和内力在第一状态的相应的位移和变形上所做的虚功，有

$$F_2\Delta_{21} = \sum\int\frac{F_{N2}F_{N1}}{EA}ds + \sum\int\frac{M_2M_1}{EI}ds + \sum\int K\frac{F_{S2}F_{S1}}{GA}ds \tag{8-17}$$

式（8-16）和式（8-17）的右边相等，因此左边也应相等，即

$$F_1\Delta_{12} = F_2\Delta_{21} \tag{8-18}$$

式（8-18）表明：第一状态的外力在第二状态的位移上所做的虚功，等于第二状态的外力在第一状态的位移上所做的虚功，这就是功的互等定理。

8.7.2 位移互等定理

位移互等定理是功的互等定理的一种特殊情况。

如图 8-24 所示，假设两个状态中作用的荷载都是单位力，即 $F_1 = F_2 = 1$，由单位力引起的位移分别用 δ_{12} 和 δ_{21} 表示，则由功的互等定理，可得

$$1\times\delta_{12} = 1\times\delta_{21}$$

故有

$$\delta_{12} = \delta_{21} \tag{8-19}$$

式（8-19）就是位移互等定理。它表明：第二个单位力所引起的在第一个单位力的位置沿第一个单位力方向的位移，等于第一个单位力所引起的在第二个单位力的位置沿第二个单位力方向的位移。这里的单位力是广义单位力，位移 δ_{12}、δ_{21} 则是相应的广义位移。例如在图 8-25

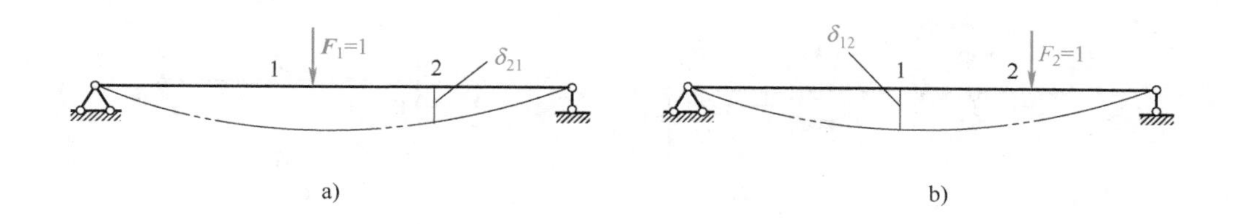

图 8-24

的两个状态中，根据位移互等定理，有 $\varphi_{12}=\varphi_{21}$。在图 8-26 中，根据位移互等定理，有 $\varphi_A=\Delta_C$，φ_A和 Δ_C虽然一个是角位移，一个是线位移，二者含义不同，但数值是相等的，量纲也相同，由位移计算可得 $\varphi_A=\Delta_C=\dfrac{l^2}{16EI}$。

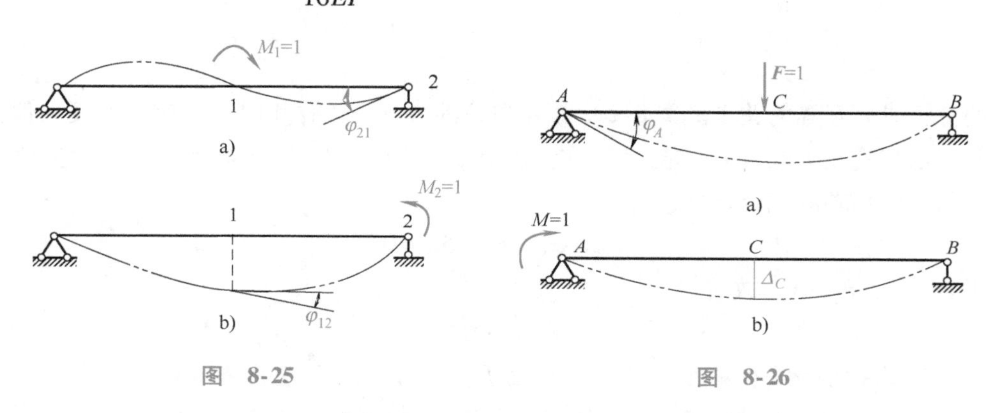

图 8-25　　图 8-26

8.7.3 反力互等定理

反力互等定理也是功的互等定理的一种特殊情况，用来说明超静定结构中两个支座分别发生单位位移时，两个状态中反力的互等关系。

图 8-27a 所示为支座 1 发生单位位移 $\Delta_1=1$ 时的状态，设此时在支座 2 上产生的反力为 r_{21}；图 8-27b 所示为支座 2 发生单位位移 $\Delta_2=1$ 时的状态，设此时在支座 1 上产生的反力为 r_{12}。根据功的互等定理，有

$$r_{12}\times\Delta_1=r_{21}\times\Delta_2$$

因为 $\Delta_1=\Delta_2=1$，故有

$$r_{12}=r_{21} \tag{8-20}$$

式（8-20）就是反力互等定理。它表明：支座 1 发生单位位移所引起的支座 2 的反力，等于支座 2 发生单位位移所引起的支座 1 的反力。

反力互等定理对结构上任何两个支座都适用，但应注意反力与位移在做功的关系上应相对应，即力对应于线位移，力偶对应于角位移。如图 8-28 的两个状态中，应用反力互等定理，$r_{12}=r_{21}$，虽然 r_{12}为单位位移引起的反力偶，r_{21}为单位转角引起的反力，含义不同，但二者在数值上具有相等关系。

8.7.4 反力位移互等定理

反力位移互等定理是功的互等定理的又一特殊情况，它说明一个状态中的反力和另一个

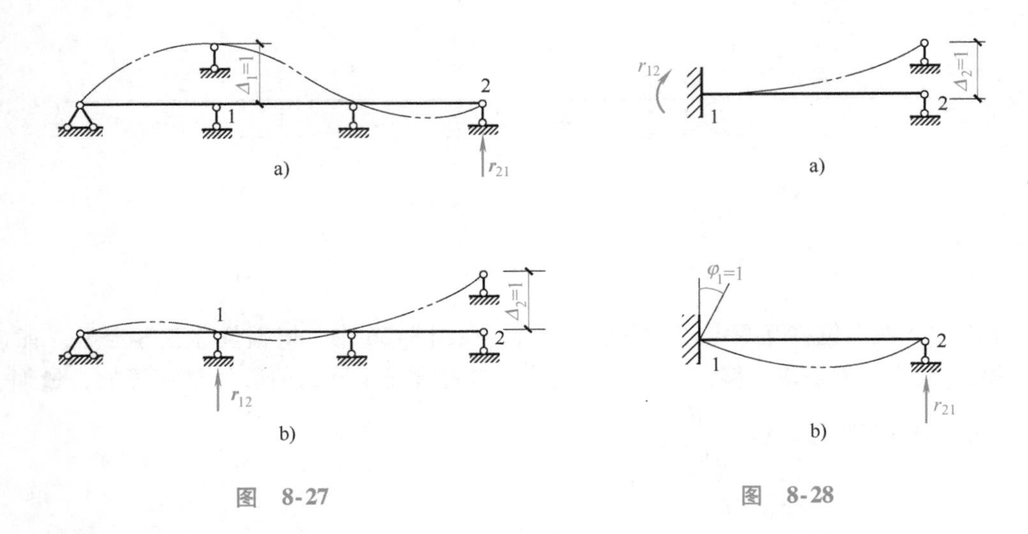

图 8-27　　图 8-28

状态中的位移具有互等的关系。图 8-29a 表示单位荷载 $F_2=1$ 作用时，支座 1 的反力偶为 r_{12}，图 8-29b 表示当支座 1 顺 r_{12}的方向发生单位转角 $\varphi_1=1$ 时，F_2作用点沿 F_2方向的位移为 δ_{21}。对这两个状态应用功的互等定理，有

$$r_{12}\times\varphi_1+F_2\times\delta_{21}=0$$

由于 $\varphi_1=1$，$F_2=1$，故有

$$r_{12}=-\delta_{21} \tag{8-21}$$

式（8-21）就是反力位移互等定理。它表明：单位力所引起的结构某支座的反力，等于该支座发生单位位移时所引起的单位力作用点沿其方向的位移，但符号相反。

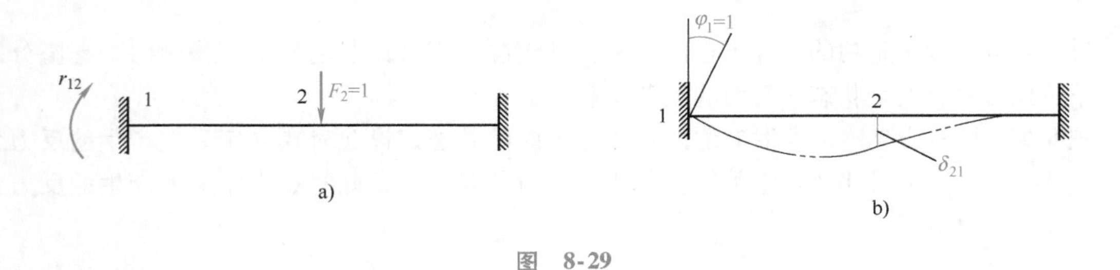

图 8-29

小　结

一、结构的位移

结构上各点的位置的改变称为结构的位移。结构的位移分为两类：线位移和角位移。截面形心的直线移动称为线位移，用符号 Δ 表示。线位移沿水平和竖向可分解为水平线位移和竖向线位移。截面的转动称为角位移，用符号 φ 表示。

二、虚功原理

对于杆件结构，变形体的虚功原理可表述为：处于平衡状态的变形体，当发生任意虚位

移时，变形体所受外力在虚位移上所做的虚功总和，等于变形体的内力在虚位移的相应变形上所做虚功的总和，即外力虚功等于变形虚功。可表示为 $W_{外}=W_{变}$。

虚功原理的应用有两种方式：一种是虚位移原理，一种是虚力原理。结构位移计算是应用虚力原理进行的。

三、单位荷载法

利用虚功原理沿所求位移方向虚设单位荷载求结构位移的方法称为单位荷载法。

单位荷载法计算位移的一般公式为

$$\Delta_K=\sum\int\overline{F_N}\mathrm{d}u+\sum\int\overline{M}\mathrm{d}\varphi+\sum\int\overline{F_S}\gamma\mathrm{d}s-\sum\overline{F_{Ri}}c_i$$

四、静定结构在荷载作用下的位移计算

1）梁和刚架：$\Delta=\sum\int\frac{\overline{M}M}{EI}\mathrm{d}s$

2）桁架：$\Delta=\sum\int\frac{\overline{F_N}F_N}{EA}\mathrm{d}s=\sum\frac{\overline{F_N}F_N}{EA}l$

3）组合结构：$\Delta=\sum\int\frac{\overline{F_N}F_N}{EA}\mathrm{d}s+\sum\int\frac{\overline{M}M}{EI}\mathrm{d}s$

五、图乘法

图乘法是荷载作用下梁和刚架位移计算的一种简便计算方法，公式为

$$\Delta=\sum\int\frac{\overline{M}M}{EI}\mathrm{d}s=\sum\frac{\omega y_C}{EI}$$

六、非荷载因素作用下静定结构的位移计算

1）由于支座位移所引起的位移：$\Delta=-\sum\overline{F_{Ri}}c_i$

2）由于温度改变所引起的位移：$\Delta=\sum(\pm)\alpha t_0\omega_{\overline{N}}+\sum(\pm)\alpha\frac{\Delta t}{h}\omega_{\overline{M}}$

七、线弹性结构的互等定理

功的互等定理、位移互等定理、反力互等定理及反力位移互等定理。

习题

1. 用积分法计算图 8-30 所示结构 C 点的竖向位移 Δ_{Cy}，EI = 常数。

2. 用积分法计算图 8-31 所示梁 B 处的转角位移 φ_B 和 C 处的竖向位移 Δ_{Cy}，EI = 常数。

3. 求图 8-32 所示桁架结点 D 的竖向位移 Δ_{Dy}（图中括号内数值表示杆件的截面面积，设 $E=21000\mathrm{kN/cm^2}$）。

4. M、$\overline{M}$图如图 8-33 所示，下列图乘结果是否正确？为什么？

$$\frac{1}{EI}(\omega_1y_1+\omega_2y_2)$$

5. 用图乘法求图 8-34 所示伸臂梁 C 端的转角位移 φ_C（$EI=45\mathrm{kN\cdot m^2}$）。

6. 试求图 8-35 所示刚架 B 处的水平位移 Δ_{Bx}（EI = 常数）。

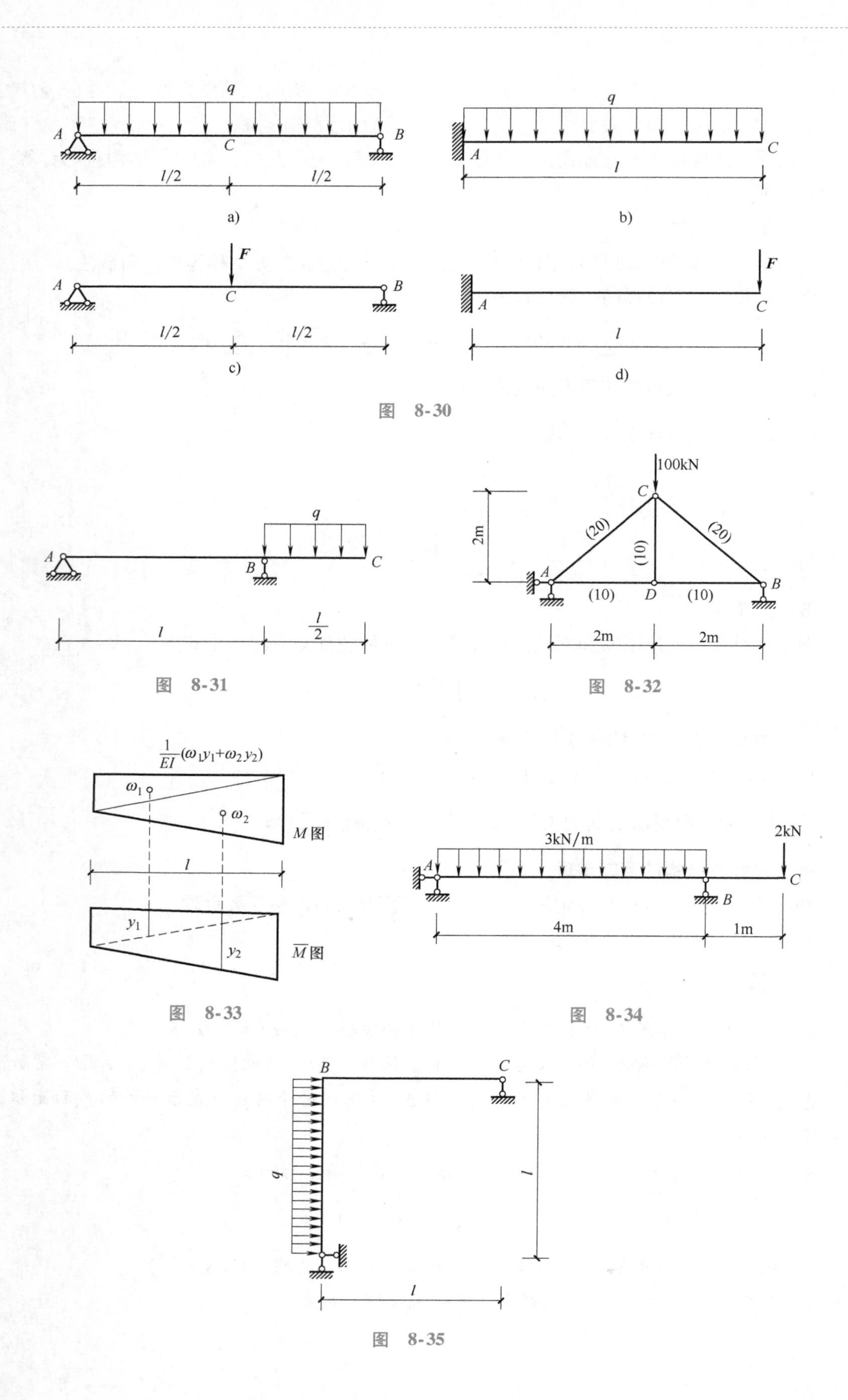

图 8-30

图 8-31

图 8-32

图 8-33

图 8-34

图 8-35

7. 试求图8-36所示刚架C处的竖向位移Δ_{Cy}(EI=常数)。

8. 试求图8-37所示刚架A、C截面的相对转角φ_{AC}及跨中截面D的竖向位移Δ_{Dy}(EI=常数)。

9. 刚架支座移动情况如图8-38所示，试求由此引起的C点水平位移Δ_{Cx}(EI=常数)。

10. 图8-39所示简支刚架，内部温度升高20℃，外部温度升高6℃。各杆截面为矩形，截面高度相同，并对称于形心轴。材料的线膨胀系数为α，试求A点的水平位移Δ_{Ax}。

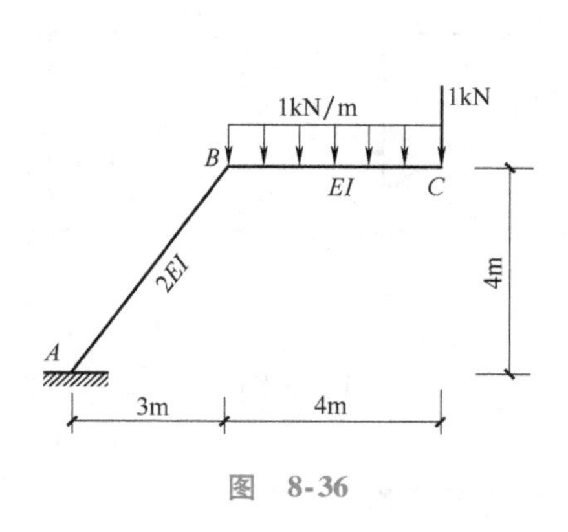

图 8-36

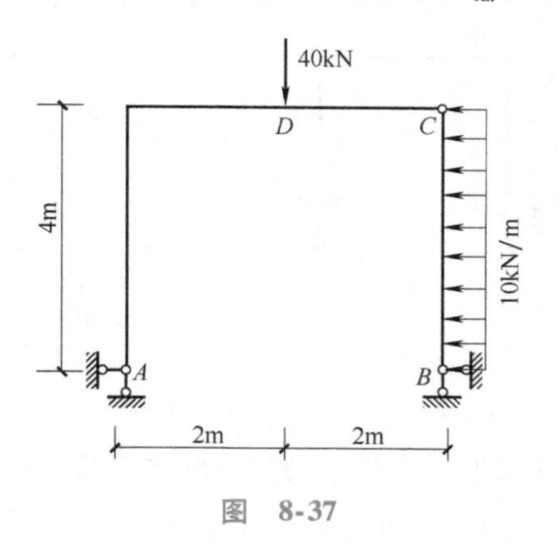

图 8-37

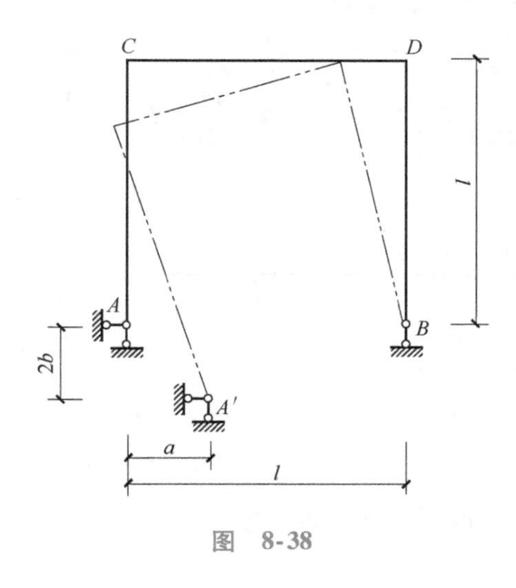

图 8-38

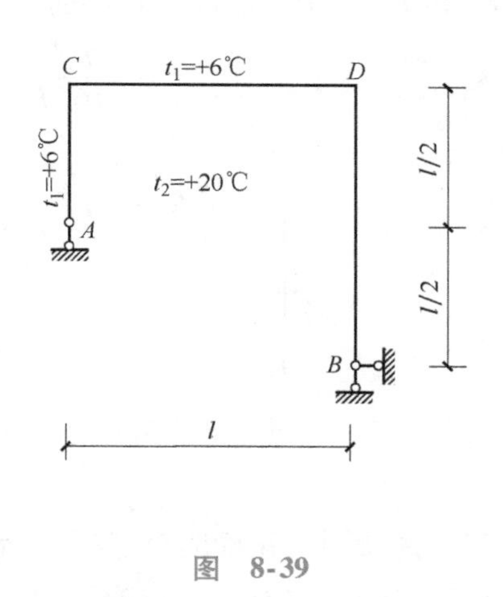

图 8-39

自我测试

一、填空题（每空3分，共27分）

1. 运用图乘法时，必须满足的三个前提条件是：__________；__________；__________。

2. 平面杆件结构中杆件的变形有轴向、弯曲、剪切三种，微段ds在荷载作用下这三种变形的计算式分别为：__________，__________，__________。

3. __________称为结构的位移。__________、__________及__________统称为广义位移。

二、单项选择题（每题3分，共12分）

1. 在建立虚功方程时，力状态与位移状态的关系是（　　）。

A. 彼此独立无关　　B. 位移状态必须是由力状态产生的

C. 互为因果关系　　D. 力状态是由位移状态引起的

2. 为了求图8-40所示刚架中A、B两截面的相对转角位移，虚拟力状态应为（　　）。

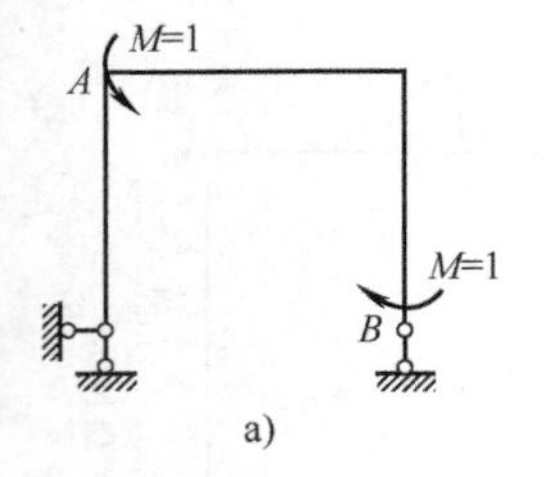

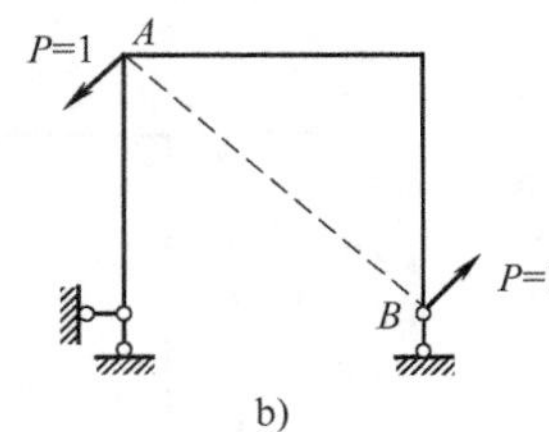

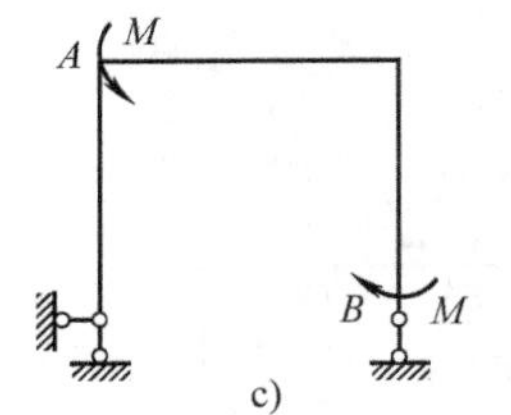

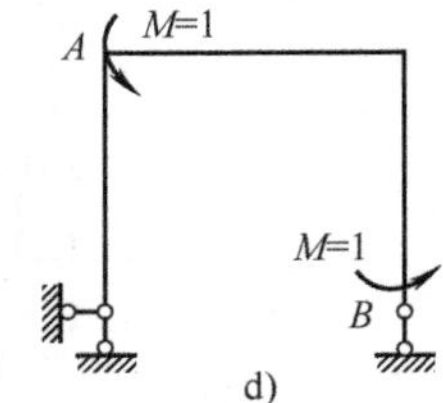

图　8-40

A. a图　　B. b图　　C. c图　　D. d图

3. 图8-41所示虚拟力状态可求出（　　）。

A. A、B两点的相对线位移　　B. A、B两点的位移

C. A、B两截面的相对转角　　D. A、B两截面的转角

4. 图8-42所示伸臂梁C端的竖向位移为（　　）。

A. $\dfrac{Pl^3}{16EI}$（↓）　　B. $\dfrac{Pl^3}{16EI}$（↑）　　C. $\dfrac{Pl^3}{48EI}$（↓）　　D. $\dfrac{Pl^3}{48EI}$（↑）

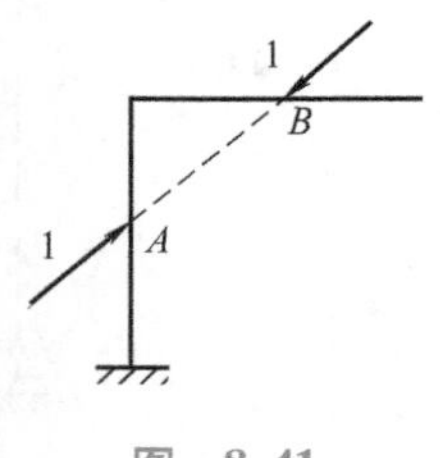

图　8-41

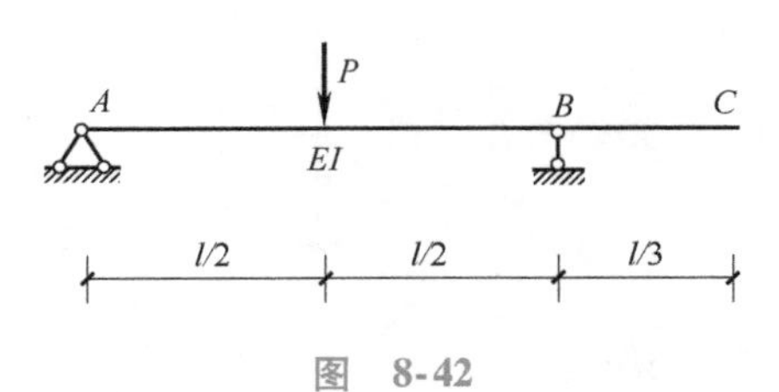

图　8-42

三、判断题（正确的打“√”，错误的打“×”，每题2分，共8分）

1. 对于静定结构，没有变形就没有位移。（　　）

2. 求结构位移的一般计算公式不仅适用于静定结构，而且也适用于超静定结构。（　　）

3. 图乘法适用于所有静定结构的位移计算。（　　）

4. 图8-43所示弯矩图之间进行图乘：$\omega \cdot y_C = \omega_p \cdot h$。（　　）

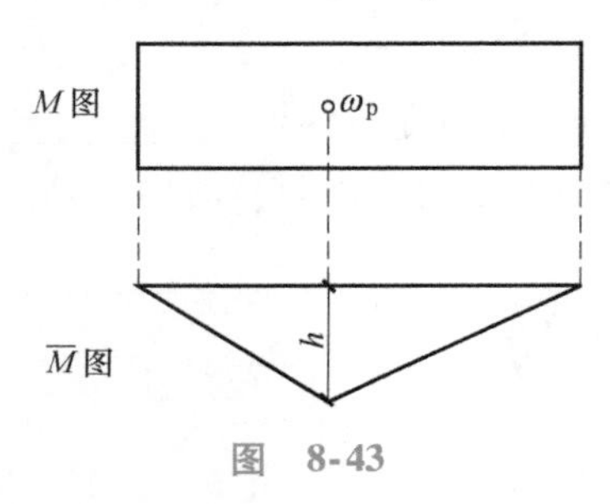

图　8-43

四、计算题（共50分）

1. 试求图8-44所示刚架在支座B处的转角φ_B。（25分）
2. 试求图8-45所示简支梁跨中截面C处的竖向位移。（25分）

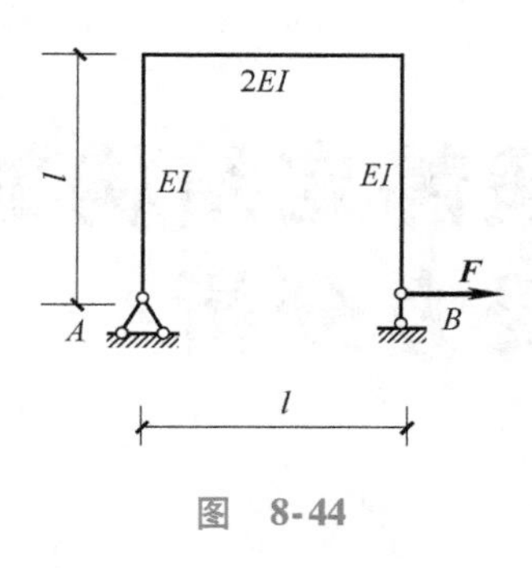

图 8-44

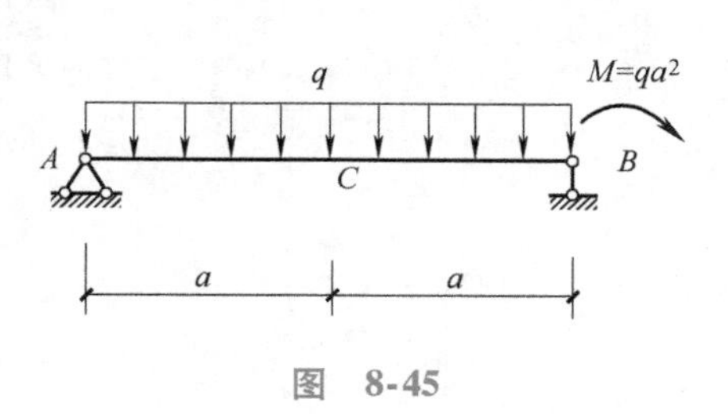

图 8-45

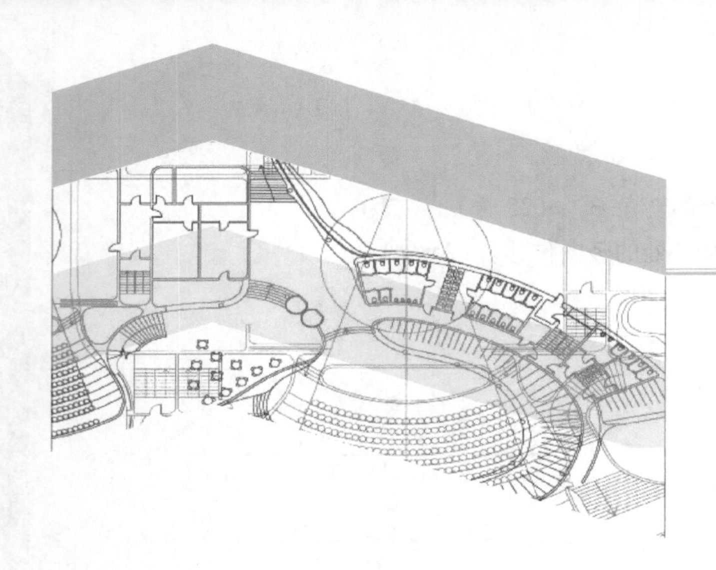

模块 9

超静定结构的受力分析

内容提要

本模块主要介绍了超静定结构的类型，力法、位移法、力矩分配法求解超静定结构的基本原理及内力计算分析。

9.1 超静定结构和超静定次数

9.1.1 超静定结构类型

实际工程中，大多数结构为超静定结构。常见的超静定结构的类型有如下几种。

1. 超静定梁

超静定梁有单跨超静定梁（图 9-1a、b），多跨超静定梁（图 9-1c）等。

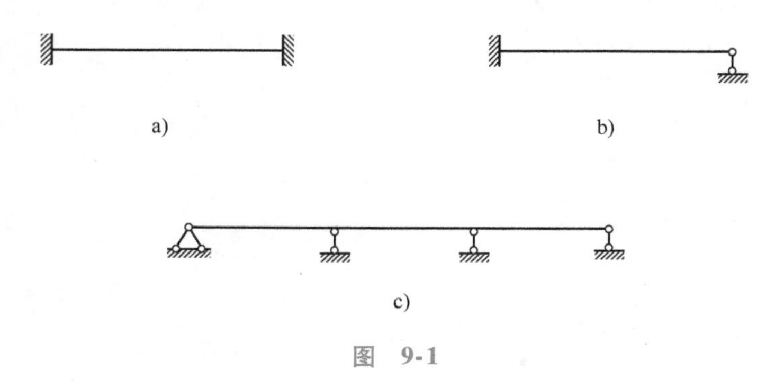

图 9-1

2. 超静定刚架

超静定刚架有单跨单层（图 9-2a）、多跨单层（图 9-2b）、单跨多层（图 9-2c）、多跨多层（图 9-2d）形式。

3. 超静定拱

超静定拱有两铰拱（图 9-3a）、带拉杆的拱（图 9-3b）以及无铰拱（图 9-3c）等。

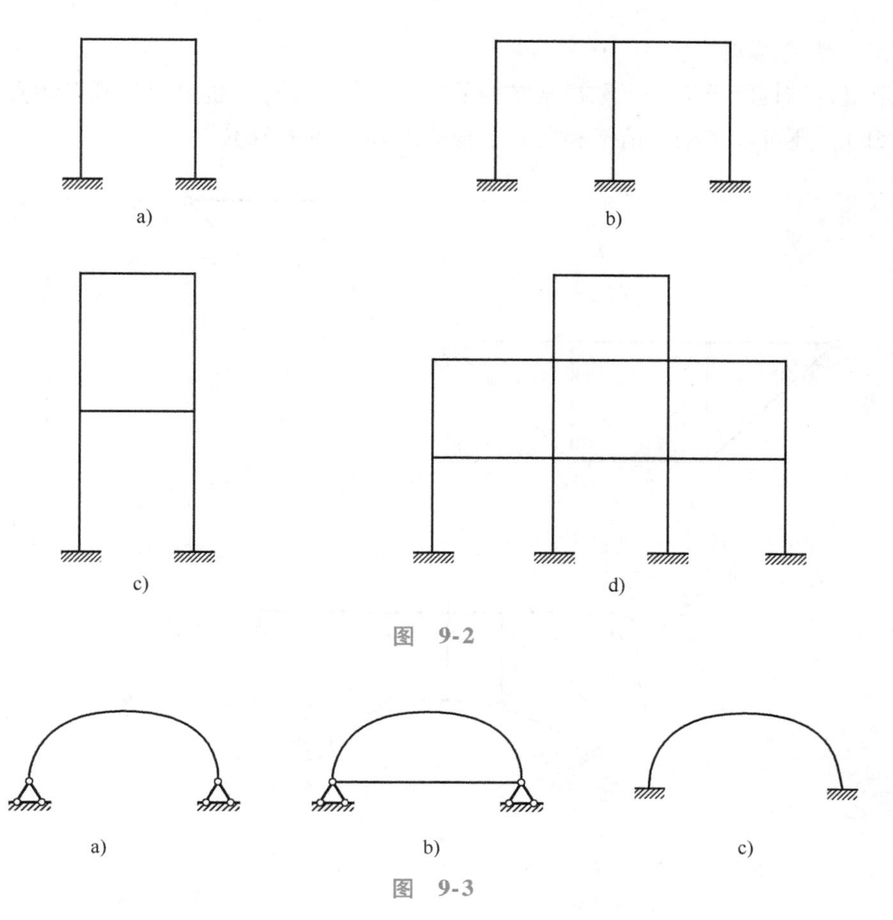

图　9-2

a)　b)　c)

图　9-3

4. 超静定桁架

从结构组成分析上看，超静定桁架有内部超静定桁架（图9-4a)、外部超静定桁架（图9-4b)、内部和外部都是超静定桁架（图9-4c）等形式。

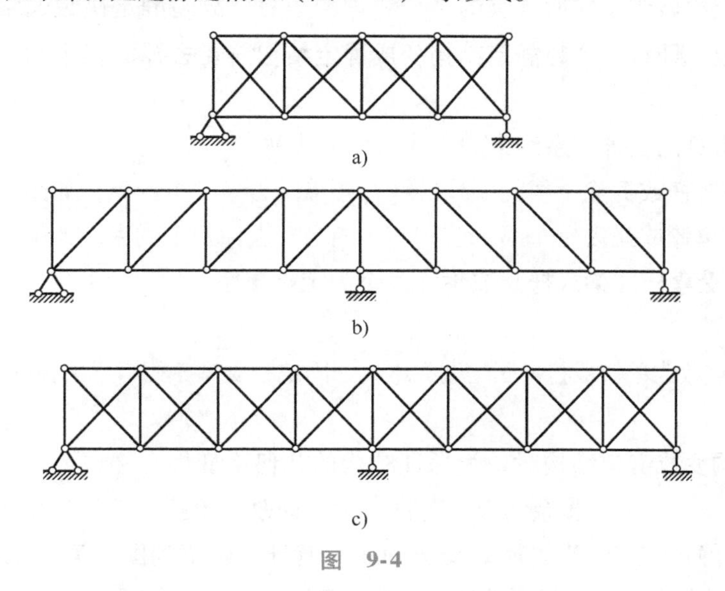

图　9-4

5. 超静定组合结构

超静定组合结构既可以是梁和桁架结构的组合（图 9-5a），也可以是刚架和桁架结构的组合（图 9-5b），还可以是梁、桁架和拱式结构的组合（图 9-5c）。

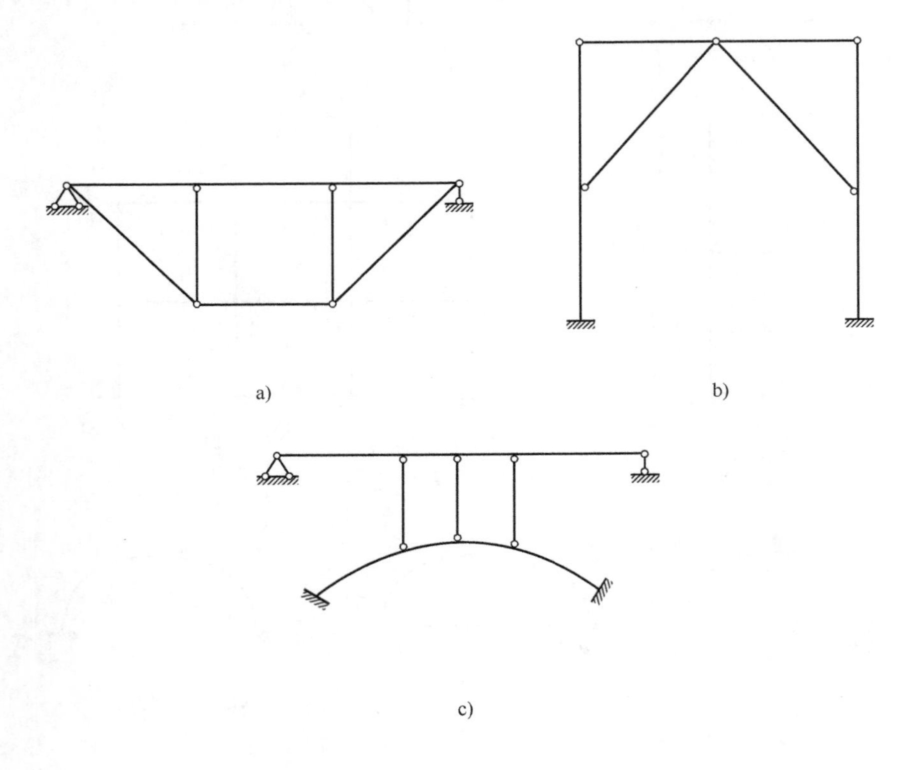

图 9-5

9.1.2 超静定次数的确定

结构的超静定次数等于它所具有的多余约束的数目，故超静定次数通常可以通过去掉多余约束的方法确定，即将一个超静定结构变成静定结构需要去掉的多余约束的个数就是超静定次数。

超静定结构常见的去掉多余约束的方式有如下几种：

1）切断一根链杆或拆除一根支座处链杆，相当于去掉一个约束，如图 9-6a、b 所示。

2）拆除一个单铰或撤去一个固定铰支座，相当于去掉两个约束，如图 9-6c、d 所示。

3）切断一根受弯杆（梁式杆）或拆除一个固定端支座，相当于去掉三个约束，如图 9-6e 所示。

4）将一刚结点改为单铰或将一固定端支座改为固定铰支座，相当于去掉一个约束，如图 9-6f 所示。

将超静定结构变成静定结构时，为保证结构的几何不变性，必要约束是不能去掉的。如图 9-7a 所示刚架，具有一个多余约束。若将横梁某处改为铰接，即相当于去掉一个约束，得到图 9-7b 所示的静定结构。当去掉 B 支座的水平链杆，则得到图 9-7c 所示的静定结构。但是，若去掉 A 支座或 B 支座的竖向链杆，如图 9-7d 所示，得到的是瞬变体系，改变了结构的

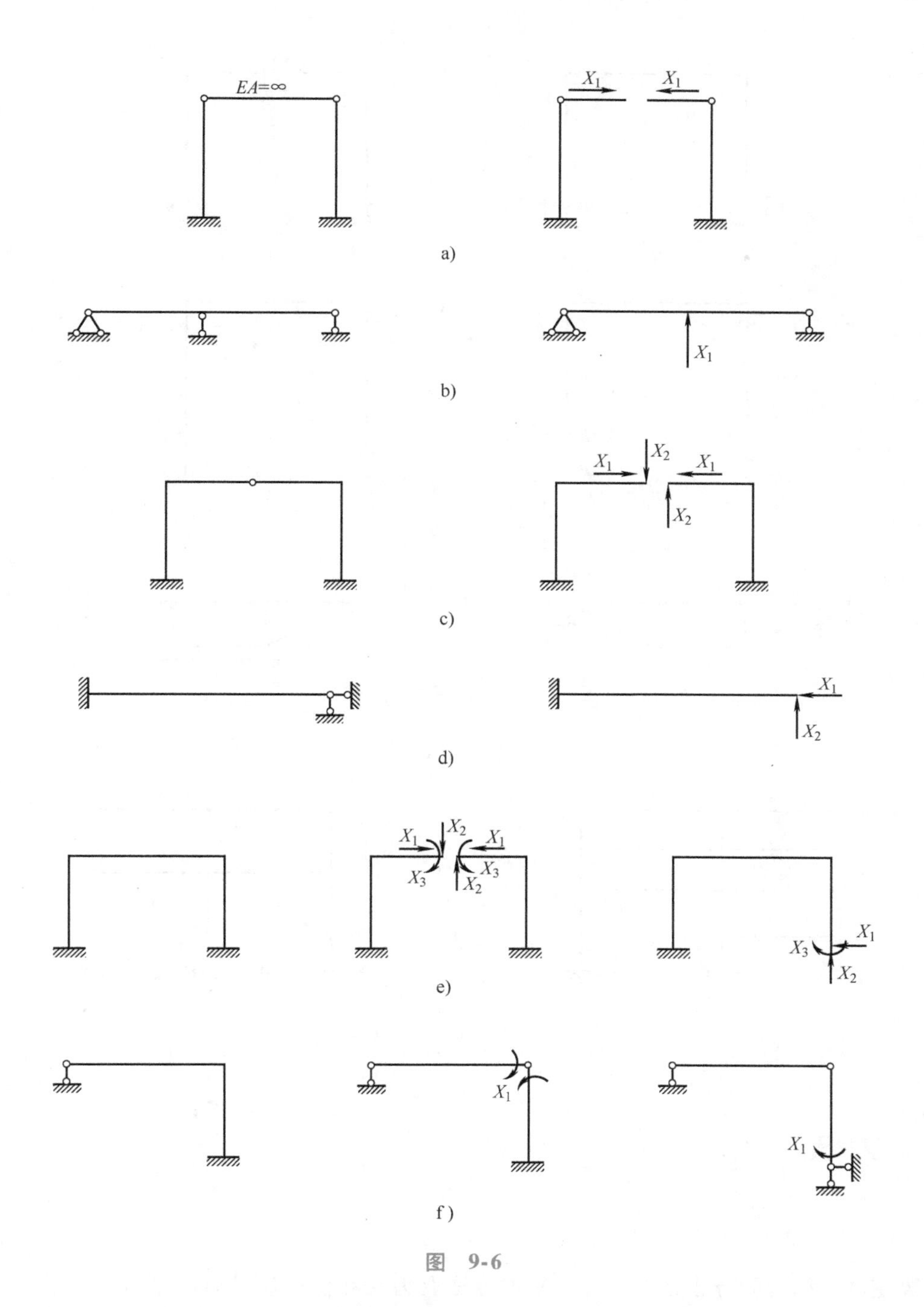

图 9-6

几何不变性。显然，A、B 支座的竖向链杆是必要约束，不能去掉。

对于内部超静定结构，如图 9-8a 所示，只能在结构内部去掉多余约束，如图 9-8b 所示。对于具有多个框格的结构，可按框格数目确定超静定次数。一个封闭无铰框格，超静定次数为 3，如图 9-6e 所示。以此类推，当一个结构有 n 个封闭无铰框格时，其超静定次数为 $3n$。如图 9-9a 所示刚架的超静定次数为 $3\times7=21$ 次。当结构的某些结点为铰接时，则一个单铰减少一个超静定次数。如图 9-9b 所示刚架的超静定次数为 $3\times3-2=7$ 次。

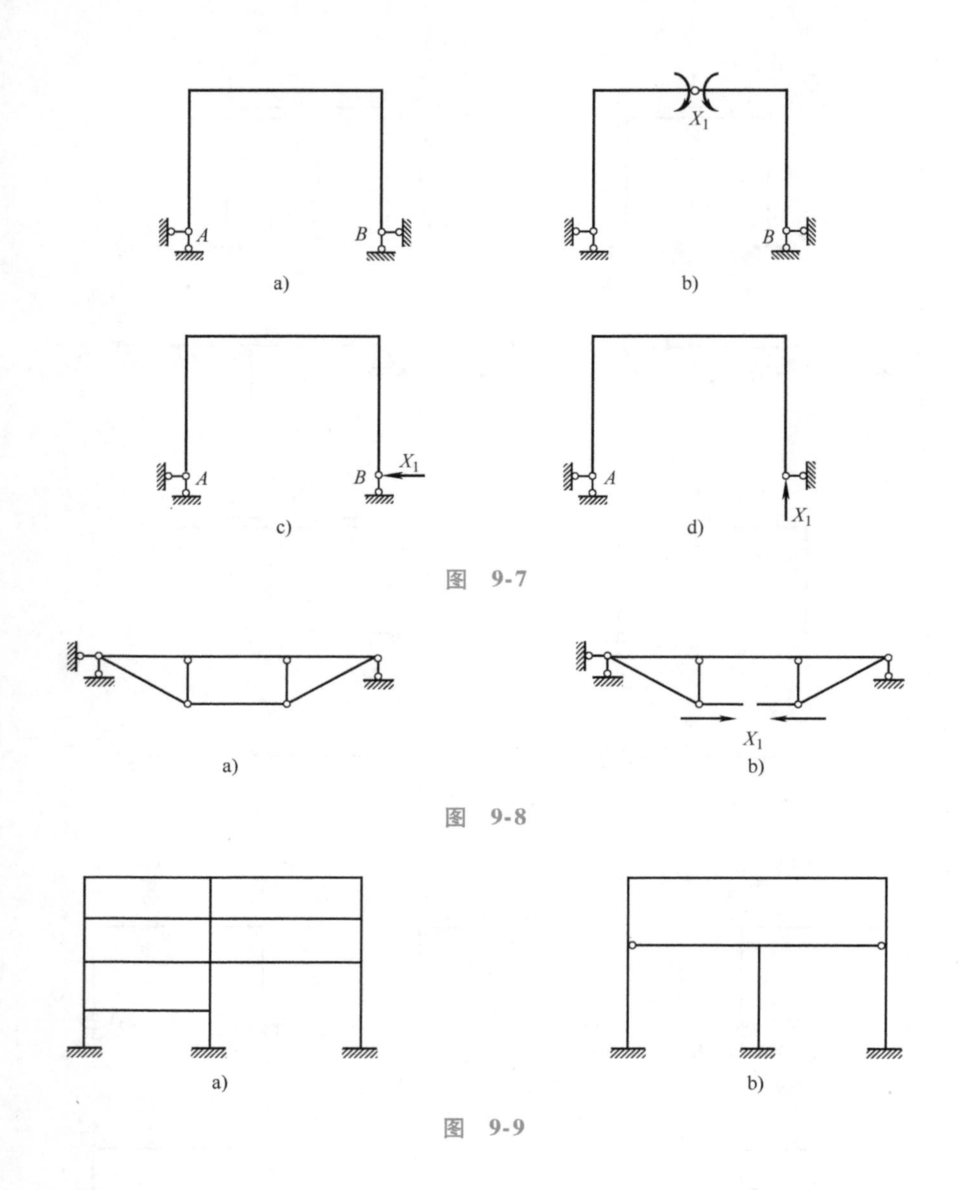

图 9-7

图 9-8

图 9-9

9.2 力法

9.2.1 力法的基本原理

计算超静定结构的方法有很多种，基本方法有力法和位移法。力法是以多余约束力作为基本未知量的，即先求出多余约束力，然后计算其他内力和位移。

下面以图 9-10a 所示单跨超静定梁弯矩图为例，介绍力法的基本概念。

图 9-10a 所示超静定梁与 9-10b 所示静定的悬臂梁相比多一个 B 支座，B 支座是多余约束。设 B 支座的反力为 X_1，若已知 X_1，则梁中内力可按静力平衡条件计算，因此计算图 9-10a超静定梁的关键是确定 X_1。下面来讨论 X_1 的计算方法。

首先将支座 B 去掉，代之以 X_1，如图 9-10c 所示，这样得到的含有多余未知力的静定结

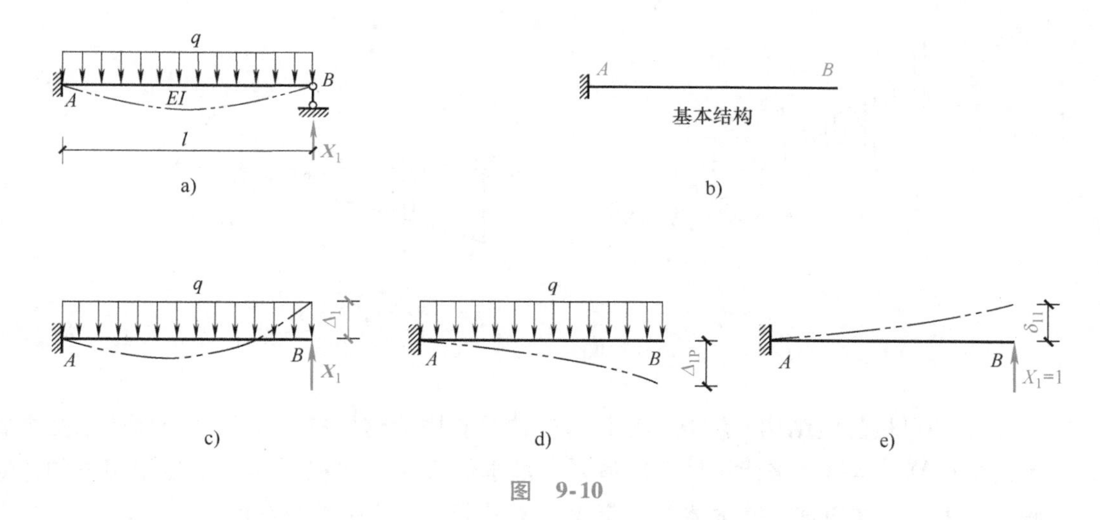

图 9-10

构称为力法的基本体系。与之相应，把图9-10a中原超静定结构中多余约束（支座B）和荷载去掉后得到的静定结构称为力法的基本结构（图9-10b）。欲使基本体系与原体系受力相同，需使基本体系的位移与原体系的位移相等，即

$$\Delta_1 = 0 \tag{9-1}$$

此条件是消除基本体系与原体系差别的条件，称为变形条件。基本体系的位移Δ_1是荷载与X_1共同产生的，按叠加原理可分开计算然后相加，如图9-10c～e所示，即

$$\Delta_1 = \delta_{11}X_1 + \Delta_{1P} \tag{9-2}$$

结合式（9-1），有

$$\delta_{11}X_1 + \Delta_{1P} = 0 \tag{9-3}$$

式（9-3）称为力法方程。方程中的系数δ_{11}和自由项Δ_{1P}分别为$X_1=1$和荷载单独作用下引起的B点位移，以与X_1方向一致为正，可由图乘法计算。作出$X_1=1$和荷载单独作用下引起的弯矩图，如图9-11所示，分别称为单位弯矩图和荷载弯矩图。由图乘法可知，图9-11b为求图9-11a的荷载引起的位移Δ_{1P}的单位力状态，两个弯矩图图乘即得Δ_{1P}

$$\Delta_{1P} = \frac{1}{EI}\cdot\left(\frac{1}{3}\cdot l\cdot\frac{ql^2}{2}\right)\left(-\frac{3}{4}l\right) = -\frac{ql^4}{8EI}$$

为求图9-11b中$X_1=1$引起的位移δ_{11}，需建立单位力状态，而单位力状态与图9-11b状态相同，故图9-11b所示单位弯矩图自乘即得δ_{11}

$$\delta_{11} = \frac{1}{EI}\cdot\left(\frac{1}{2}\cdot l\cdot l\right)\left(\frac{2}{3}l\right) = \frac{l^3}{3EI}$$

将求得的δ_{11}、Δ_{1P}代入式（9-3），有

$$\frac{l^3}{3EI}X_1 - \frac{ql^4}{8EI} = 0$$

解方程，得

$$X_1 = \frac{3}{8}ql\ (\uparrow)$$

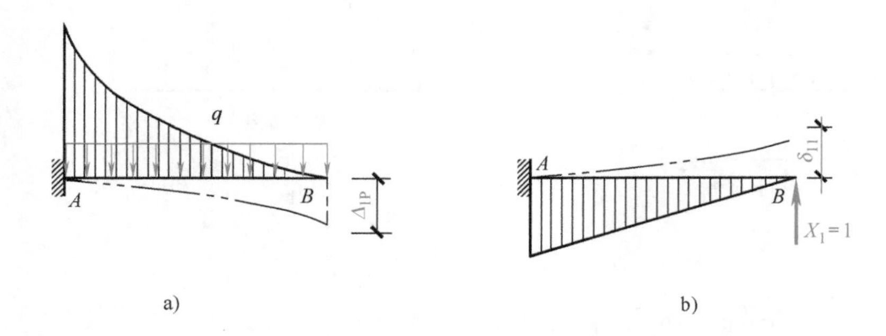

图 9-11

求出 X_1后即可按静定结构的计算方法计算原体系。因为这时的基本体系与原体系受力相同，故可通过计算基本体系来代替计算原体系。基本体系在荷载和 $X_1=1$ 单独作用下的弯矩图已经画出，根据叠加原理，基本体系在荷载和 X_1共同作用下引起的弯矩计算式为

$$M=\overline{M}X_1+M_P$$

最终可求得结构的弯矩图，如图 9-12 所示。

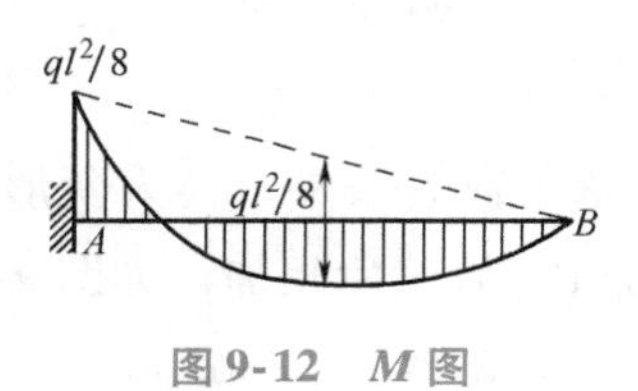

图 9-12　*M* 图

9.2.2　力法典型方程

力法的基本结构是将超静定结构中的多余约束去掉后得到的结构。基本结构是静定结构，多余未知力通过位移变形条件求得，对于只有一个未知量的基本方程为

$$\delta_{11}X_1+\Delta_{1P}=0$$

下面举例说明力法计算荷载作用下内力的一般过程。

图 9-13a 所示结构为二次超静定结构，取 9-13b 所示悬臂刚架作为基本结构，基本体系如图 9-14a 所示。若使基本体系与原结构位移相同，应使基本体系在解除约束处的 *C* 点位移等于原结构 *C* 点位移，即

$$\begin{cases}\Delta_1=0\\ \Delta_2=0\end{cases} \tag{9-4}$$

基本体系上的位移应等于图 9-14b ~ d 所示三种情况的叠加，即

$$\begin{aligned}\Delta_1&=\delta_{11}X_1+\delta_{12}X_2+\Delta_{1P}\\ \Delta_2&=\delta_{21}X_1+\delta_{22}X_2+\Delta_{2P}\end{aligned} \tag{9-5}$$

由式（9-4），得

$$\begin{aligned}\delta_{11}X_1+\delta_{12}X_2+\Delta_{1P}&=0\\ \delta_{21}X_1+\delta_{22}X_2+\Delta_{2P}&=0\end{aligned} \tag{9-6}$$

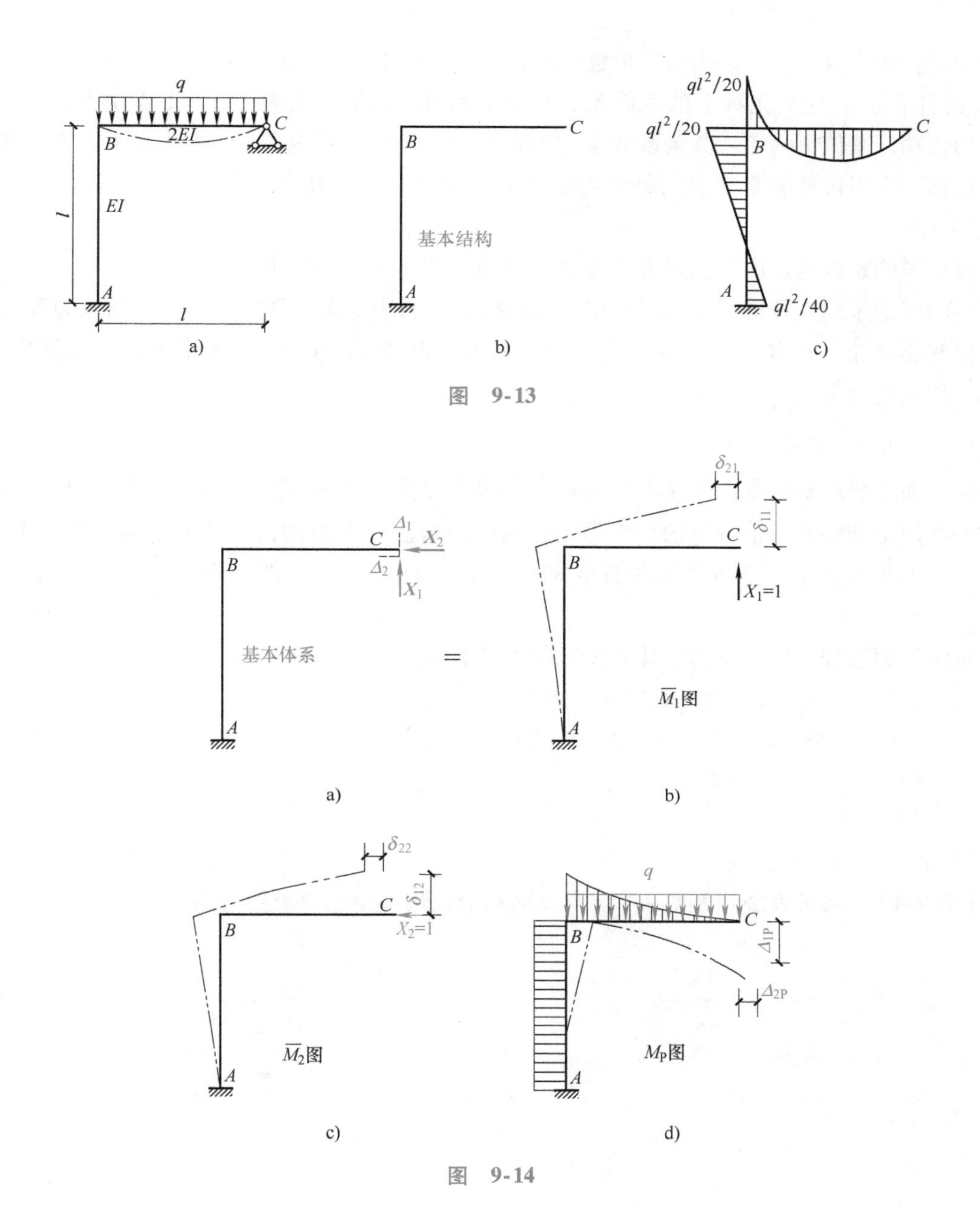

图　9-13

图　9-14

式（9-6）称为力法典型方程。

对于 n 次超静定结构，共有 n 个多余未知力，用上面同样的分析方法，可以得到相应的 n 个力法方程，具体形式为

$$\begin{cases}\delta_{11}X_1+\delta_{12}X_2+\delta_{13}X_3+\cdots+\delta_{1n}X_n+\Delta_{1F}=0\\ \delta_{21}X_1+\delta_{22}X_2+\delta_{23}X_3+\cdots+\delta_{2n}X_n+\Delta_{2F}=0\\ \cdots\\ \delta_{n1}X_1+\delta_{n2}X_2+\delta_{n3}X_3+\cdots\delta_{nn}X_n+\Delta_{nF}=0\end{cases}\tag{9-7}$$

式（9-7）为 n 次超静定结构在荷载作用下力法典型方程的一般形式。方程中 Δ_{iF} 项不包

含未知量，称为自由项，是由荷载单独作用在基本结构上沿 X_i 的方向产生的位移。从左上方的 δ_{11} 到右下方 δ_{nn} 主对角线上的系数 δ_{ii}，称为主系数，是基本结构在 $X_i=1$ 作用下沿 X_i 方向产生的位移，其值恒为正。其余系数 δ_{ij} 称为副系数，是基本结构在 $X_j=1$ 作用下沿 X_i 方向产生的位移，根据位移互等定理，处于对称位置的副系数是互等的，即 $\delta_{ij}=\delta_{ji}$，其值可为正、负或零。

将求得的系数与自由项代入力法典型方程即可解出多余未知力 X_1，X_2，…，X_n。然后将已求得的多余未知力和荷载一起施加在基本结构上，利用平衡条件即可求出其余反力和内力。也可以利用叠加公式 $M=\overline{M}_1X_1+\overline{M}_2X_2+\cdots+\overline{M}_nX_n+M_F$ 求出弯矩，再用平衡条件求得剪力和轴力，作出内力图。

9.2.3 力法的计算步骤及举例

从上面求解过程来看，最先求出的是多余约束力 X_1，故称其为力法基本未知量。所有计算均是在静定结构基础上进行的，该静定结构称为力法基本结构，在其上作用荷载和多余约束力后称为基本体系。当基本体系满足变形条件式（9-1）时，即与原体系变形一致，受力相同。

总结上面过程，可以将力法计算步骤分为以下几步：

1）判断结构超静定次数，确定基本体系。

2）建立变形条件，写出力法方程。

3）求单位弯矩图和荷载弯矩图。

4）求系数和自由项。

5）解方程，作弯矩图。

【例 9-1】 试用力法计算图 9-15a 所示的超静定梁并绘制内力图（EI 为常数）。

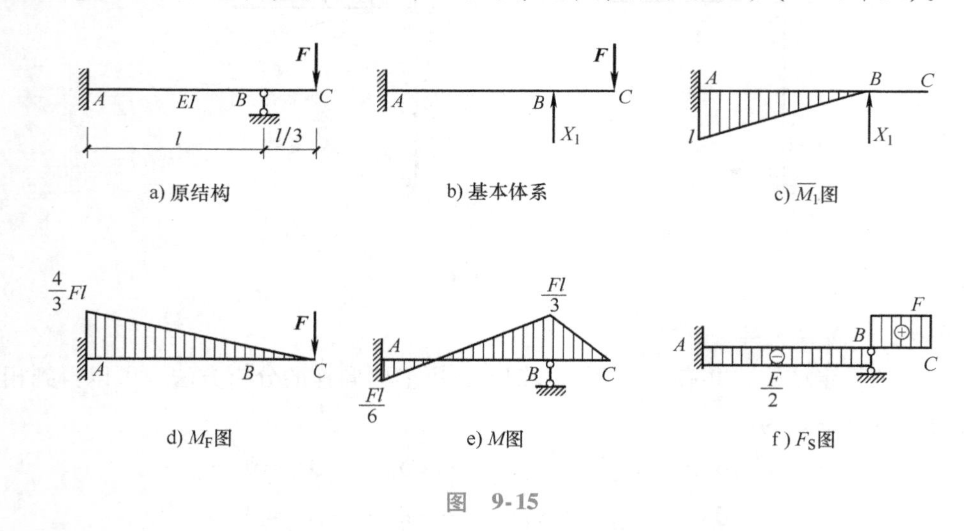

图 9-15

解：（1）确定超静定次数，选取基本体系

这是一次超静定梁，去掉支座 B 处的链杆，并用多余未知力 X_1 代替，得基本体系如图 9-15b所示。

(2) 建立力法典型方程

原结构在支座B处的竖向位移$\Delta_1=0$，根据位移条件可得力法典型方程为

$$\delta_{11}X_1+\Delta_{1P}=0$$

(3) 求系数和自由项

分别作出$\overline{X_1}=1$和荷载单独作用于基本结构时的弯矩图$\overline{M_1}$图（图9-15c）、M_F图（图9-15d），由图乘法计算系数和自由项，即

$$\delta_{11}=\sum\int\frac{\overline{M_1}^2}{EI}ds=\frac{1}{EI}\left(\frac{l^2}{2}\times\frac{2l}{3}\right)=\frac{l^3}{3EI}$$

$$\Delta_{1P}=\sum\int\frac{\overline{M_1}M_F}{EI}ds=-\frac{1}{EI}\left(\frac{l^2}{2}\times\frac{3}{4}\times\frac{4Fl}{3}\right)=-\frac{Fl^3}{2EI}$$

(4) 解方程求多余未知力

将δ_{11}、Δ_{1P}代入力法典型方程，得

$$X_1=-\frac{\Delta_{1P}}{\delta_{11}}=-\left(-\frac{Fl^3}{2EI}\right)/\frac{l^3}{3EI}=\frac{3}{2}F(\uparrow)$$

(5) 绘制弯矩图、剪力图

弯矩图、剪力图如图9-15e、f所示。

【例题点评】解出的多余未知力的值为正，表明与假定方向相同。各杆端弯矩可由叠加公式$M=\overline{M_1}X_1+M_F$计算。多余未知力求出后，利用静力平衡条件求出剪力，绘制剪力图。

【例9-2】 设EI为常数，试用力法计算图9-16a所示的超静定刚架并绘制内力图。

解： 1) 选取基本体系，如图9-16b所示。

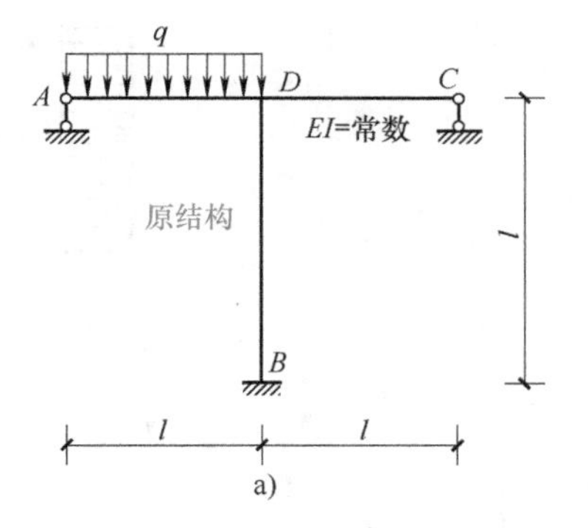

a)

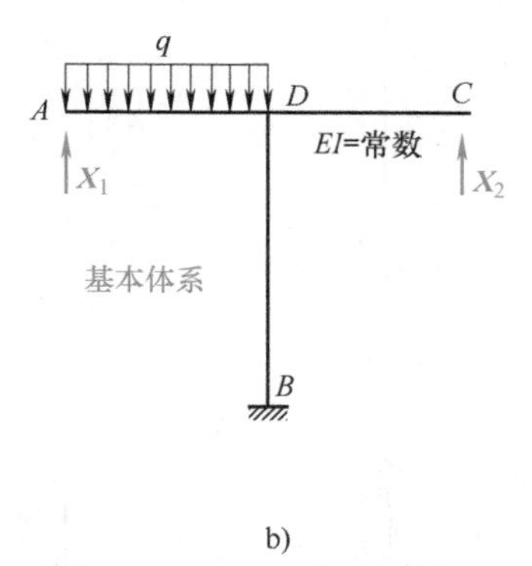

b)

图 9-16

2) 建立力法典型方程。

$$\delta_{11}X_1+\delta_{12}X_2+\Delta_{1P}=0$$

$$\delta_{21}X_1+\delta_{22}X_2+\Delta_{2P}=0$$

3) 作M_P、$\overline{M_1}$、$\overline{M_2}$图，如图9-17a～c所示，用图乘法求出方程中各系数项和自由项，即

$$\delta_{11}=\frac{1}{EI}\left(\frac{1}{2}l^2\times\frac{2}{3}l+l^3\right)=\frac{4l^3}{3EI}$$

$$\delta_{12}=\delta_{21}=\frac{1}{EI}(-l^3)=-\frac{l^3}{EI}$$

$$\delta_{22}=\frac{1}{EI}\left(\frac{1}{2}l^2\times\frac{2}{3}l+l^3\right)=\frac{4l^3}{3EI}$$

$$\Delta_{1P}=-\frac{1}{EI}\left(\frac{1}{3}\times\frac{1}{2}ql^2\times l\times\frac{3}{4}l+\frac{1}{2}ql^2\times l\times l\right)=-\frac{5}{8EI}ql^4$$

$$\Delta_{2P}=\frac{1}{EI}\left(\frac{1}{2}ql^2\times l\times l\right)=\frac{ql^4}{2EI}$$

4）代入力法典型方程得

$$\begin{cases}\frac{4}{3}X_1-X_2-\frac{5}{8}ql=0\\-X_1+\frac{4}{3}X_2+\frac{1}{2}ql=0\end{cases}$$

解得

$$X_1=\frac{3}{7}ql$$

$$X_2=-\frac{3}{56}ql$$

5）作出弯矩图、剪力图、轴力图，如图9-17d～f所示。

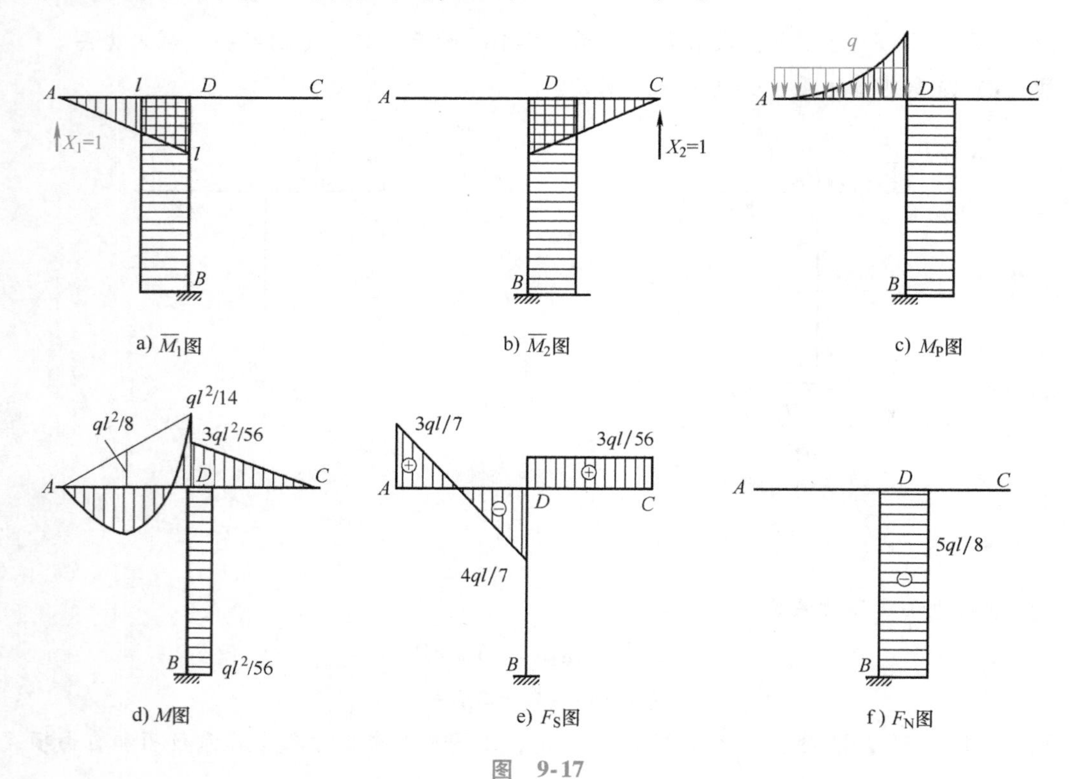

图 9-17

【例9-3】 试用力法计算图9-18a所示结构并作弯矩图。

解： 此结构为三次超静定结构，但由于水平梁在竖向荷载作用下无轴力，可按二次超静定来计算。

1）取基本体系如图9-18b所示。

2）建立力法典型方程

$$\delta_{11}X_1+\delta_{12}X_2+\Delta_{1P}=0$$

$$\delta_{21}X_1+\delta_{22}X_2+\Delta_{2P}=0$$

3）作$\overline{M_1}$、$\overline{M_2}$、M_P图，如图9-18c～e所示，用图乘法求出方程中各系数项和自由项，即

$$\delta_{11}=\frac{l^3}{3EI}\qquad \delta_{12}=\delta_{21}=\frac{l^2}{2EI}\qquad \delta_{22}=\frac{l}{EI}$$

$$\Delta_{1P}=-\frac{5}{48}\frac{Fl^3}{EI}\qquad \Delta_{2P}=-\frac{Fl^2}{8EI}$$

4）代入力法典型方程解得

$$X_1=\frac{1}{2}F\qquad X_2=-\frac{1}{8}Fl$$

5）作弯矩图，如图9-18f所示。

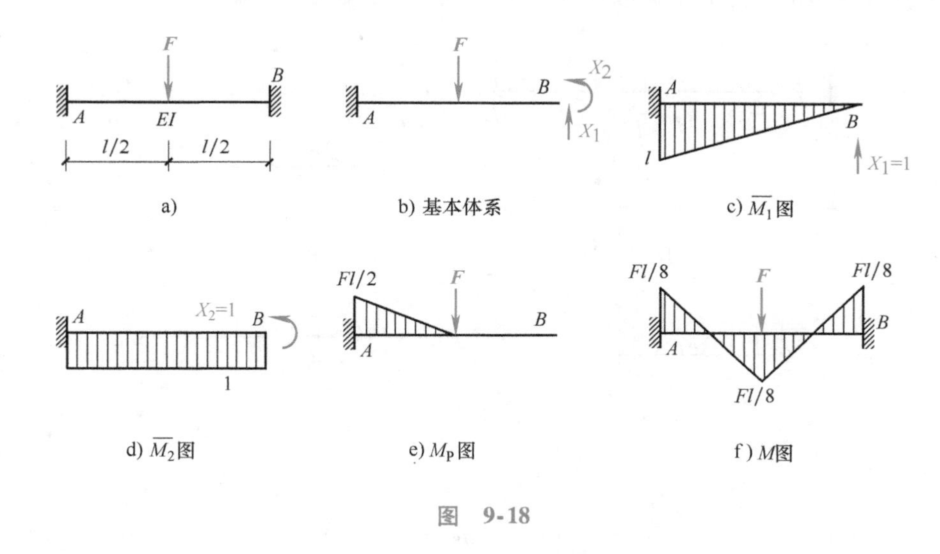

图 9-18

【例题点评】 根据几何组成分析，可以判断超静定次数，但根据受力特点判断出零杆，往往可以减少工作量。

9.3 位移法

9.3.1 位移法的基本原理

位移法是计算超静定结构的另一种基本方法，它以结构的结点位移作为基本未知量。与

力法相比，在计算连续梁和刚架等高次超静定结构时，当多余约束力个数较多，而未知的结点位移数目较少时，用位移法计算则较为简单。如图 9-19 所示，用力法计算有三个基本未知量，计算复杂，而采用位移法计算，只有一个基本未知量。

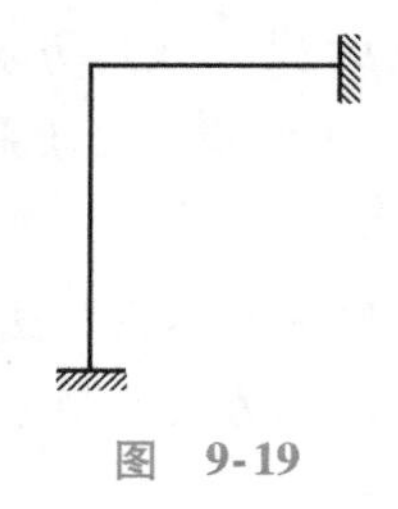

图 9-19

下面以图 9-20a 为例说明位移法的基本原理。

图 9-20a 所示连续梁在荷载作用下产生弹性变形，在 B 截面有截面转角 Δ_1，如果 Δ_1 已知，那么就可以把连续梁从结点 B 处拆开，分解为 AB、BC 两根杆件分别进行分析。其中，AB 杆相当于两端固定的梁，其在支座 B 处有一个转角 Δ_1；BC 杆相当于一段固定一段铰支的梁，其受均布荷载 q 作用，在固定端 B 处发生角位移 Δ_1，显然，这两根杆件的受力和变形与原结构完全相同。

图 9-20b 所示的两端固定梁 AB，当 B 端发生支座位移时，其杆端弯矩可以用力法算出，即

$$M_{BA}=\frac{4EI}{l}\Delta_1 \qquad M_{AB}=\frac{2EI}{l}\Delta_1$$

图 9-20c 所示一端固定一端铰支的梁 BC，可将荷载及支座移动的影响分开考虑，分别用力法计算出杆段弯矩值，然后根据叠加法求出 BC 杆的杆端弯矩，即

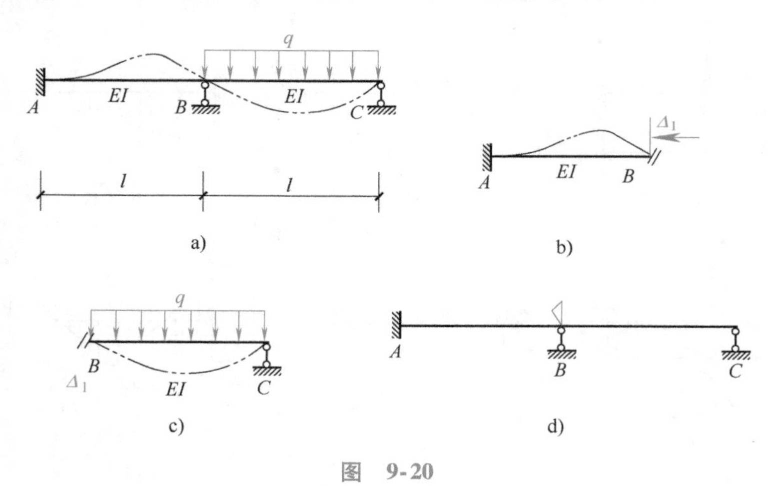

图 9-20

$$M_{BC}=3\,\frac{EI}{l}\Delta_1-\frac{ql^2}{8} \qquad M_{CB}=0$$

显然，如果能设法求出结点 B 处的角位移 Δ_1，则每一杆件的杆端弯矩可由上述计算式得到，因此，结点位移的求解才是位移法计算的关键，故 Δ_1 为基本未知量。

为了求出基本未知量，回到原结构，由于 B 结点为刚结点，又无外力偶，那么，B 结点满足结点平衡 $\sum M_B=0$，即

$$\sum M_B=M_{BA}+M_{BC}=0$$

$$\frac{4EI}{l}\Delta_1+3\,\frac{EI}{l}\Delta_1-\frac{ql^2}{8}=0$$

Δ_1 求出，则杆端处弯矩均可求出，最终可得弯矩图。

由上述原理可知，位移法基本未知量的求解，必须借助力法求解单跨超静定梁的结论，对于常见情况见表 9-1。

表 9-1 等截面单跨超静定梁的杆端弯矩和剪力

编号	梁的简图	弯矩		剪力	
		M_{AB}	M_{BA}	F_{VAB}	F_{VBA}
1	$\theta=1$ A B l	$\frac{4EI}{l}=4i$	$\frac{2EI}{l}=2i$	$-\frac{6EI}{l^2}=-\frac{6i}{l}$	$-\frac{6EI}{l^2}=-\frac{6i}{l}$
2	A B l	$-\frac{6EI}{l^2}=-\frac{6i}{l}$	$-\frac{6i}{l}$	$\frac{12EI}{l^3}=\frac{12i}{l^2}$	$\frac{12EI}{l^3}=\frac{12i}{l^2}$
3	F A B a b l	$-\frac{Fab^2}{l^2}$	$\frac{Fa^2b}{l^2}$	$\frac{Fb^2(l+2a)}{l^3}$	$-\frac{Fa^2(l+2b)}{l^3}$
4	q A B l	$-\frac{1}{12}ql^2$	$\frac{1}{12}ql^2$	$\frac{1}{2}ql$	$-\frac{1}{2}ql$
5	M A B a b l	$\frac{b(3a-l)}{l^2}M$	$\frac{a(3b-l)}{l^2}M$	$-\frac{6ab}{l^3}M$	$-\frac{6ab}{l^3}M$
6	$\theta=1$ A B l	$\frac{3EI}{l}=3i$	0	$-\frac{3EI}{l^2}=-\frac{3i}{l}$	$-\frac{3EI}{l^2}=-\frac{3i}{l}$
7	A B l	$-\frac{3EI}{l^2}=-\frac{3i}{l}$	0	$\frac{3EI}{l^3}=\frac{3i}{l^2}$	$\frac{3EI}{l^3}=\frac{3i}{l^2}$

（续）

编号	梁的简图	弯矩		剪力	
		M_{AB}	M_{BA}	F_{VAB}	F_{VBA}
8	F A B a b l	$-\frac{Fab(l+b)}{2l^2}$	0	$\frac{Fb(3l^2-b^2)}{2l^3}$	$-\frac{Fa^2(2l+b)}{2l^3}$
9	q A B l	$-\frac{1}{8}ql^2$	0	$\frac{5}{8}ql$	$-\frac{3}{8}ql$
10	M A B a b l	$\frac{l^2-3b^2}{2l^2}M$	0	$-\frac{3(l^2-b^2)}{2l^3}M$	$-\frac{3(l^2-b^2)}{2l^3}M$
11	θ=1 A B l	$\frac{EI}{l}=i$	$-\frac{EI}{l}=-i$	0	0
12	F A B a b l	$-\frac{Fa(l+b)}{2l}$	$-\frac{Fa^2}{2l}$	F	0
13	q A B l	$-\frac{1}{3}ql^2$	$-\frac{1}{6}ql^2$	ql	0

注：表中 EI 为等截面梁的抗弯刚度，$i=\frac{EI}{l}$ 为线刚度。

为了方便计算，整理位移法的计算步骤，分析位移法的典型方程，将图 9-20a 用位移法的解题步骤分析：

1）建立位移法基本体系。找出基本未知量 Δ_1，加刚臂，将位移锁住，结构分解为若干单跨超静定梁。

2）令 B 结点处发生单位角位移，作出 AB、BC 杆件的单位弯矩图 $\overline{M_1}$，以及荷载作用下 BC 杆件的荷载弯矩图 M_P。

3）基于原结构处结点 B 处弯矩平衡，$\sum M_B=0$，求解基本未知量。

4）作最终弯矩图。

位移法的基本未知量有两种，一种是角位移，另一种就是线位移，基本体系就是通过附加支杆和刚臂约束这些位移得到。故将结构分为两类：一类是无结点线位移的结构，另一类是有结点线位移的结构。

（1）无结点线位移的结构

对于无结点线位移的结构，只需在所有刚结点上加刚臂即得位移法基本结构。如图9-20a所示刚架，各结点无线位移，在刚结点上加刚臂即得基本结构，如图9-20d所示。

（2）有结点线位移的结构

对于有结点线位移的结构，除所有刚结点需加刚臂外，还需要在结点上加支杆约束结点线位移。

判断有无线位移的方法：

将结构上所有刚结点（包括限制转动的支座）用铰结点代替，使结构化成铰结体系。用几何组成分析的方法对铰结体系进行几何组成分析，若体系是几何不变的，则不需加支杆，结构无线位移；若体系是几何可变的，分析需要几个支杆，需要几个支杆结构变为静定结构则有几个线位移。

9.3.2 位移法典型方程

前面介绍的是只有一个角位移的求解过程，下面介绍一个既有角位移又有线位移的结构，如图9-21a所示。

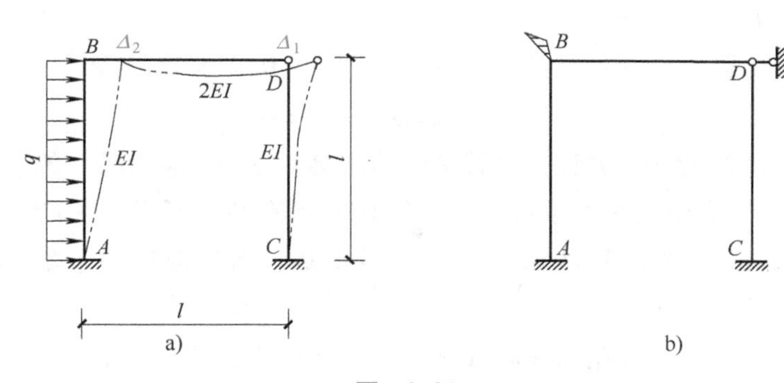

图 9-21

该结构有两个基本未知量，一个是 B 结点的角位移 Δ_1，另一个是 D 结点的水平线位移 Δ_2，基本结构如图9-21b所示。基本结构上加荷载并放松约束，得到几个单跨超静定梁，如图9-22a所示。若使基本体系与原结构受力相同，需使放松约束时的附加约束反力满足如下条件

$$\begin{cases} F_1 = 0 \\ F_2 = 0 \end{cases} \tag{9-8}$$

图9-22a所示基本体系上有三种因素作用：荷载、支杆移动、刚臂转动。分开计算，然后叠加，如图9-22所示，它们共同产生的约束反力应等于分别作用时产生的约束反力之和，即

$$\begin{cases} F_1 = k_{11}\Delta_1 + k_{12}\Delta_2 + F_{1P} \\ F_2 = k_{21}\Delta_1 + k_{22}\Delta_2 + F_{2P} \end{cases} \tag{9-9}$$

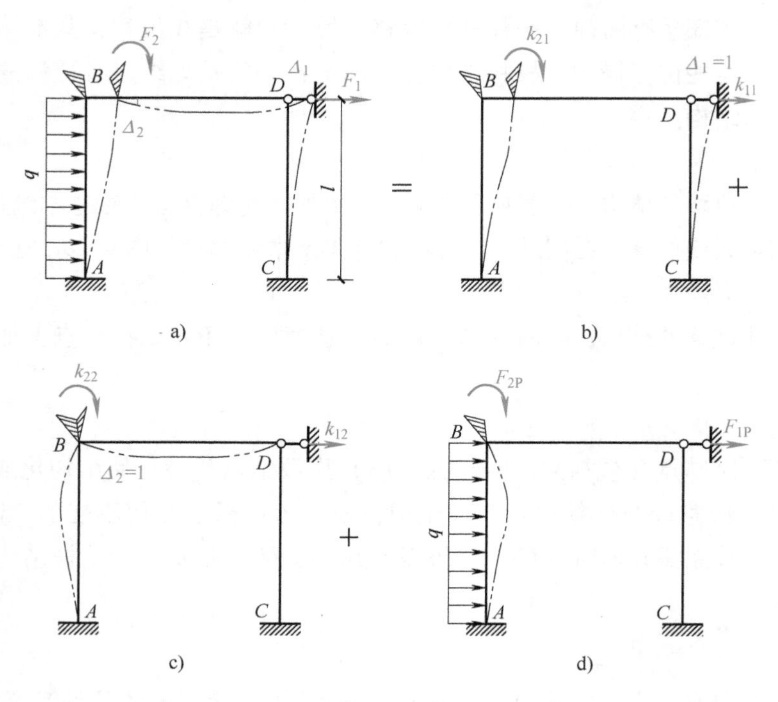

图 9-22

由式（9-8），得

$$\begin{cases} k_{11}\Delta_1 + k_{12}\Delta_2 + F_{1P} = 0 \\ k_{21}\Delta_1 + k_{22}\Delta_2 + F_{2P} = 0 \end{cases} \tag{9-10}$$

式（9-9）为位移法的基本方程，也就是位移法典型方程。它所表示的是消除基本体系与原体系差别的条件，其实质是平衡条件。式（9-10）具有典型意义，无论什么结构，只要具有两个基本未知数，位移法方程均为式（9-10）的形式。当结构有 N 个基本未知量时，位移法典型方程为

$$\begin{cases} k_{11}\Delta_1 + k_{12}\Delta_2 + \cdots + k_{1n}\Delta_n + F_{1P} = 0 \\ k_{21}\Delta_1 + k_{22}\Delta_2 + \cdots + k_{2n}\Delta_n + F_{2P} = 0 \\ \qquad\qquad\vdots \\ k_{n1}\Delta_1 + k_{n2}\Delta_2 + \cdots + k_{nn}\Delta_n + F_{nP} = 0 \end{cases} \tag{9-11}$$

9.3.3 位移法的计算步骤及举例

【例 9-4】 用位移法计算图 9-23a 所示的连续梁，并作弯矩图。

解： 1）确定基本未知量和基本体系。加刚臂，基本体系如图 9-23b 所示，刚臂约束的 B 结点为基本未知量，设顺时针为正。

2）列出位移法方程，得

$$k_{11}\Delta_1 + F_{1P} = 0$$

3）作单位弯矩图和荷载弯矩图，如图 9-23c、d 所示。注意各杆的抗弯刚度不同，设 $i = \frac{EI}{l}$。

4）求系数和自由项。取隔离体如图9-23e所示，由结点平衡得

$$k_{11}=4i+8i+3i=15i \qquad F_{1P}=-\frac{1}{8}ql^2$$

5）解方程，求位移，得

$$15i\Delta_1-\frac{1}{8}ql^2=0\Rightarrow\Delta_1=\frac{ql^2}{120i}$$

结果为正，表示B结点转角与所设方向相同，是顺时针转的。

6）叠加法作弯矩图。

$$M=\overline{M_1}\Delta_1+M_P$$

作出的弯矩图如图9-23f所示。

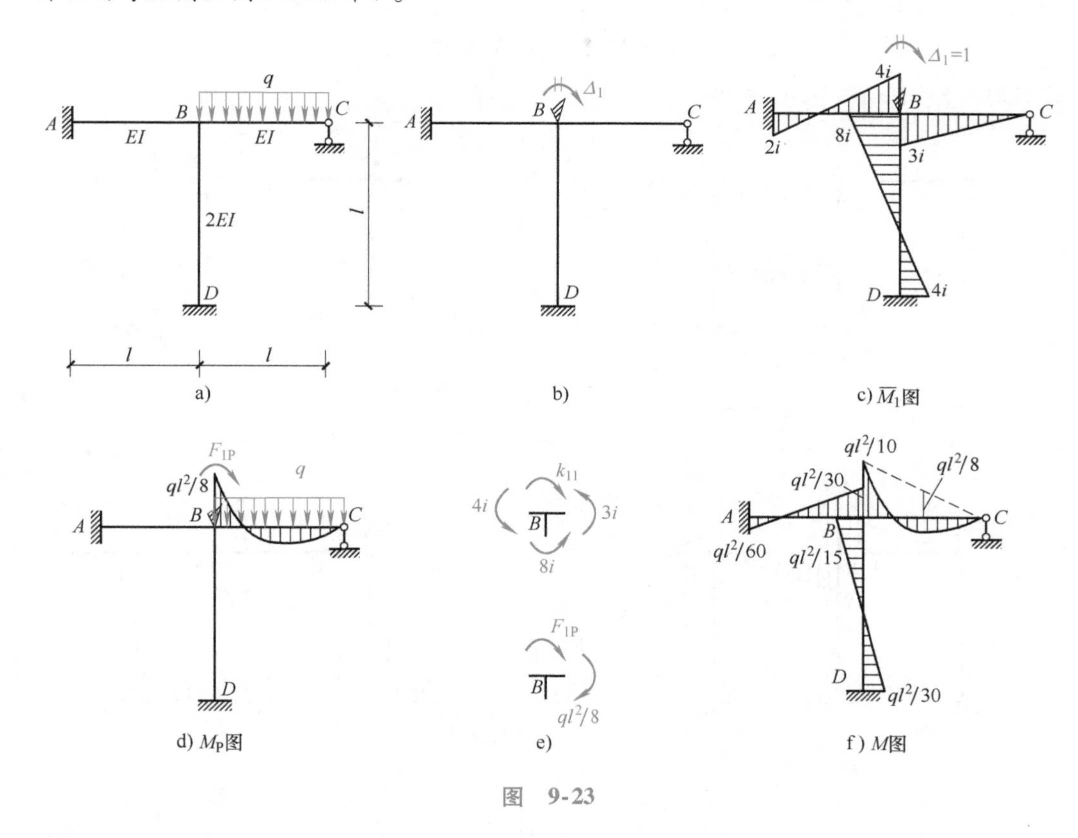

图 9-23

【例9-5】 试用位移法计算图9-24a所示刚架，并作弯矩图。

解： 1）确定基本未知量和基本体系。该刚架有1个刚结点E，即有1个角位移Δ_1和1个线位移Δ_2，所以，在E点加一刚臂、在F处加一根链杆约束即将结构分为多个单跨超静定梁，得到基本体系如图9-24b所示。

2）建立位移法典型方程，即

$$k_{11}\Delta_1+k_{12}\Delta_2+F_{1P}=0$$
$$k_{21}\Delta_1+k_{22}\Delta_2+F_{2P}=0$$

3）作单位弯矩图和荷载弯矩图，如图9-24c～e所示。注意各杆的抗弯刚度不同，设

$i = \frac{EI}{l}$。

4）求系数和自由项，由结点平衡得

$$k_{11} = 19 \qquad k_{12} = -1 \qquad F_{1P} = 0$$

$$k_{21} = -1 \qquad k_{22} = 1/2 \qquad F_{2P} = -\frac{3}{8}ql$$

5）解方程，求位移，得

$$\Delta_1 = 0.044ql\ （顺时针） \qquad \Delta_2 = 0.838ql\ （\rightarrow）$$

其值均为正，可知实际位移方向与所设位移方向一致。

6）叠加法作最终弯矩图

$$M = \overline{M_1}\Delta_1 + \overline{M_2}\Delta_2 + M_P$$

作出的弯矩图如图 9-24f 所示。

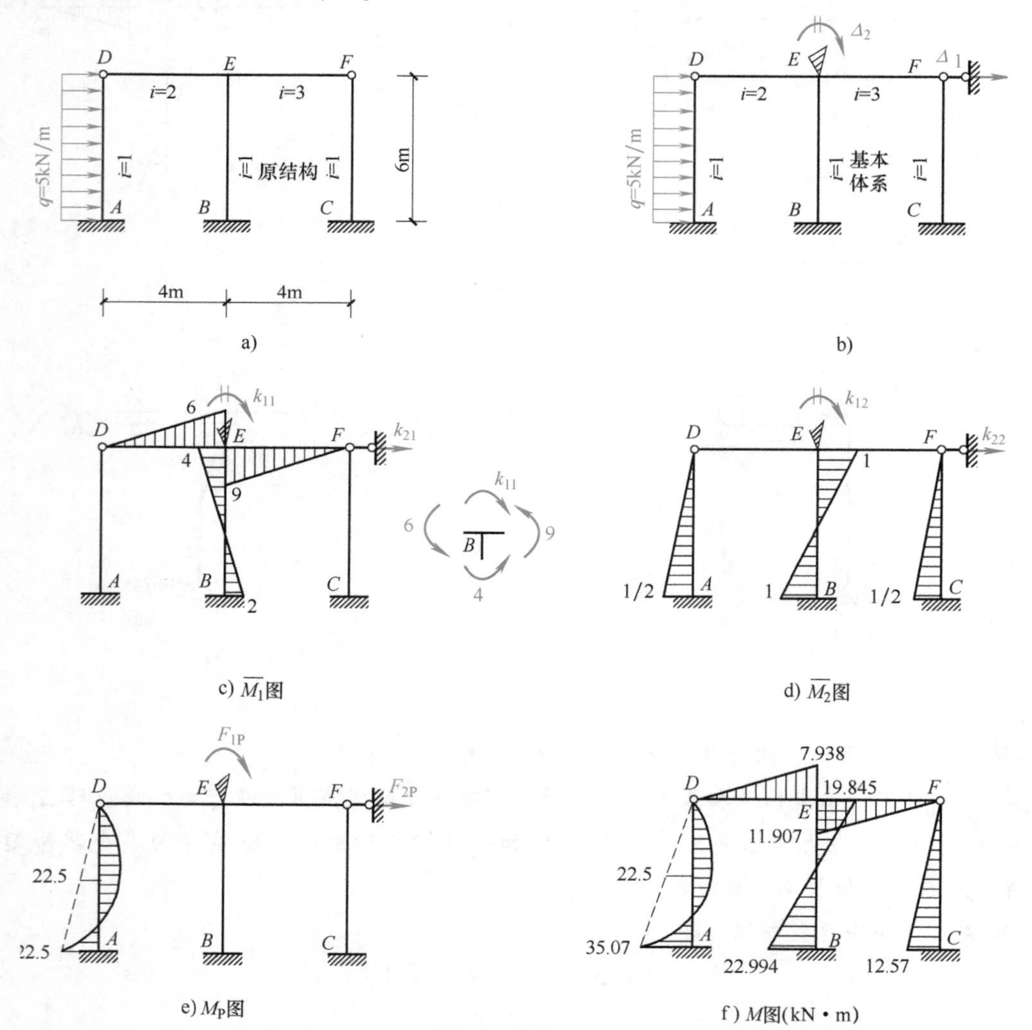

图 9-24

9.4　力矩分配法

计算超静定结构的力法和位移法都需要联立方程，当未知量较多时，解方程的工作非常繁琐。为此，提出了较实用的基于逐次进行数值修正的渐近法，就是力矩分配法。

力矩分配法是以位移法为基础的逐次渐近地求结构结点力矩数值的一种方法，在力矩分配法中，不需要解方程组，运算简单，便于使用，是计算连续梁和无侧移刚架内力的实用计算方法。

9.4.1　力矩分配法的基本原理

下面以计算图9-25a所示两跨连续梁为例，介绍力矩分配法的基本原理。

与位移法相似，先在B结点处加刚臂，然后加荷载，如图9-25b所示。这时附加刚臂会产生作用于结点B的反力矩M_B，称其为约束力矩，规定顺时针为正，这种状态称为固定状态。固定状态比原结构多了一个约束力矩，为消除约束力矩的影响，可在结构的B结点加反向的约束力矩，如图9-25c所示，图9-25b、c所示的两种状态相加等于原结构。加反向力矩相当于放松约束，图9-25c为放松状态。原结构的内力可以通过分别计算固定状态和放松状态，然后叠加得到。这就是力矩分配法的基本原理。

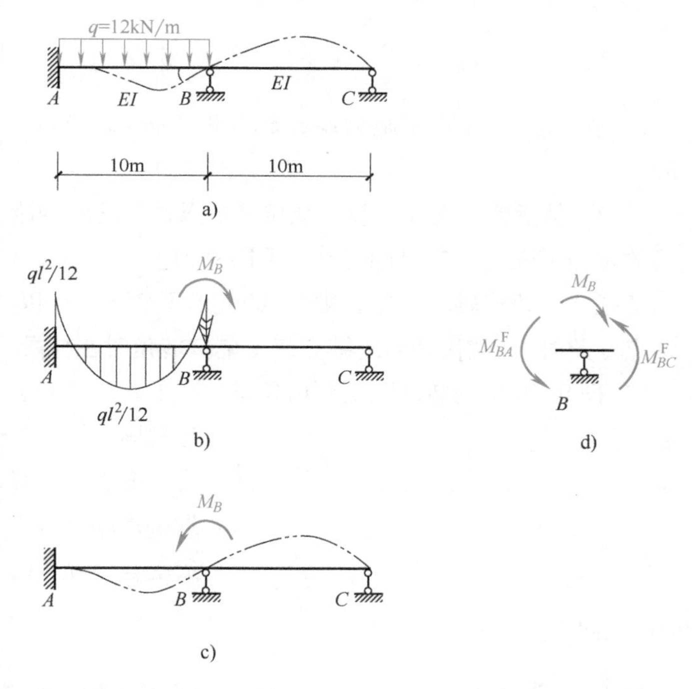

图　9-25

力矩分配法中的杆端弯矩求解需利用固端弯矩、转动刚度、分配系数、杆端弯矩、传递系数、传递弯矩等概念计算。

1. 固端弯矩

图9-25b所示固定状态的弯矩图可通过表9-1查得。将荷载引起的固定状态的杆端弯矩称为固定弯矩，记为M^F，固定绕杆端顺时针为正。图9-25b所示的固端弯矩为

$$M_{AB}^F=-\frac{ql^2}{12}=-100\text{kN}\cdot\text{m}$$

$$M_{BA}^F=\frac{ql^2}{12}=100\text{kN}\cdot\text{m}$$

$$M_{BC}^F=M_{CB}^F=0$$

由结点B的平衡，可求得约束力矩为

$$M_B=M_{BA}^F+M_{CB}^F=100\text{kN}\cdot\text{m}$$

2. 转动刚度 S

转动刚度表示杆端对转动的抵抗能力。杆端的转动刚度以 S 表示，S 在数值上等于使杆端产生单位转角时需要施加的力矩。图 9-26 所示杆件 AB，给出了等截面杆件在 A 端的转动刚度 S_{AB} 的数值。关于 S_{AB} 应注意以下几点：

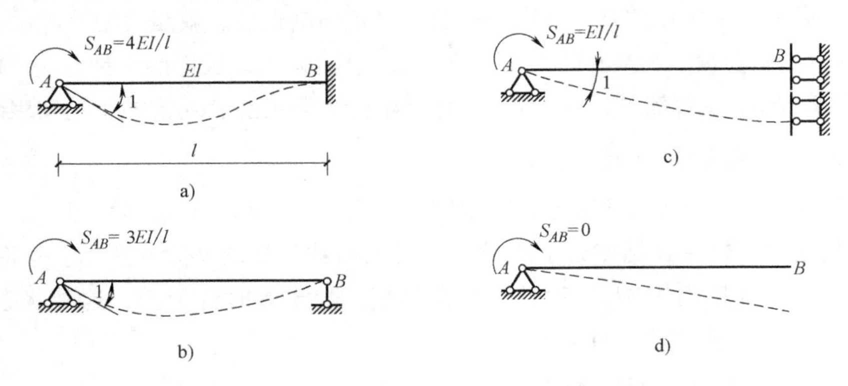

图 9-26

1）在 S_{AB} 中，A 点是施力端，B 点称为远端。当远端为不同支承情况时，S_{AB} 的数值也不同。

2）S_{AB} 是指施力端 A 在没有线位移的条件下的转动刚度。在图 9-26 中，A 端画成铰支座，其目的是为了强调 A 端只能转动，不能移动。

若把 A 端改成辊轴支座，则 S_{AB} 的数值不变，也可以把 A 端看作可转动（但不能移动）的刚结点。此时 S_{AB} 就代表当刚结点产生单位转角时在杆端 A 引起的杆端弯矩。

3）图 9-26 中的转动刚度可由位移法中的杆端弯矩公式导出，即

$$远端固定:S=4i$$
$$远端简支:S=3i$$
$$远端滑动:S=i$$
$$远端自由:S=0$$

式中，$i=\dfrac{EI}{l}$。

根据 AB 杆 A 端为固定端，BC 杆 C 端为铰支端，得转动刚度为

$$S_{BA}=4i \qquad S_{BC}=3i$$

3. 分配系数与杆端弯矩

利用转动刚度可以将放松状态的杆端弯矩用杆端转角表示。对于图 9-25c 所示的放松状态，有

$$\begin{cases} M_{BA}=S_{BA}\varphi_B \\ M_{BC}=S_{BC}\varphi_B \end{cases} \tag{9-12}$$

取放松状态的 B 结点为隔离体，如图 9-25d 所示。由隔离体平衡，得

$$M_{BA}+M_{BC}+M_B=0$$

将式（9-12）代入，得

$$S_{BA}\varphi_B + S_{BC}\varphi_B = -M_B \tag{9-13}$$

因此有

$$\varphi_B = \frac{-M_B}{S_{BA}+S_{BC}} \tag{9-14}$$

代回式（9-12），得杆端弯矩为

$$\begin{cases} M_{BA} = \dfrac{S_{BA}}{S_{BA}+S_{BC}}(-M_B) \\ M_{BC} = \dfrac{S_{BC}}{S_{BA}+S_{BC}}(-M_B) \end{cases} \tag{9-15}$$

令

$$\begin{cases} \mu_{BA} = \dfrac{S_{BA}}{S_{BA}+S_{BC}} \\ \mu_{BC} = \dfrac{S_{BC}}{S_{BA}+S_{BC}} \end{cases} \tag{9-16}$$

则

$$\begin{cases} M_{BA} = \mu_{BA}(-M_B) \\ M_{BC} = \mu_{BC}(-M_B) \end{cases} \tag{9-17}$$

μ_{BA}、μ_{BC}称为分配系数，相应的杆端弯矩 M_{BA}、M_{BC}称为分配弯矩。从图 9-25b 可知，结点 B 上的外力偶 M_B由两个杆端弯矩平衡，每个杆端所承担的份额由杆端的转动刚度决定，转动刚度越大，承担的份额越大，分配弯矩越大。

同一结点各杆分配系数之间存在下列关系

$$\sum\mu_{ij} = 1 \tag{9-18}$$

由式（9-16）可算得 $\mu_{BA} = \dfrac{4i}{4i+3i} = 0.571$，$\mu_{BC} = \dfrac{3i}{4i+3i} = 0.429$。由式（9-17）可算得分配弯矩为

$$M_{BA} = \mu_{BA}(-M_B) = 0.571\times(-100\text{kN}\cdot\text{m}) = -57.1\text{kN}\cdot\text{m}$$
$$M_{BC} = \mu_{BC}(-M_B) = 0.429\times(-100\text{kN}\cdot\text{m}) = -42.9\text{kN}\cdot\text{m}$$

4. 传递系数与传递弯矩

下面计算 AB 杆 A 端和 BC 杆 C 端的杆端弯矩，即远端的杆端弯矩。

在图 9-26a、c 两种情况下，近端产生杆端弯矩的同时在远端也产生杆端弯矩，如图 9-27 所示，并且近端的杆端弯矩与远端的杆端弯矩的比值为常数，此值记作 C，即

远端（B 端）为固定端

$$C_{AB} = \frac{\text{远端（}B\text{ 端）弯矩}}{\text{近端（}A\text{ 端）弯矩}} = \frac{2i}{4i} = \frac{1}{2}$$

远端（B 端）为滑动端

$$C_{AB} = \frac{\text{远端（}B\text{ 端）弯矩}}{\text{近端（}A\text{ 端）弯矩}} = \frac{i}{-i} = -1$$

C 称为传递系数。远端为铰支或自由端时，传递系数为 0。有了近端弯矩和传递系数即可计算远端弯矩。

放松状态下的弯矩均可算出

$$M_{AB}=C_{BA}M_{BA}=\frac{1}{2}\times(-57.1\text{kN}\cdot\text{m})=-28.55\text{kN}\cdot\text{m}$$

$$M_{CB}=C_{BC}M_{BC}=0\times(-42.9\text{kN}\cdot\text{m})=0$$

将固定状态下的杆端弯矩与放松状态下的杆端弯矩进行叠加，最终各杆杆端弯矩均可求得，结合荷载与弯矩的微分关系，可作出结构最终的弯矩图，如图 9-28 所示。

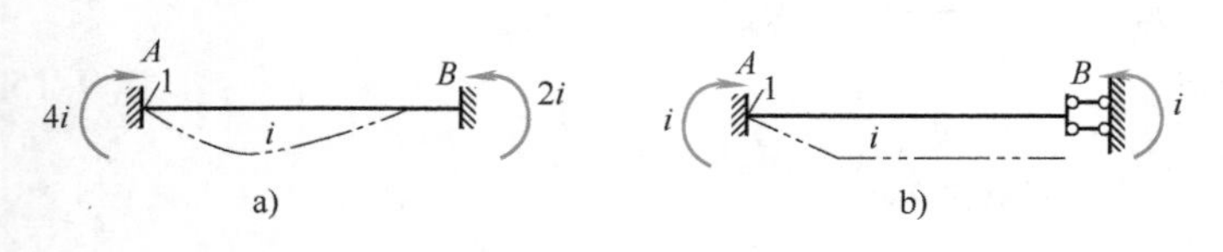

图 9-27

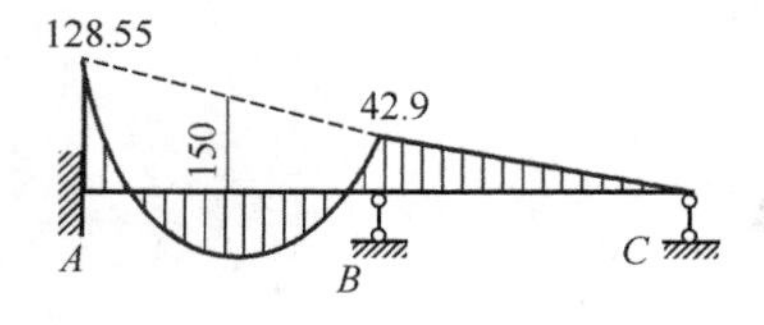

图 9-28 M 图（kN·m）

9.4.2 单结点力矩分配法的应用

结合力矩分配法的基本原理，可将力矩分配法的计算步骤分为以下几步：

1）计算刚结点所连接杆端的转动刚度和分配系数。

2）计算各杆端的固端弯矩及约束力矩。

3）计算分配弯矩。

4）计算传递系数。

5）计算传递弯矩。

6）将固端弯矩与分配弯矩或传递弯矩叠加得最终杆端弯矩。

7）作弯矩图。

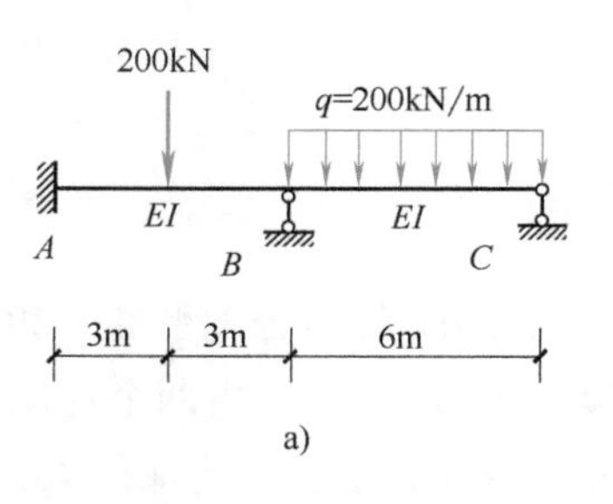

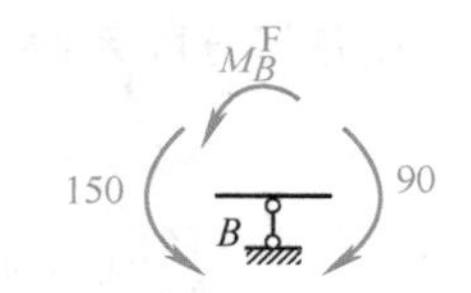

	0.571	0.429	
−150	150	−90	0
−17.2 ←	−34.3	−25.7 →	0
−167.2	115.7	−115.7	0

c)

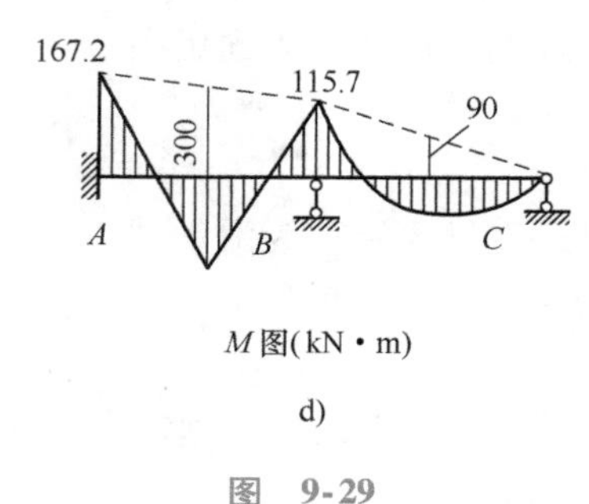

d)

图 9-29

【例 9-6】 试用力矩分配法计算图 9-29a 所示的连续梁，并作弯矩图。

解：1）计算与 B 结点连接的杆端转动刚度和分配系数。

转动刚度为

$$S_{BA}=4i=4\times\frac{EI}{6}=\frac{2EI}{3}$$

$$S_{BC}=3i=3\times\frac{EI}{6}=\frac{EI}{2}$$

分配系数为

$$\mu_{BA}=\frac{S_{BA}}{S_{BA}+S_{BC}}=\frac{\frac{2EI}{3}}{\frac{EI}{2}+\frac{2EI}{3}}=0.571$$

$$\mu_{BC}=\frac{S_{BC}}{S_{BA}+S_{BC}}=\frac{\frac{EI}{2}}{\frac{EI}{2}+\frac{2EI}{3}}=0.429$$

校核：
$$\sum\mu_B=\mu_{BC}+\mu_{BA}=1$$

2）计算固端弯矩和约束力矩，得

$$M_{AB}^{F}=-\frac{200\times6}{8}\text{kN}\cdot\text{m}=-150\text{kN}\cdot\text{m}$$

$$M_{BA}^{F}=\frac{200\times6}{8}\text{kN}\cdot\text{m}=150\text{kN}\cdot\text{m}$$

$$M_{BC}^{F}=-\frac{20\times6^{2}}{8}\text{kN}\cdot\text{m}=-90\text{kN}\cdot\text{m}$$

$$M_{CB}^{F}=0$$

$$M_{B}^{F}=M_{BA}^{F}+M_{BC}^{F}=150\text{kN}\cdot\text{m}+(-90\text{kN}\cdot\text{m})=60\text{kN}\cdot\text{m}$$

3）计算分配弯矩，得

$$M_{BA}=\mu_{BA}(-M_B)=0.571\times(-60\text{kN}\cdot\text{m})=-34.3\text{kN}\cdot\text{m}$$
$$M_{BC}=\mu_{BC}(-M_B)=0.429\times(-60\text{kN}\cdot\text{m})=-25.7\text{kN}\cdot\text{m}$$

4）计算传递弯矩，得

$$M_{AB}=C_{BA}M_{BA}=0.5\times(-34.3\text{kN}\cdot\text{m})=-17.2\text{kN}\cdot\text{m}$$
$$M_{CB}=C_{BC}M_{BC}=0$$

5）计算杆端最终弯矩，得

$$M_{AB}=M_{AB}^{F}+M_{AB}=-150\text{kN}\cdot\text{m}+(-17.2\text{kN}\cdot\text{m})=-167.2\text{kN}\cdot\text{m}$$
$$M_{BA}=M_{BA}^{F}+M_{BA}=150\text{kN}\cdot\text{m}+(-34.3\text{kN}\cdot\text{m})=-115.7\text{kN}\cdot\text{m}$$
$$M_{BC}=M_{BC}^{F}+M_{BC}=-90\text{kN}\cdot\text{m}+(-25.7\text{kN}\cdot\text{m})=-115.7\text{kN}\cdot\text{m}$$
$$M_{CB}=M_{CB}^{F}+M_{CB}=0$$

以上计算过程可用一个简单表格来表述，如图9-29c所示。

6）作弯矩图。根据各杆的杆端弯矩和荷载作用情况，采用区段叠加法作弯矩图，如图9-29d所示。

【例9-7】 试用力矩分配法计算图9-30a所示的刚架杆端弯矩，并作弯矩图。

解： 1）计算与A结点连接的杆端转动刚度和分配系数。

转动刚度为

$$S_{AB}=3i_{AB}=3\times2=6$$
$$S_{AC}=4i_{AC}=4\times2=8$$
$$S_{AD}=4i_{AD}=4\times1.5=6$$

分配系数为

$$\mu_{AB}=\frac{S_{AB}}{S_{AB}+S_{AC}+S_{AD}}=\frac{6}{6+8+6}=0.3$$

$$\mu_{AC}=\frac{S_{AC}}{S_{AB}+S_{AC}+S_{AD}}=\frac{8}{6+8+6}=0.4$$

$$\mu_{AD}=\frac{S_{AD}}{S_{AB}+S_{AC}+S_{AD}}=\frac{6}{6+8+6}=0.3$$

校核：　　$\sum\mu_A=\mu_{AB}+\mu_{AC}+\mu_{AD}=1$

2）计算固端弯矩和约束力矩，得

$$M_{AB}^{\mathrm{F}}=\frac{1\times30\times4^2}{8}\mathrm{kN}\cdot\mathrm{m}=60\mathrm{kN}\cdot\mathrm{m}$$

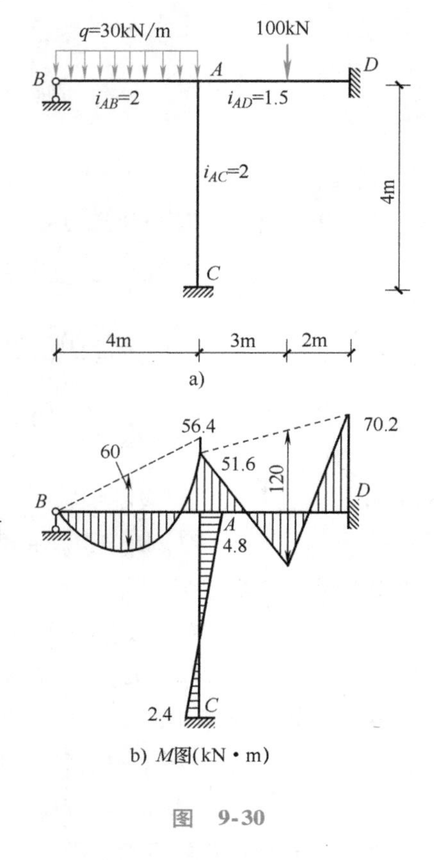

b) M图(kN·m)

图　9-30

$$M_{BA}^{\mathrm{F}}=0,\ M_{AC}^{\mathrm{F}}=0,\ M_{CA}^{\mathrm{F}}=0$$

$$M_{AD}^{\mathrm{F}}=-\frac{100\times3\times2^2}{5^2}\mathrm{kN}\cdot\mathrm{m}=-48\mathrm{kN}\cdot\mathrm{m}$$

$$M_{DA}^{\mathrm{F}}=\frac{100\times3^2\times2}{5^2}\mathrm{kN}\cdot\mathrm{m}=72\mathrm{kN}\cdot\mathrm{m}$$

$$M_{A}^{\mathrm{F}}=M_{AB}^{\mathrm{F}}+M_{AC}^{\mathrm{F}}+M_{AD}^{\mathrm{F}}=60\mathrm{kN}\cdot\mathrm{m}+0\mathrm{kN}\cdot\mathrm{m}+(-48\mathrm{kN}\cdot\mathrm{m})=12\mathrm{kN}\cdot\mathrm{m}$$

3）计算分配弯矩，得

$$M_{AB}=\mu_{AB}(-M_A^{\mathrm{F}})=0.3\times(-12\mathrm{kN}\cdot\mathrm{m})=-3.6\mathrm{kN}\cdot\mathrm{m}$$

$$M_{AC}=\mu_{AC}(-M_A^{\mathrm{F}})=0.4\times(-12\mathrm{kN}\cdot\mathrm{m})=-4.8\mathrm{kN}\cdot\mathrm{m}$$

$$M_{AD}=\mu_{AD}(-M_A^{\mathrm{F}})=0.3\times(-12\mathrm{kN}\cdot\mathrm{m})=-3.6\mathrm{kN}\cdot\mathrm{m}$$

4）计算传递弯矩，得

$$M_{BA}=C_{AB}M_{AB}=0$$

$$M_{CA}=C_{AC}M_{AC}=0.5\times(-4.8\mathrm{kN}\cdot\mathrm{m})=-2.4\mathrm{kN}\cdot\mathrm{m}$$

$$M_{DA}=C_{AD}M_{AD}=0.5\times(-3.6\mathrm{kN}\cdot\mathrm{m})=-1.8\mathrm{kN}\cdot\mathrm{m}$$

5）计算杆端最终弯矩，得

$$M_{AB}=M_{AB}^{\mathrm{F}}+M_{AB}=60\mathrm{kN}\cdot\mathrm{m}+(-3.6\mathrm{kN}\cdot\mathrm{m})=56.4\mathrm{kN}\cdot\mathrm{m}$$

$$M_{BA}=M_{BA}^{\mathrm{F}}+M_{BA}=0$$

$$M_{AC}=M_{AC}^{\mathrm{F}}+M_{AC}=0\mathrm{kN}\cdot\mathrm{m}+(-4.8\mathrm{kN}\cdot\mathrm{m})=-4.8\mathrm{kN}\cdot\mathrm{m}$$

$$M_{CA}=M_{CA}^{\mathrm{F}}+M_{CA}=0\mathrm{kN}\cdot\mathrm{m}+(-2.4\mathrm{kN}\cdot\mathrm{m})=-2.4\mathrm{kN}\cdot\mathrm{m}$$

$$M_{AD}=M_{AD}^{\mathrm{F}}+M_{AD}=-48\mathrm{kN}\cdot\mathrm{m}+(-3.6\mathrm{kN}\cdot\mathrm{m})=-51.6\mathrm{kN}\cdot\mathrm{m}$$

$$M_{DA}=M_{DA}^{\mathrm{F}}+M_{DA}=72\mathrm{kN}\cdot\mathrm{m}+(-1.8\mathrm{kN}\cdot\mathrm{m})=70.2\mathrm{kN}\cdot\mathrm{m}$$

最终弯矩图如图9-30b所示。

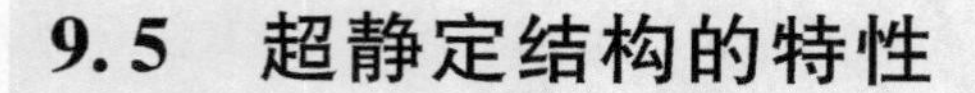

9.5　超静定结构的特性

与静定结构相比，超静定结构有以下几个特征：

1）内力分布与结构各杆件的刚度有关，即与杆件截面的几何性质、材料的物理性质有关。荷载不变，改变各杆刚度一般会使内力重新分布。

2）在荷载作用下，内力分布与各杆件的刚度比值有关，而与刚度的绝对值无关。

3）抵抗破坏的能力较强，当一些多余约束失去作用后，仍具有一定的承载能力。

4）内力分布较均匀。

小　结

一、超静定结构次数的确定

结构的超静定次数等于它所具有的多余约束的数目，故超静定的次数通常可以通过去掉多余约束的方法确定，即将一个超静定结构变成静定结构需要去掉的多余约束的个数就是超静定次数。

超静定结构常见的去掉多余约束的方式有如下几种：

1）切断一根链杆或拆除一根支座处链杆，相当于去掉一个约束。

2）拆除一个单铰或撤去一个固定铰支座，相当于去掉两个约束。

3）切断一根受弯杆（梁式杆）或拆除一个固定端支座，相当于去掉三个约束。

4）将一刚结点改为单铰或将一固定端支座改为固定铰支座，相当于去掉一个约束。

二、力法

1. 力法的基本原理

将超静定结构去掉多余约束，并代之以相应的多余未知力，得到静定的基本结构。以多余未知力为基本未知量，根据基本结构所去掉多余约束处的位移条件建立力法方程，求出多余未知力。超静定问题即转化为静定问题，然后利用静力平衡条件求解其余的反力和内力。

2. 计算步骤

1）判断结构的超静定次数，确定基本结构。

2）建立变形条件，写出力法典型方程，即

$$\begin{cases}\delta_{11}X_1+\delta_{12}X_2+\cdots+\delta_{1n}X_n+\Delta_{1F}=0\\ \delta_{21}X_1+\delta_{22}X_2+\cdots+\delta_{2n}X_n+\Delta_{2F}=0\\ \qquad\qquad\vdots\\ \delta_{n1}X_1+\delta_{n2}X_2+\cdots+\delta_{nn}X_n+\Delta_{nF}=0\end{cases}$$

3）作单位弯矩图和荷载弯矩图。

4）求解方程中的系数项和自由项。

5）解方程，作弯矩图。

三、位移法

1. 位移法的基本原理

位移法是以结构的结点位移作为基本未知量，由平衡条件建立位移法方程求解结点位移，利用杆端位移和杆端内力之间的关系计算杆件和结构的内力，从而把超静定结构的计算问题转化为单跨超静定梁的计算问题。

2. 计算步骤

1）确定基本未知量。

2）列出位移法方程。

$$\begin{cases} k_{11}\Delta_1 + k_{12}\Delta_2 + \cdots + k_{1n}\Delta_n + F_{1P} = 0 \\ k_{21}\Delta_1 + k_{22}\Delta_2 + \cdots + k_{2n}\Delta_n + F_{2P} = 0 \\ \vdots \\ k_{n1}\Delta_1 + k_{n2}\Delta_2 + \cdots + k_{nn}\Delta_n + F_{nP} = 0 \end{cases}$$

3）作单位弯矩图和荷载弯矩图。

4）求解方程中的系数项和自由项。

5）解方程，求位移。

6）叠加法作弯矩图。

四、力矩分配法

1. 力矩分配法的基本原理

力矩分配法是以位移法为基础的逐次渐近地求结构结点力矩数值的一种方法。

2. 计算步骤

1）计算刚结点所连接杆端的转动刚度和分配系数。

2）计算各杆端的固端弯矩及约束力矩。

3）计算分配弯矩。

4）计算传递系数。

5）计算传递弯矩。

6）将固端弯矩与分配弯矩或传递弯矩叠加得最终杆端弯矩。

7）作弯矩图。

习题

1. 试求图 9-31 所示结构的超静定次数。

2. 用力法计算图 9-32 所示超静定刚架，并绘出弯矩图。

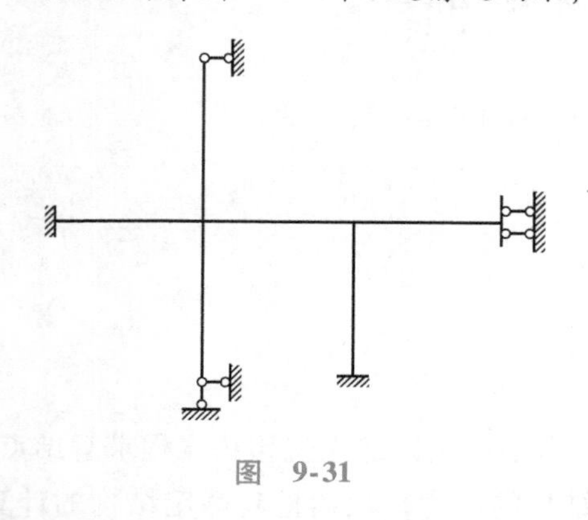

图 9-31

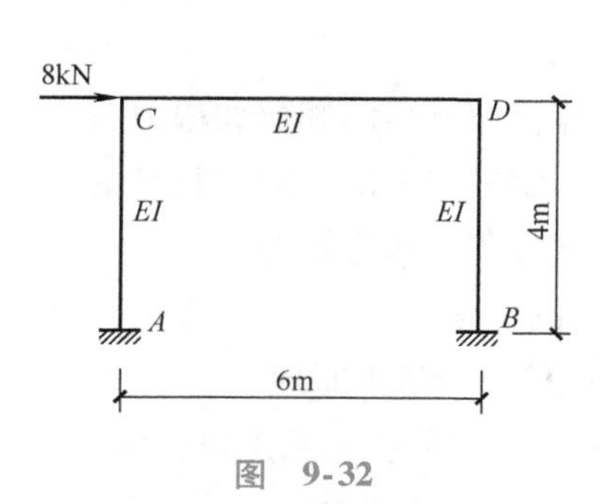

图 9-32

3. 图 9-33b 所示为图 9-33a 所示结构的力法基本体系，试求典型方程中的系数 δ_{11} 和自由项 Δ_{2P}。

4. 计算图 9-34 所示结构的位移法典型方程的全部自由项。

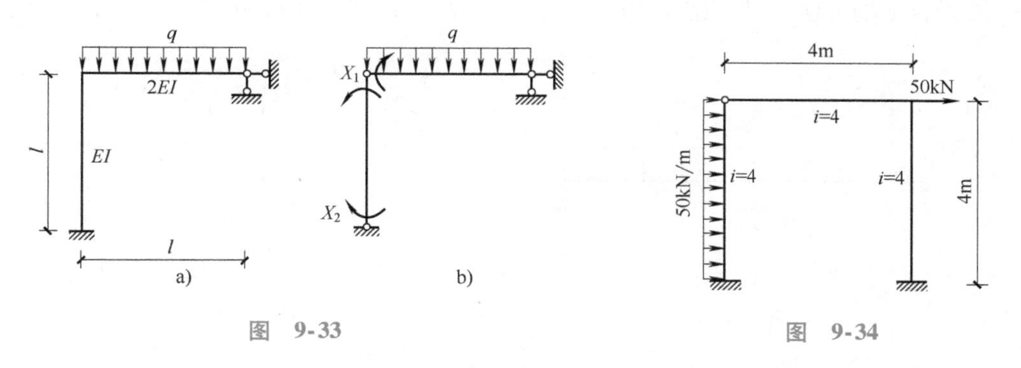

图 9-33　　图 9-34

5. 用力矩分配法求图9-35所示弯矩图（杆件刚度均为EI，EI=常数）。

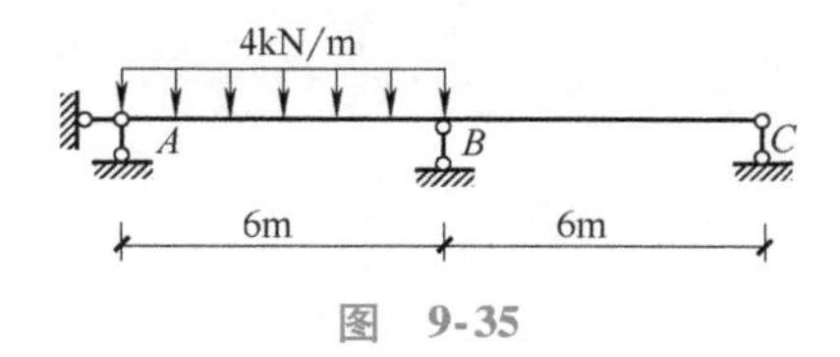

图 9-35

自我测试

一、填空题

图9-36所示结构的超静定次数为________，________。(每空10分，共20分)

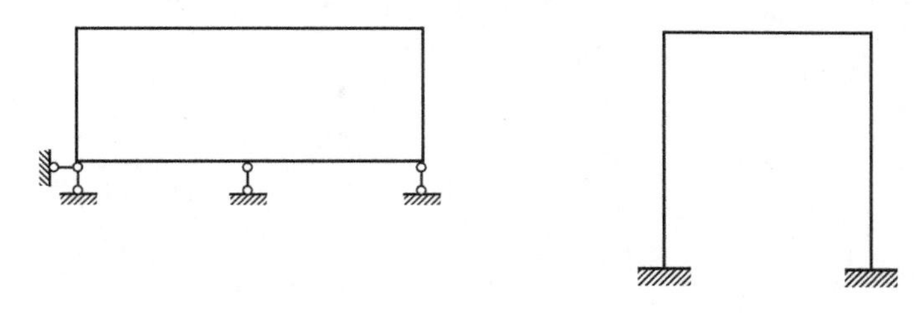

图 9-36

二、计算题

1. 用力法计算图9-37所示刚架，并作弯矩图。(每题20分，共20分)
2. 用位移法计算图9-38所示结构，并作弯矩图。(每题20分，共20分)

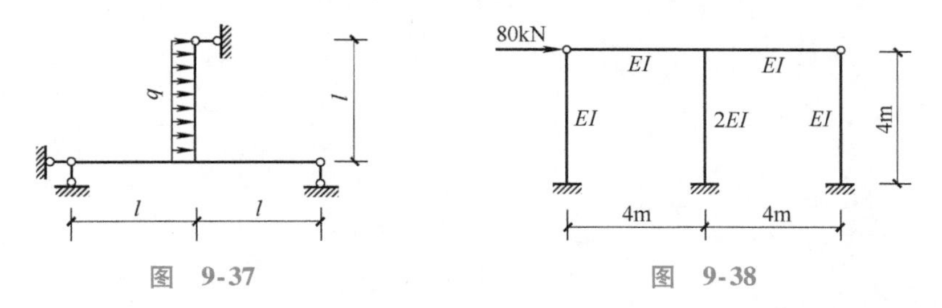

图 9-37　　图 9-38

3. 用力矩分配法计算图9-39所示结构，并作弯矩图。(每题20分，共20分)

4. 选择合适的方法，计算图 9-40 所示结构，并作弯矩图。(每题 20 分，共 20 分)

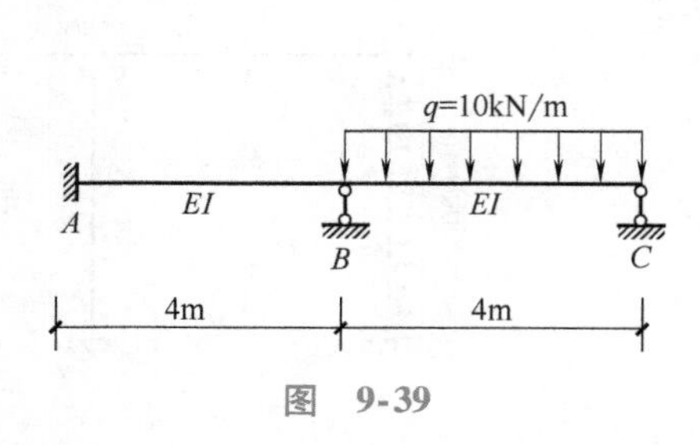

图 9-39

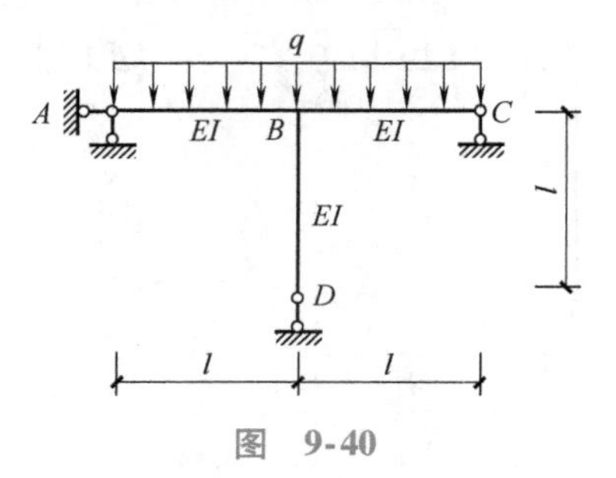

图 9-40

附录　型钢截面尺寸、截面面积、理论重量及截面特性

附表 A　工字钢截面尺寸、截面面积、理论重量及截面特性

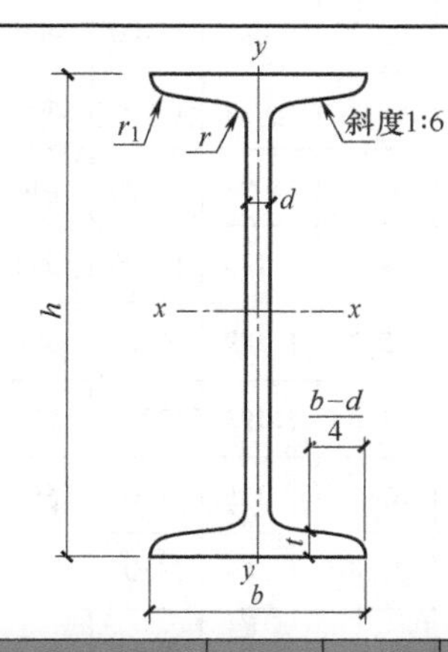

h — 高度；
b — 腿宽度；
d — 腰厚度；
t — 平均腿厚度；
r — 内圆弧半径；
r_1— 腿端圆弧半径。

型号	截面尺寸/mm						截面面积/cm^2	理论重量/(kg/m)	外表面积/(m^2/m)	惯性矩/cm^4		惯性半径/cm		截面模数/cm^3	
	h	b	d	t	r	r_1				I_x	I_y	i_x	i_y	W_x	W_y
10	100	68	4.5	7.6	6.5	3.3	14.33	11.3	0.432	245	33.0	4.14	1.52	49.0	9.72
12	120	74	5.0	8.4	7.0	3.5	17.80	14.0	0.493	436	46.9	4.95	1.62	72.7	12.7
12.6	126	74	5.0	8.4	7.0	3.5	18.10	14.2	0.505	488	46.9	5.20	1.61	77.5	12.7
14	140	80	5.5	9.1	7.5	3.8	21.50	16.9	0.553	712	64.4	5.76	1.73	102	16.1
16	160	88	6.0	9.9	8.0	4.0	26.11	20.5	0.621	1130	93.1	6.58	1.89	141	21.2
18	180	94	6.5	10.7	8.5	4.3	30.74	24.1	0.681	1660	122	7.36	2.00	185	26.0
20a	200	100	7.0	11.4	9.0	4.5	35.55	27.9	0.742	2370	158	8.15	2.12	237	31.5
20b		102	9.0				39.55	31.1	0.746	2500	169	7.96	2.06	250	33.1
22a	220	110	7.5	12.3	9.5	4.8	42.10	33.1	0.817	3400	225	8.99	2.31	309	40.9
22b		112	9.5				46.50	36.5	0.821	3570	239	8.78	2.27	325	42.7
24a	240	116	8.0	13.0	10.0	5.0	47.71	37.5	0.878	4570	280	9.77	2.42	381	48.4
24b		118	10.0				52.51	41.2	0.882	4800	297	9.57	2.38	400	50.4
25a	250	116	8.0				48.51	38.1	0.898	5020	280	10.2	2.40	402	48.3
25b		118	10.0				53.51	42.0	0.902	5280	309	9.94	2.40	423	52.4
27a	270	122	8.5	13.7	10.5	5.3	54.52	42.8	0.958	6550	345	10.9	2.51	485	56.6
27b		124	10.5				59.92	47.0	0.962	6870	366	10.7	2.47	509	58.9
28a	280	122	8.5				55.37	43.5	0.978	7110	345	11.3	2.50	508	56.6
28b		124	10.5				60.97	47.9	0.982	7480	379	11.1	2.49	534	61.2

（续）

型号	截面尺寸/mm						截面面积/cm^2	理论重量/(kg/m)	外表面积/(m^2/m)	惯性矩/cm^4		惯性半径/cm		截面模数/cm^3	
	h	b	d	t	r	r_1				I_x	I_y	i_x	i_y	W_x	W_y
30a	300	126	9.0	14.4	11.0	5.5	61.22	48.1	1.031	8950	400	12.1	2.55	597	63.5
30b		128	11.0				67.22	52.8	1.035	9400	422	11.8	2.50	627	65.9
30c		130	13.0				73.22	57.5	1.039	9850	445	11.6	2.46	657	68.5
32a	320	130	9.5	15.0	11.5	5.8	67.12	52.7	1.084	11100	460	12.8	2.62	692	70.8
32b		132	11.5				73.52	57.7	1.088	11600	502	12.6	2.61	726	76.0
32c		134	13.5				79.92	62.7	1.092	12200	544	12.3	2.61	760	81.2
36a	360	136	10.0	15.8	12.0	6.0	76.44	60.0	1.185	15800	552	14.4	2.69	875	81.2
36b		138	12.0				83.64	65.7	1.189	16500	582	14.1	2.64	919	84.3
36c		140	14.0				90.84	71.3	1.193	17300	612	13.8	2.60	962	87.4
40a	400	142	10.5	16.5	12.5	6.3	86.07	67.6	1.285	21700	660	15.9	2.77	1090	93.2
40b		144	12.5				94.07	73.8	1.289	22800	692	15.6	2.71	1140	96.2
40c		146	14.5				102.1	80.1	1.293	23900	727	15.2	2.65	1190	99.6
45a	450	150	11.5	18.0	13.5	6.8	102.4	80.4	1.411	32200	855	17.7	2.89	1430	114
45b		152	13.5				111.4	87.4	1.415	33800	894	17.4	2.84	1500	118
45c		154	15.5				120.4	94.5	1.419	35300	938	17.1	2.79	1570	122
50a	500	158	12.0	20.0	14.0	7.0	119.2	93.6	1.539	46500	1120	19.7	3.07	1860	142
50b		160	14.0				129.2	101	1.543	48600	1170	19.4	3.01	1940	146
50c		162	16.0				139.2	109	1.547	50600	1220	19.0	2.96	2080	151
55a	550	166	12.5	21.0	14.5	7.3	134.1	105	1.667	62900	1370	21.6	3.19	3290	164
55b		168	14.5				145.1	114	1.671	65600	1420	21.2	3.14	2390	170
55c		170	16.5				156.1	123	1.675	68400	1480	20.9	3.08	2490	175
56a	560	166	12.5				135.4	106	1.687	65600	1370	22.0	3.18	2340	165
56b		168	14.5				146.6	115	1.691	68500	1490	21.6	3.16	2450	174
56c		170	16.5				157.8	124	1.695	71400	1560	21.3	3.16	2550	183
63a	630	176	13.0	22.0	15.0	7.5	154.6	121	1.862	93900	1700	24.5	3.31	2980	193
63b		178	15.0				167.2	131	1.866	98100	1810	24.2	3.29	3160	204
63c		180	17.0				179.8	141	1.870	102000	1920	23.8	3.27	3300	214

注：表中 r、r_1 的数据用于孔型设计，不做交货条件。

附表 B　槽钢截面尺寸、截面面积、理论重量及截面特性

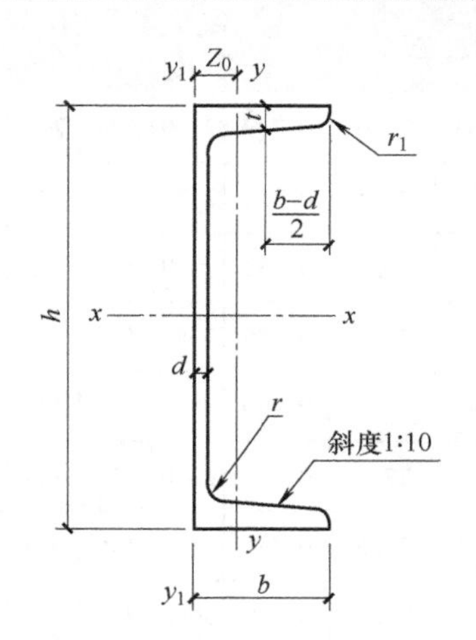

h — 高度；
b — 腿宽度；
d — 腰厚度；
t — 平均腿厚度；
r — 内圆弧半径；
r_1 — 腿端圆弧半径；
Z_0 — 重心距离

型号	截面尺寸/mm						截面面积/cm²	理论重量/(kg/m)	外表面积/(m²/m)	惯性矩/cm⁴			惯性半径/cm		截面模数/cm³		重心距离/cm
	h	b	d	t	r	r_1				I_x	I_y	I_{y1}	i_x	i_y	W_x	W_y	Z_0
5	50	37	4.5	7.0	7.0	3.5	6.925	5.44	0.226	26.0	8.30	20.9	1.94	1.10	10.4	3.55	1.35
6.3	63	40	4.8	7.5	7.5	3.8	8.446	6.63	0.262	50.8	11.9	28.4	2.45	1.19	16.1	4.50	1.36
6.5	65	40	4.3	7.5	7.5	3.8	8.292	6.51	0.267	55.2	12.0	28.3	2.54	1.19	17.0	4.59	1.38
8	80	43	5.0	8.0	8.0	4.0	10.24	8.04	0.307	101	16.6	37.4	3.15	1.27	25.3	5.79	1.43
10	100	48	5.3	8.5	8.5	4.2	12.74	10.0	0.365	198	25.6	54.9	3.95	1.41	39.7	7.80	1.52
12	120	53	5.5	9.0	9.0	4.5	15.36	12.1	0.423	346	37.4	77.7	4.75	1.56	57.7	10.2	1.62
12.6	126	53	5.5	9.0	9.0	4.5	15.69	12.3	0.435	391	38.0	77.1	4.95	1.57	62.1	10.2	1.59
14a	140	58	6.0	9.5	9.5	4.8	18.51	14.5	0.480	564	53.2	107	5.52	1.70	80.5	13.0	1.71
14b		60	8.0				21.31	16.7	0.484	609	61.1	121	5.35	1.69	87.1	14.1	1.67
16a	160	63	6.5	10.0	10.0	5.0	21.95	17.2	0.538	866	73.3	144	6.28	1.83	108	16.3	1.80
16b		65	8.5				25.15	19.8	0.542	935	83.4	161	6.10	1.82	117	17.6	1.75
18a	180	68	7.0	10.5	10.5	5.2	25.69	20.2	0.596	1270	98.6	190	7.04	1.96	141	20.0	1.88
18b		70	9.0				29.29	23.0	0.600	1370	111	210	6.84	1.95	152	21.5	1.84
20a	200	73	7.0	11.0	11.0	5.5	28.83	22.6	0.654	1780	128	244	7.86	2.11	178	24.2	2.01
20b		75	9.0				32.83	25.8	0.658	1910	144	268	7.64	2.09	191	25.9	1.95

（续）

型号	截面尺寸/mm						截面面积/cm²	理论重量/(kg/m)	外表面积/(m²/m)	惯性矩/cm⁴			惯性半径/cm		截面模数/cm³		重心距离/cm
	h	b	d	t	r	r_1				I_x	I_y	I_{y1}	i_x	i_y	W_x	W_y	Z_0
22a	220	77	7.0	11.5	11.5	5.8	31.83	25.0	0.709	2390	158	298	8.67	2.23	218	28.2	2.10
22b		79	9.0				36.23	28.5	0.713	2570	176	326	8.42	2.21	234	30.1	2.03
24a	240	78	7.0	12.0	12.0	6.0	34.21	26.9	0.752	3050	174	325	9.45	2.25	254	30.5	2.10
24b		80	9.0				39.01	30.6	0.756	3280	194	355	9.17	2.23	274	32.5	2.03
24c		82	11.0				43.81	34.4	0.760	3510	213	388	8.96	2.21	293	34.4	2.00
25a	250	78	7.0				34.91	27.1	0.722	3370	176	322	9.82	2.24	270	30.6	2.07
25b		80	9.0				39.91	31.3	0.776	3530	196	353	9.41	2.22	282	32.7	1.98
25c		82	11.0				44.91	35.3	0.780	3690	218	384	9.07	2.21	295	35.9	1.92
27a	270	82	7.5	12.5	12.5	6.2	39.27	30.8	0.826	4360	216	393	10.5	2.34	323	35.5	2.13
27b		84	9.5				44.67	35.1	0.830	4690	239	428	10.3	2.31	347	37.7	2.06
27c		86	11.5				50.07	39.3	0.834	5020	261	467	10.1	2.28	372	39.8	2.03
28a	280	82	7.5				40.02	31.4	0.846	4760	218	388	10.9	2.33	340	35.7	2.10
28b		84	9.5				45.62	35.8	0.850	5130	242	428	10.6	2.30	366	37.9	2.02
28c		86	11.5				51.22	40.2	0.854	5500	268	463	10.4	2.29	393	40.3	1.95
30a	300	85	7.5	13.5	13.5	6.8	43.89	34.5	0.897	6050	260	467	11.7	2.43	403	41.1	2.17
30b		87	9.5				49.89	39.2	0.901	6500	289	515	11.4	2.41	433	44.0	2.13
30c		89	11.5				55.89	43.9	0.905	6950	316	560	11.2	2.38	463	46.4	2.09
32a	320	88	8.0	14.0	14.0	7.0	48.50	38.1	0.947	7600	305	552	12.5	2.50	475	46.5	2.24
32b		90	10.0				54.90	43.1	0.951	8140	336	593	12.2	2.47	509	49.2	2.16
32c		92	12.0				61.30	48.1	0.955	8690	374	643	11.9	2.47	543	52.6	2.09
36a	360	96	9.0	16.0	16.0	8.0	60.89	47.8	1.053	11900	455	818	14.0	2.73	660	63.5	2.44
36b		98	110				68.09	53.5	1.057	12700	497	880	13.6	2.70	703	66.9	2.37
36c		100	13.0				75.29	59.1	1.061	13400	536	948	13.4	2.67	746	70.0	2.34
40a	400	100	10.5	18.0	18.0	9.0	75.04	58.9	1.144	17600	592	1070	15.3	2.81	879	78.8	2.49
40b		102	12.5				83.04	65.2	1.148	18600	640	1140	15.0	2.78	932	82.5	2.44
40c		104	14.5				91.04	71.5	1.152	19700	688	1220	14.7	2.75	986	86.2	2.42

注：表中 r、r_1 的数据用于孔型设计，不做交货条件。

附表 C　等边角钢截面尺寸、截面面积、理论重量及截面特性

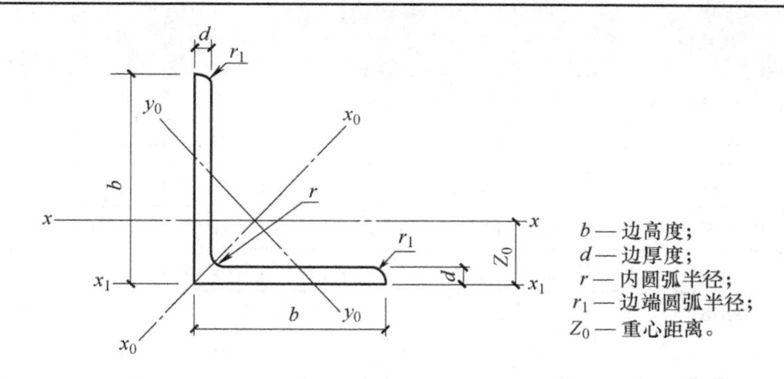

型号	截面尺寸/mm			截面面积/cm^2	理论重量/(kg/m)	外表面积/(m^2/m)	惯性矩/cm^4				惯性半径/cm			截面模数/cm^3			重心距离/cm
	b	d	r				I_x	I_{x1}	I_{x0}	I_{y0}	i_x	i_{x0}	i_{y0}	W_x	W_{x0}	W_{y0}	Z_0
2	20	3	3.5	1.132	0.89	0.078	0.40	0.81	0.63	0.17	0.59	0.75	0.39	0.29	0.45	0.20	0.60
		4		1.459	1.15	0.077	0.50	1.09	0.78	0.22	0.58	0.73	0.38	0.36	0.55	0.24	0.64
2.5	25	3		1.432	1.12	0.098	0.82	1.57	1.29	0.34	0.76	0.95	0.49	0.46	0.73	0.33	0.73
		4		1.859	1.46	0.097	1.03	2.11	1.62	0.43	0.74	0.93	0.48	0.59	0.92	0.40	0.76
3.0	30	3	4.5	1.749	1.37	0.117	1.46	2.71	2.31	0.61	0.91	1.15	0.59	0.68	1.09	0.51	0.85
		4		2.276	1.79	0.117	1.84	3.63	2.92	0.77	0.90	1.13	0.58	0.87	1.37	0.62	0.89
3.6	36	3		2.109	1.66	0.141	2.58	4.68	4.09	1.07	1.11	1.39	0.71	0.99	1.61	0.76	1.00
		4		2.756	2.16	0.141	3.29	6.25	5.22	1.37	1.09	1.38	0.70	1.28	2.05	0.93	1.04
		5		3.382	2.65	0.141	3.95	7.84	6.24	1.65	1.08	1.36	0.7	1.56	2.45	1.00	1.07
4	40	3	5	2.359	1.85	0.157	3.59	6.41	5.69	1.49	1.23	1.55	0.79	1.23	2.01	0.96	1.09
		4		3.086	2.42	0.157	4.60	8.56	7.29	1.91	1.22	1.54	0.79	1.60	2.58	1.19	1.13
		5		3.792	2.98	0.156	5.53	10.7	8.76	2.30	1.21	1.52	0.78	1.96	3.10	1.39	1.17
4.5	45	3		2.659	2.09	0.177	5.17	9.12	8.20	2.14	1.40	1.76	0.89	1.58	2.58	1.24	1.22
		4		3.486	2.74	0.177	6.65	12.2	10.6	2.75	1.38	1.74	0.89	2.05	3.32	1.54	1.26
		5		4.292	3.37	0.176	8.04	15.2	12.7	3.33	1.37	1.72	0.88	2.51	4.00	1.81	1.30
		6		5.077	3.99	0.176	9.33	18.4	14.8	3.89	1.36	1.70	0.80	2.95	4.64	2.06	1.33
5	50	3	5.5	2.971	2.33	0.197	7.18	12.5	11.4	2.98	1.55	1.96	1.00	1.96	3.22	1.57	1.34
		4		3.897	3.06	0.197	9.26	16.7	14.7	3.82	1.54	1.94	0.99	2.56	4.16	1.96	1.38
		5		4.803	3.77	0.196	11.2	20.9	17.8	4.64	1.53	1.92	0.98	3.13	5.03	2.31	1.42
		6		5.688	4.46	0.196	13.1	25.1	20.7	5.42	1.52	1.91	0.98	3.68	5.85	2.63	1.46

（续）

型号	截面尺寸/mm			截面面积/cm^2	理论重量/(kg/m)	外表面积/(m^2/m)	惯性矩/cm^4				惯性半径/cm			截面模数/cm^3			重心距离/cm
	b	d	r				I_x	I_{x1}	I_{x0}	I_{y0}	i_x	i_{x0}	i_{y0}	W_x	W_{x0}	W_{y0}	Z_0
5.6	56	3	6	3.343	2.62	0.221	10.2	17.6	16.1	4.24	1.75	2.20	1.13	2.48	4.08	2.02	1.48
		4		4.39	3.45	0.220	13.2	23.4	20.9	5.46	1.73	2.18	1.11	3.24	5.28	2.52	1.53
		5		5.415	4.25	0.220	16.0	29.3	25.4	6.61	1.72	2.17	1.10	3.97	6.42	2.98	1.57
		6		6.42	5.04	0.220	18.7	35.3	29.7	7.73	1.71	2.15	1.10	4.68	7.49	3.40	1.61
		7		7.404	5.81	0.219	21.2	41.2	33.6	8.82	1.69	2.13	1.09	5.36	8.49	3.80	1.64
		8		8.367	6.57	0.219	23.6	47.2	37.4	9.89	1.68	2.11	1.09	6.03	9.44	4.16	1.68
6	60	5	6.5	5.829	4.58	0.236	19.9	36.1	31.6	8.21	1.85	2.33	1.19	4.59	7.44	3.48	1.67
		6		6.914	5.43	0.235	23.4	43.3	36.9	9.60	1.83	2.31	1.18	5.41	8.70	3.98	1.70
		7		7.977	6.26	0.235	26.4	50.7	41.9	11.0	1.82	2.29	1.17	6.21	9.88	4.45	1.74
		8		9.02	7.08	0.235	29.5	58.0	46.7	12.3	1.81	2.27	1.17	6.98	11.0	4.88	1.78
6.3	63	4	7	4.978	3.91	0.248	19.0	33.4	30.2	7.89	1.96	2.46	1.26	4.13	6.78	3.29	1.70
		5		6.143	4.82	0.248	23.2	41.7	36.8	9.57	1.94	2.45	1.25	5.08	8.25	3.90	1.74
		6		7.288	5.72	0.247	27.1	50.1	43.0	11.2	1.93	2.43	1.24	6.00	9.66	4.46	1.78
		7		8.412	6.60	0.247	30.9	58.6	49.0	12.8	1.92	2.11	1.23	6.88	11.0	4.98	1.82
		8		9.515	7.47	0.247	34.5	67.1	54.6	14.3	1.90	2.40	1.23	7.75	12.3	5.47	1.85
		10		11.66	9.15	0.246	41.1	84.3	64.9	17.3	1.88	2.36	1.22	9.39	14.6	6.36	1.93
7	70	4	8	5.570	4.37	0.275	26.4	45.7	41.8	11.0	2.18	2.74	1.40	5.14	8.44	4.17	1.86
		5		6.876	5.40	0.275	32.2	57.2	51.1	13.3	2.16	2.73	1.39	6.32	10.3	4.95	1.91
		6		8.160	6.41	0.275	37.8	68.7	59.9	15.6	2.15	2.71	1.38	7.48	12.1	5.67	1.95
		7		9.424	7.40	0.275	43.1	80.3	68.4	17.8	2.14	2.69	1.38	8.59	13.8	6.34	1.99
		8		10.67	8.37	0.274	48.2	91.9	76.4	20.0	2.12	2.68	1.37	9.68	15.4	6.98	2.03
7.5	75	5	9	7.412	5.82	0.295	40.0	70.6	63.3	16.6	2.33	2.92	1.50	7.32	11.9	5.77	2.04
		6		8.797	6.91	0.294	47.0	84.6	74.4	19.5	2.31	2.90	1.49	8.64	14.0	6.67	2.07
		7		10.16	7.98	0.294	53.6	98.7	85.0	22.2	2.30	2.89	1.48	9.93	16.0	7.44	2.11
		8		11.50	9.03	0.294	60.0	113	95.1	24.9	2.28	2.88	1.47	11.2	17.9	8.19	2.15
		9		12.83	10.1	0.294	66.1	127	105	27.5	2.27	2.86	1.46	12.4	19.8	8.89	2.18
		10		14.13	11.1	0.293	72.0	142	114	30.1	2.26	2.84	1.46	13.6	21.5	9.56	2.22
8	80	5		7.912	6.21	0.315	48.8	85.4	77.3	20.3	2.48	3.13	1.60	8.34	13.7	6.66	2.15
		6		9.397	7.38	0.314	57.4	103	91.0	23.7	2.47	3.11	1.59	9.87	16.1	7.65	2.19
		7		10.86	8.53	0.314	65.6	120	104	27.1	2.46	3.10	1.58	11.4	18.4	8.58	2.23
		8		12.30	9.66	0.314	73.5	137	117	30.4	2.44	3.08	1.57	12.8	20.6	9.46	2.27
		9		13.73	10.8	0.314	81.1	154	129	33.6	2.43	3.06	1.56	14.3	22.7	10.3	2.31
		10		15.13	11.9	0.313	88.4	172	140	36.8	2.42	3.04	1.56	15.6	24.8	11.1	2.35

（续）

型号	截面尺寸/mm			截面面积/cm^2	理论重量/(kg/m)	外表面积/(m^2/m)	惯性矩/cm^4				惯性半径/cm			截面模数/cm^3			重心距离/cm
	b	d	r				I_x	I_{x1}	I_{x0}	I_{y0}	i_x	i_{x0}	i_{y0}	W_x	W_{x0}	W_{y0}	Z_0
9	90	6	10	10.64	8.35	0.354	82.8	146	131	34.3	2.79	3.51	1.80	12.6	20.6	9.95	2.44
		7		12.30	9.66	0.354	94.8	170	150	39.2	2.78	3.50	1.78	14.5	23.6	11.2	2.48
		8		13.94	10.9	0.353	106	195	169	44.0	2.76	3.48	1.78	16.4	26.6	12.4	2.52
		9		15.57	12.2	0.353	118	219	187	48.7	2.75	3.46	1.77	18.3	29.4	13.5	2.56
		10		17.17	13.5	0.353	129	244	204	53.3	2.74	3.45	1.76	20.1	32.0	14.5	2.59
		12		20.31	15.9	0.352	149	294	236	62.2	2.71	3.41	1.75	23.6	37.1	16.5	2.67
10	100	6	12	11.93	9.37	0.393	115	200	182	47.9	3.10	3.90	2.00	15.7	25.7	12.7	2.67
		7		13.80	10.8	0.393	132	234	209	54.7	3.09	3.89	1.99	18.1	29.6	14.3	2.71
		8		15.64	12.3	0.393	148	267	235	61.4	3.08	3.88	1.98	20.5	33.2	15.8	2.76
		9		17.46	13.7	0.392	164	300	260	68.0	3.07	3.86	1.97	22.8	36.8	17.2	2.80
		10		19.26	15.1	0.392	180	334	285	74.4	3.05	3.84	1.96	25.1	40.3	18.5	2.84
		12		22.80	17.9	0.391	209	402	331	86.8	3.03	3.81	1.95	29.5	40.8	21.1	2.91
		14		26.26	20.6	0.391	237	471	374	99.0	3.00	3.77	1.94	33.7	52.9	23.4	2.99
		16		29.63	23.3	0.390	263	540	414	111	2.98	3.74	1.94	37.8	58.6	25.6	3.06
11	110	7	12	15.20	11.9	0.433	177	311	281	73.4	3.41	4.30	2.20	22.1	36.1	17.5	2.96
		8		17.24	13.5	0.433	199	355	316	82.4	3.40	4.28	2.19	25.0	40.7	19.4	3.01
		10		21.26	16.7	0.432	242	445	384	100	3.38	4.25	2.17	30.6	49.4	22.9	3.09
		12		25.20	19.8	0.431	283	535	448	117	3.35	4.22	2.15	36.1	57.6	26.2	3.16
		14		29.06	22.8	0.431	321	625	508	133	3.32	4.18	2.14	41.3	65.3	29.1	3.24
12.5	125	8	14	19.75	15.5	0.492	297	521	471	123	3.88	4.88	2.50	32.5	53.3	25.9	3.37
		10		24.37	19.1	0.491	362	652	574	149	3.85	4.85	2.48	40.0	64.9	30.6	3.45
		12		28.91	22.7	0.491	423	783	671	175	3.83	4.82	2.46	41.2	76.0	35.0	3.53
		14		33.37	26.2	0.490	482	916	764	200	3.80	4.78	2.45	54.2	86.4	39.1	3.61
		16		37.74	29.6	0.489	537	1050	851	224	3.77	4.75	2.43	60.9	96.3	43.0	3.68
14	140	10		27.37	21.5	0.551	515	915	817	212	4.34	5.46	2.78	50.6	82.6	39.2	3.82
		12		32.51	25.5	0.551	604	1100	959	249	4.31	5.43	2.76	59.8	96.9	45.0	3.90
		14		37.57	29.5	0.550	689	1280	1090	284	4.28	5.40	2.75	68.8	110	50.5	3.98
		16		42.54	33.4	0.549	770	1470	1220	319	4.26	5.36	2.74	77.5	123	55.6	4.06
15	150	8		23.75	18.6	0.592	521	900	827	215	4.69	5.90	3.01	47.4	78.0	38.1	3.99
		10		29.37	23.1	0.591	638	1130	1010	262	4.66	5.87	2.99	58.4	95.5	45.5	4.08
		12		34.91	27.4	0.591	749	1350	1190	308	4.63	5.84	2.97	69.0	112	52.4	4.15
		14		40.37	31.7	0.590	856	1580	1360	352	4.60	5.80	2.95	79.5	128	58.8	4.23
		15		43.06	33.8	0.590	907	1690	1140	374	4.59	5.78	2.95	84.6	136	61.9	4.27
		16		45.74	35.9	0.589	958	1810	1520	395	4.58	5.77	2.94	89.6	143	64.9	4.31

（续）

型号	截面尺寸/mm			截面面积/cm^2	理论重量/(kg/m)	外表面积/(m^2/m)	惯性矩/cm^4				惯性半径/cm			截面模数/cm^3			重心距离/cm
	b	d	r				I_x	I_{x1}	I_{x0}	I_{y0}	i_x	i_{x0}	i_{y0}	W_x	W_{x0}	W_{y0}	Z_0
16	160	10	16	31.50	24.7	0.630	780	1370	1240	322	4.98	6.27	3.20	66.7	109	52.8	4.31
		12		37.44	29.4	0.630	917	1640	1460	377	4.95	6.24	3.18	79.0	129	60.7	4.39
		14		43.30	34.0	0.629	1050	1910	1670	432	4.92	6.20	3.16	91.0	147	68.2	4.47
		16		49.07	38.5	0.629	1180	2190	1870	485	4.89	6.17	3.14	103	165	75.3	4.55
18	180	12		42.24	33.2	0.710	1320	2330	2100	543	5.59	7.05	3.58	101	165	78.4	4.89
		14		48.80	38.4	0.709	1510	2720	2410	622	5.56	7.02	3.56	116	189	88.4	4.97
		16		55.47	43.5	0.709	1700	3120	2700	699	5.54	6.98	3.55	131	212	97.8	5.05
		18		61.96	48.6	0.708	1880	3500	2990	762	5.50	6.94	3.51	146	235	105	5.13
20	200	14	18	54.64	42.9	0.788	2100	3730	3340	864	6.20	7.82	3.98	145	236	112	5.46
		16		62.01	48.7	0.788	2370	4270	3760	971	6.18	7.79	3.96	164	266	124	5.54
		18		69.30	54.4	0.787	2620	4810	4160	1080	6.15	7.75	3.94	182	294	136	5.62
		20		76.51	60.1	0.787	2870	5350	4550	1180	6.12	7.72	3.93	200	322	147	5.69
		24		90.66	71.2	0.785	3340	6460	5290	1380	6.07	7.54	3.90	236	374	167	5.87
22	220	16	21	68.67	53.9	0.866	3190	6680	5060	1310	6.81	8.59	4.37	200	326	154	6.03
		18		76.75	60.3	0.866	3543	6400	5620	1450	6.79	8.55	4.35	223	361	168	6.11
		20		84.76	66.5	0.865	3870	7110	6150	1590	6.76	8.52	4.34	245	395	182	6.18
		22		92.68	72.8	0.865	4200	7830	6670	1730	6.73	8.48	4.32	267	429	195	6.26
		24		100.5	78.9	0.864	4.520	8550	7170	1870	6.71	8.45	4.31	289	461	208	6.33
		26		108.3	85.0	0.864	4830	9280	7690	2000	6.68	8.41	4.30	310	492	221	6.41
25	250	18	24	87.84	69.0	0.985	5270	9380	8370	2170	7.75	9.76	4.97	290	473	224	6.84
		20		97.05	76.2	0.984	5780	10400	9180	2380	7.72	9.73	4.95	320	519	243	6.92
		22		106.2	83.3	0.983	6.280	11500	9970	2580	7.69	9.69	4.93	349	564	261	7.00
		24		115.2	90.4	0.983	6770	12500	10700	2790	7.67	9.66	4.92	378	608	278	7.07
		26		124.2	97.5	0.982	7240	13600	11500	2980	7.64	9.62	4.90	406	650	295	7.15
		28		133.0	104	0.982	7700	14600	12200	3180	7.61	9.58	4.89	433	691	311	7.22
		30		141.8	111	0.981	8160	15700	12900	3380	7.58	9.55	4.88	461	731	327	7.30
		32		150.5	118	0.981	8600	16800	13600	3570	7.56	9.51	4.87	488	770	342	7.37
		35		163.4	128	0.980	9240	18400	14600	3850	7.52	9.46	4.86	527	827	364	7.48

注：截面图中的 $r_1=1/3d$ 及表中 r 的数据用于孔型设计，不做交货条件。

附表 D 不等边角钢截面尺寸、截面面积、理论重量及截面特性

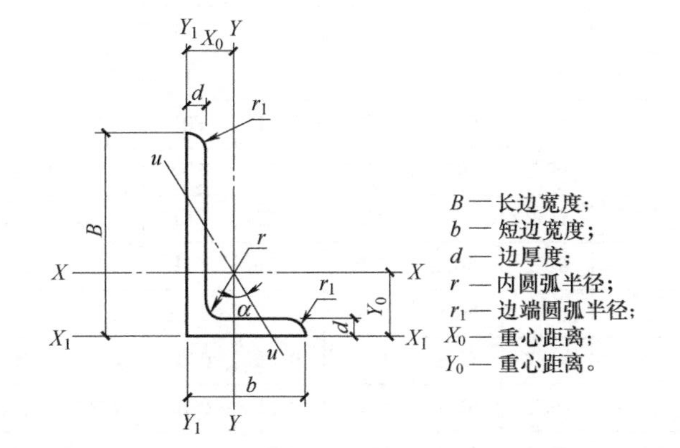

型号	截面尺寸/mm				截面面积/cm^2	理论重量/(kg/m)	外表面积/(m^2/m)	惯性矩/cm^4					惯性半径/cm			截面模数/cm^3			tanα	重心距离/cm	
	B	b	d	r				I_x	I_{x1}	I_y	I_{y1}	I_u	i_x	i_y	i_u	W_x	W_y	W_u		X_0	Y_0
2.5/1.6	25	16	3	3.5	1.162	0.91	0.080	0.70	1.56	0.22	0.43	0.14	0.78	0.44	0.34	0.43	0.19	0.16	0.392	0.42	0.86
			4		1.499	1.18	0.079	0.88	2.09	0.27	0.59	0.17	0.77	0.43	0.34	0.55	0.24	0.20	0.381	0.46	0.90
3.2/2	32	20	3		1.492	1.17	0.102	1.53	3.27	0.46	0.82	0.28	1.01	0.55	0.43	0.72	0.30	0.25	0.382	0.49	1.08
			4		1.939	1.52	0.101	1.93	4.37	0.57	1.12	0.35	1.00	0.54	0.42	0.93	0.39	0.32	0.374	0.53	1.12
4/2.5	40	25	3	4	1.890	1.48	0.127	3.08	5.39	0.93	1.59	0.56	1.28	0.70	0.54	1.15	0.49	0.40	0.385	0.59	1.32
			4		2.467	1.94	0.127	3.93	8.53	1.18	2.14	0.71	1.36	0.69	0.54	1.49	0.63	0.52	0.381	0.63	1.37
4.5/2.8	45	28	3	5	2.149	1.69	0.143	4.45	9.10	1.34	2.23	0.80	1.44	0.79	0.61	1.47	0.62	0.51	0.383	0.64	1.47
			4		2.806	2.20	0.143	5.69	12.1	1.70	3.00	1.02	1.42	0.78	0.60	1.91	0.80	0.66	0.380	0.68	1.51
5/3.2	50	32	3	5.5	2.431	1.91	0.161	6.24	12.5	2.02	3.31	1.20	1.60	0.91	0.70	1.84	0.82	0.68	0.404	0.73	1.60
			4		3.177	2.49	0.160	8.02	16.7	2.58	4.45	1.53	1.59	0.90	0.69	2.39	1.06	0.87	0.402	0.77	1.65

（续）

型号	截面尺寸/mm				截面面积/cm²	理论重量/(kg/m)	外表面积/(m²/m)	惯性矩/cm⁴					惯性半径/cm			截面模数/cm³			tanα	重心距离/cm	
	B	b	d	r				I_x	I_{x1}	I_y	I_{y1}	I_u	i_x	i_y	i_u	W_x	W_y	W_u		X_0	Y_0
5.6/3.6	56	36	3	6	2.743	2.15	0.181	8.88	17.5	2.92	4.7	1.73	1.80	1.03	0.79	2.32	1.05	0.87	0.408	0.80	1.78
			4		3.590	2.82	0.180	11.5	23.4	3.76	6.33	2.23	1.79	1.02	0.79	3.03	1.37	1.13	0.408	0.85	1.82
			5		4.415	3.47	0.180	13.9	29.3	4.49	7.94	2.67	1.77	1.01	0.78	3.71	1.65	1.36	0.404	0.88	1.87
6.3/4	63	40	4	7	4.058	3.19	0.202	16.5	33.3	5.23	8.63	3.12	2.02	1.14	0.88	3.87	1.70	1.40	0.398	0.92	2.04
			5		4.993	3.92	0.202	20.0	41.6	6.31	10.9	3.76	2.00	1.12	0.87	4.74	2.07	1.71	0.396	0.95	2.08
			6		5.908	4.64	0.201	23.4	50.0	7.29	13.1	4.34	1.96	1.11	0.86	5.59	2.43	1.99	0.393	0.99	2.12
			7		6.802	5.34	0.201	26.5	58.1	8.24	15.5	4.97	1.98	1.10	0.86	6.40	2.78	2.29	0.389	1.03	2.15
7/4.5	70	45	4	7.5	4.553	3.57	0.226	23.2	45.9	7.55	12.3	4.40	2.26	1.29	0.98	4.86	2.17	1.77	0.410	1.02	2.24
			5		5.609	4.40	0.225	28.0	57.1	9.13	15.4	5.40	2.23	1.28	0.98	5.92	2.65	2.19	0.407	1.06	2.28
			6		6.644	5.22	0.225	32.5	68.4	10.6	18.6	6.35	2.21	1.26	0.98	6.95	3.12	2.59	0.404	1.09	2.32
			7		7.658	6.01	0.225	37.2	80.0	12.0	21.8	7.16	2.20	1.25	0.97	8.03	3.57	2.94	0.402	1.13	2.36
7.5/5	75	50	5	8	6.126	4.81	0.245	34.9	70.0	12.6	21.0	7.41	2.39	1.44	1.10	6.83	3.3	2.74	0.435	1.17	2.40
			6		7.260	5.70	0.245	41.1	84.3	14.7	25.4	8.54	2.38	1.42	1.08	8.12	3.88	3.19	0.435	1.21	2.44
			8		9.467	7.43	0.244	32.4	113	18.5	34.2	10.9	2.35	1.40	1.07	10.5	4.99	4.10	0.429	1.29	2.52
			10		11.59	9.10	0.244	62.7	141	22.0	43.4	13.1	2.33	1.38	1.06	12.8	6.04	4.99	0.423	1.36	2.60
8/5	80	50	5		6.376	5.00	0.255	42.0	85.2	12.8	21.1	7.66	2.56	1.42	1.10	7.78	3.32	2.74	0.388	1.14	2.60
			6		7.560	5.93	0.255	49.5	103	15.0	25.1	8.85	2.56	1.41	1.08	9.25	3.91	3.20	0.387	1.18	2.65
			7		8.724	6.85	0.255	56.2	119	17.0	29.8	10.2	2.54	1.39	1.08	10.6	4.48	3.70	0.384	1.21	2.69
			8		9.86	7.75	0.254	62.8	136	18.9	34.3	11.4	2.52	1.38	1.07	11.9	5.03	4.16	0.381	1.25	2.73
9/5.6	90	56	5	9	7.212	5.66	0.287	60.5	121	18.3	29.5	11.0	2.90	1.59	1.23	9.92	4.21	3.49	0.385	1.25	2.91
			6		8.557	6.72	0.286	71.9	146	21.4	35.6	12.9	2.88	1.58	1.23	11.7	4.96	4.13	0.384	1.29	2.95
			7		9.881	7.76	0.286	81.0	170	24.4	41.7	14.7	2.86	1.57	1.22	13.5	5.70	4.72	0.382	1.33	3.00
			8		11.18	8.78	0.286	91.0	194	27.2	47.9	16.3	2.85	1.56	1.21	15.3	6.41	5.29	0.380	1.36	3.04

10/6.3	100	63	6	10	9.618	7.55	0.320	99.1	200	30.9	60.6	18.4	3.21	1.79	1.38	14.6	6.35	5.25	0.394	1.43	3.24
			7		11.11	8.72	0.320	113	233	35.3	59.1	21.0	3.20	1.78	1.38	16.9	7.29	6.02	0.394	1.47	3.28
			8		12.58	9.88	0.319	127	265	39.4	67.9	23.5	3.18	1.77	1.37	19.1	8.21	6.78	0.391	1.50	3.32
			10		15.47	12.1	0.319	154	333	47.1	85.7	28.3	3.15	1.74	1.35	23.3	9.98	8.24	0.387	1.58	3.40
10/8	100	80	6	10	10.64	8.35	0.354	107	200	61.2	103	31.7	3.17	2.40	1.72	15.2	10.2	8.37	0.627	1.97	2.95
			7		12.30	9.66	0.354	123	233	70.1	120	56.2	3.16	2.39	1.72	17.5	11.7	9.60	0.626	2.01	3.00
			8		13.94	10.9	0.353	138	267	78.6	137	40.6	3.14	2.37	1.71	19.8	13.2	10.8	0.625	2.05	3.04
			10		17.17	13.5	0.353	167	334	94.7	172	49.1	3.12	2.35	1.69	24.2	16.1	13.1	0.622	2.13	3.12
11/7	110	70	6	10	10.64	8.35	0.354	133	266	42.9	69.1	25.4	3.54	2.01	1.54	17.9	7.90	6.53	0.403	1.57	3.53
			7		12.30	9.66	0.354	153	310	49.0	80.8	29.0	3.53	2.00	1.53	20.6	9.09	7.50	0.402	1.61	3.57
			8		13.94	10.9	0.353	172	354	54.9	92.7	32.5	3.51	1.98	1.53	23.3	10.3	8.45	0.401	1.65	3.62
			10		17.17	13.5	0.353	208	443	65.9	117	39.2	3.48	1.96	1.51	28.5	12.5	10.3	0.397	1.72	3.70
12.5/8	125	80	7	11	14.10	11.1	0.403	228	455	74.4	120	43.8	4.02	2.30	1.76	26.9	12.0	9.92	0.408	1.80	4.01
			8		15.99	12.6	0.403	257	520	83.5	138	49.2	4.01	2.28	1.75	30.4	13.6	11.2	0.407	1.84	4.06
			10		19.71	15.5	0.402	312	650	101	173	59.5	3.98	2.26	1.74	37.3	16.6	13.6	0.404	1.92	4.14
			12		23.35	18.3	0.402	364	780	117	210	69.4	3.95	2.24	1.72	44.0	19.4	16.0	0.400	2.00	4.22
14/9	140	90	8	12	18.04	14.2	0.453	366	731	121	196	70.8	4.50	2.59	1.98	38.5	17.3	14.3	0.411	2.04	4.50
			10		22.26	17.5	0.452	446	913	140	246	85.8	4.47	2.56	1.96	47.3	21.2	17.5	0.409	2.12	4.58
			12		26.40	20.7	0.451	522	1100	170	297	100	4.44	2.54	1.95	55.9	25.0	20.5	0.406	2.19	4.66
			14		30.46	23.9	0.451	594	1280	192	349	114	4.42	2.51	1.94	64.2	28.5	23.5	0.403	2.27	4.74

（续）

型号	截面尺寸/mm				截面面积/cm^2	理论重量/(kg/m)	外表面积/(m^2/m)	惯性矩/cm^4					惯性半径/cm			截面模数/cm^3			tanα	重心距离/cm	
	B	b	d	r				I_x	I_{x1}	I_y	I_{y1}	I_u	i_x	i_y	i_u	W_x	W_y	W_u		X_0	Y_0
15/9	150	90	8	12	18.84	14.8	0.473	442	898	123	196	74.1	4.84	2.55	1.98	43.9	17.5	14.5	0.364	1.97	4.92
			10		23.26	18.3	0.472	539	1120	149	246	89.9	4.81	2.53	1.97	54.0	21.4	17.7	0.362	2.05	5.01
			12		27.60	21.7	0.471	632	1350	173	297	105	4.79	2.50	1.95	63.8	25.1	20.8	0.359	2.12	5.09
			14		31.86	25.0	0.471	721	1570	196	350	120	4.76	2.48	1.94	73.3	28.8	23.8	0.356	2.20	5.17
			15		33.95	26.7	0.471	764	1680	207	376	127	4.74	2.47	1.93	78.0	30.5	25.3	0.354	2.24	5.21
			16		36.03	28.3	0.470	806	1800	217	403	134	4.73	2.45	1.93	82.6	32.3	26.8	0.352	2.27	5.25
16/10	160	100	10	13	25.32	19.9	0.512	669	1360	205	337	122	5.14	2.85	2.19	62.1	26.6	21.9	0.390	2.28	5.24
			12		30.05	23.6	0.511	785	1640	239	406	142	5.11	2.82	2.17	73.5	31.3	25.8	0.388	2.36	5.32
			14		34.71	27.2	0.510	896	1910	271	476	162	5.08	2.80	2.16	84.6	35.8	29.6	0.385	2.43	5.40
			16		39.28	30.8	0.510	1000	2180	302	548	183	5.05	2.77	2.16	95.3	40.2	33.4	0.382	2.51	5.48
18/11	180	110	10	14	28.37	22.3	0.571	956	1940	278	447	167	5.80	3.13	2.42	79.0	32.5	26.9	0.376	2.44	5.89
			12		33.71	26.5	0.571	1120	2330	325	539	195	5.78	3.10	2.40	93.5	38.3	21.7	0.374	2.52	5.98
			14		38.97	30.6	0.570	1290	2720	370	632	222	5.75	3.08	2.39	108	44.0	36.3	0.372	2.59	6.06
			16		44.14	34.6	0.569	1440	3110	412	726	249	5.72	3.06	2.38	122	49.4	40.9	0.369	2.67	6.14
20/12.5	200	125	12		37.91	29.8	0.641	1570	3190	483	788	286	6.44	3.57	2.74	117	50.0	41.2	0.392	2.83	6.54
			14		43.87	34.4	0.640	1800	3730	551	922	327	6.41	3.54	2.73	135	57.4	47.3	0.390	2.91	6.62
			16		49.74	39.0	0.639	2020	4260	615	1060	366	6.38	3.52	2.71	152	64.9	53.3	0.388	2.99	6.70
			18		55.53	43.6	0.639	2240	4790	677	1200	405	6.35	3.49	2.70	169	71.7	59.2	0.385	3.06	6.78

注：截面图中的 $r_1=1/3d$ 及表中 r 的数据用于孔型设计、不做交货条件。

参 考 文 献

[1] 梁圣复. 建筑力学［M］. 2 版. 北京：机械工业出版社，2007.
[2] 石立安. 建筑力学［M］. 北京：北京大学出版社，2009.
[3] 孙训方. 材料力学-Ⅱ［M］. 5 版. 北京：高等教育出版社，2009.
[4] 肖燕. 建筑力学［M］. 北京：中国水利水电出版社，2011.
[5] 龙驭球，包世华，袁驷. 结构力学Ⅰ［M］. 3 版. 北京：高等教育出版社，2012.
[6] 沈建康，杨梅. 建筑力学［M］. 武汉：武汉理工大学出版社，2012.
[7] 胡可. 建筑力学［M］. 哈尔滨：哈尔滨工业出版社，2012.
[8] 张春玲，苏德利. 建筑力学［M］. 北京：北京邮电大学出版社，2013.
[9] 张金生. 结构力学（二）［M］. 武汉：武汉大学出版社，2014.
[10] 沈养中，荣国瑞. 建筑力学［M］. 2 版. 北京：科学出版社，2014.
[11] 孟庆昕，陈旭元，高苏. 建筑力学［M］. 镇江：江苏大学出版社，2015.
[12] 江怀雁，陈春梅. 建筑力学［M］. 北京：机械工业出版社，2016.
[13] 哈尔滨工业大学理论力学教研室. 理论力学［M］. 8 版. 北京：高等教育出版社，2016.
[14] 赵萍，段贵明. 建筑力学［M］. 3 版. 北京：机械工业出版社，2016.